高等职业教育新一代信息技术系列教材

OpenCV计算机视觉处理

主　编	许春秀	陈　静		
副主编	陈　宁	刘　琪	杨令铎	任启迎
参　编	徐丽丽	王红玉	王绪峰	孙全明
	张　倩	张雪华	常英丽	

机械工业出版社

本书由校企合作共同编写，在深入阐述计算机视觉知识的同时，融入了家国情怀的深厚情感，工匠精神的细致与执着，责任担当，以及对科技创新的不懈追求。在内容的选取上，注重前沿性、典型性，每个模块都包含了明确的学习目标、深入的知识拆解、生动的案例导入和详细的案例实现，旨在帮助读者从理论到实践，逐步掌握计算机视觉的精髓，并注重培养读者的实践能力和创新思维，鼓励读者在实际应用中不断探索和创新。

全书共 12 个模块，由走进计算机视觉开始，分别介绍了 OpenCV 的基本操作、图像的基本运算、图像变换、形态学操作、图像的平滑处理、直方图与匹配、绘图和交互、图像边缘检测及轮廓检测、OCR、人脸检测及人脸识别等关键技术，最后通过 OpenCV 综合应用案例对所学的知识进行综合讲解。

本书既可以作为各类高等职业院校人工智能及相关专业的教材，也可以作为对计算机视觉感兴趣的初学者、开发者、研究人员以及相关专业学生的自学用书。

本书配有电子课件、源代码、教案、习题及答案，选用本书作为教材的教师可登录机械工业出版社教育服务网（www.cmpedu.com）以教师身份注册后免费下载，或联系编辑（010-88379194）咨询。本书还配有二维码视频，读者可扫码观看。

图书在版编目（CIP）数据

OpenCV 计算机视觉处理 / 许春秀，陈静主编．
北京：机械工业出版社，2025.6. --（高等职业教育新一代信息技术系列教材）. -- ISBN 978-7-111-78261-2

Ⅰ. TP391.413

中国国家版本馆 CIP 数据核字第 2025QC2189 号

机械工业出版社（北京市百万庄大街22号　邮政编码100037）
策划编辑：李绍坤　　　　　责任编辑：李绍坤　王　荣
责任校对：曹若菲　李　杉　封面设计：马精明
责任印制：张　博
固安县铭成印刷有限公司印刷
2025 年 6 月第 1 版第 1 次印刷
210mm×285mm・16 印张・437 千字
标准书号：ISBN 978-7-111-78261-2
定价：53.00 元

电话服务　　　　　　　　网络服务
客服电话：010-88361066　　机 工 官 网：www.cmpbook.com
　　　　　010-88379833　　机 工 官 博：weibo.com/cmp1952
　　　　　010-68326294　　金 书 网：www.golden-book.com
封底无防伪标均为盗版　机工教育服务网：www.cmpedu.com

前言

在当今信息爆炸的时代，计算机视觉技术已成为人工智能领域中不可或缺的一部分。它赋予了计算机解析图像、视频数据的能力，使计算机能够"看"到并理解人们周围的世界。计算机视觉技术已经渗透到人们生活的方方面面。从智能手机的面部解锁，到自动驾驶汽车的导航和避障，再到医疗影像分析，无不彰显着计算机视觉技术的广泛应用和深远影响。

OpenCV（Open Source Computer Vision Library，开源计算机视觉库）为开发者提供了丰富的工具和函数，帮助他们在各种应用场景中实现计算机视觉算法。本书旨在为读者提供一本系统、全面的OpenCV学习指南。本书将通过一系列精心设计的案例，深入剖析OpenCV在图像处理、目标检测、人脸识别、视频分析等领域的应用，让读者在实践中掌握OpenCV的使用技巧，提升计算机视觉技术的应用能力。

本书特色

本书由校企合作共同编写，在内容选取上注重内容的先进性、典型性，主要特色体现在以下4个方面：

1. 案例驱动

介绍理论知识前先展示案例，让读者对知识形成整体上的认识，通过案例激发读者的学习兴趣。

2. 知识内容颗粒化

案例展示之后，将任务中涉及的知识点进行拆解。每个知识点有相应的案例展示和知识运用，通过案例展示讲解必要的知识点，通过知识运用检验读者的学习效果。

3. 立德树人

在深入阐述计算机视觉知识的同时，通过家国情怀、工匠精神、责任担当、科技强国、科技创新等思政元素的融入，将思政元素与课程内容紧密融合，使读者在学习前沿技术的同时，也能在心灵深处得到滋养，铸就坚定的精神之魂。

4. 丰富的新形态资源

本书提供了丰富的学习资源，包含视频、课件、教案、源代码、习题等，为教师授课和读者学习提供便利。

内容组织

全书共12个模块。模块1是走进计算机视觉，探索计算机视觉的前世、今生和未来，介绍计算机视觉开发环境搭建和OpenCV库的安装和使用。模块2是OpenCV的基本操作，介绍关于图像的基本概念、图像的读取及显示、用摄像头拍摄图像及视频的方法和本地视频的读取与播放方法。模块3是图像的基本运算，介绍OpenCV中图像的基本运算，其中包括加法运算符、add()函数、掩模和位运算函数。模块4是图像变换，介绍几种常见的OpenCV色彩空间转换方法的使用，简述图像的尺度变换、平移旋转、仿射变换、透视投影变换在OpenCV中的使用方法和部分原理。模块5是形态学操作，主要包含腐蚀、膨胀、开运算、闭运算、形态学梯度运算、顶帽运算（礼帽运算）、黑帽运算等操作。模块6是图像的平滑处理，介绍基于OpenCV的图像平滑处理技术，包括常见的图像平滑算法、原理、实现方法以及应用案例等。模块7是直方图与匹配，深入探讨基于OpenCV的图像直方图与匹配技术，重点讲解图像匹配的基本原理和常用算法，并通过实际案例展示如何在OpenCV中实现这些算法。模块8是绘图和交互，介绍如何利用Python OpenCV进行图形绘制，主要包括各种绘图函数、鼠标交互操作、键盘交互操作和窗口交互操作等。模块9是图像边缘检测及轮廓检测，介绍基于OpenCV的图像边缘检测及轮廓检测的基本原理、实现方法以及深层技术。模块10是OCR，主要介绍OCR环境配置和使用方法，在此基础上进行车牌识别案例的实践。模块11是人脸检测及人脸识别，介绍人脸检测和识别的原理以及基本方法。模块12是OpenCV综合应用案例，包括答题卡识别案例、物体实时监测案例和疲劳监测案例。

编写情况

本书由许春秀、陈静任主编，陈宁、刘琪、杨令铎、任启迎任副主编，徐丽丽、王红玉、王绪峰、孙全明、张倩、张雪华、常英丽参加编写。编写人员具有深厚的专业知识和丰富的教学经验，其中模块1由东营职业学院孙全明编写，模块2由山东电子职业技术学院张雪华、常英丽编写，模块3由山东劳动职业技术学院陈静编写，模块4由山东青橙数字科技有限公司任启迎编写，模块5由山东劳动职业技术学院陈宁编写，模块6由济南职业学院张倩编写，模块7由山东劳动职业技术学院刘琪编写，模块8由山东劳动职业技术学院许春秀编写，模块9由山东劳动职业技术学院王绪峰编写，模块10由山东劳动职业技术学院徐丽丽编写，模块11由山东劳动职业技术学院杨令铎编写，模块12由山东劳动职业技术学院王红玉编写，许春秀和陈静负责设计全书的总体结构和统稿工作。浪潮卓数大数据产业发展有限公司徐宏伟负责审稿。本书采用了山东青橙数字科技有限公司提供的部分企业案例，大大丰富了读者学习的素材，同时在编写过程中得到了王志鹏、王熠辉的技术支持和全程指导，还得到了中国重汽集团习统武的技术支持，在此表示感谢！

由于编者水平有限，书中疏漏、错误之处在所难免，敬请广大读者批评指正。

编　者

二维码索引

序号	名称	图形	页码	序号	名称	图形	页码
1	模块1任务1 准备计算机视觉开发环境		3	10	模块4任务2 图像的缩放		47
2	模块1任务2 OpenCV库的安装和使用		10	11	模块4任务3 图像的仿射变换		49
3	模块2任务1 图像的读取及显示		17	12	模块4任务4 图像的透视		55
4	模块2任务2 用摄像头拍摄图像及视频		20	13	模块4任务5 图像的重映射		58
5	模块2任务3 本地视频的读取与播放		25	14	模块4任务6 色彩空间的转换		61
6	模块3任务1 图像的加法运算		31	15	模块4任务7 颜色通道的分离与合并		65
7	模块3任务2 图像的加密与解密		35	16	模块4任务8 筛选图像中的特定颜色		68
8	模块3任务3 数字水印的嵌入和提取		38	17	模块4任务9 修改颜色通道数据		70
9	模块4任务1 图像的翻转		45	18	模块5任务1 图像的腐蚀和膨胀		75

（续）

序号	名称	图形	页码	序号	名称	图形	页码
19	模块5任务2　图像开、闭运算		79	29	模块7任务3　直方图均衡化处理		128
20	模块5任务3　图像的顶帽、黑帽运算		83	30	模块7任务4　模板匹配		134
21	模块5任务4　图像的形态学梯度运算及核		86	31	模块8任务1　绘制图像（多边形、文字）		143
22	模块6任务1　用均值滤波处理图像		93	32	模块8任务1　绘制图像（直线）		143
23	模块6任务2　用方框滤波处理图像		96	33	模块8任务1　绘制图像（矩形、圆形、椭圆）		143
24	模块6任务3　用高斯滤波处理图像		99	34	模块8任务2　鼠标交互操作		151
25	模块6任务4　用双边滤波处理图像		104	35	模块8任务3　键盘交互操作		156
26	模块6任务5　用自定义滤波处理图像		107	36	模块8任务4　窗口交互操作		159
27	模块7任务1　直方图的绘制		115	37	模块9任务1　图像边缘检测		167
28	模块7任务2　统计图中的信息		122	38	模块9任务2　图像轮廓检测		177

（续）

序号	名称	图形	页码	序号	名称	图形	页码
39	模块9任务3　傅里叶变换		190	44	模块11任务2　人脸识别		223
40	模块10任务1　OCR环境配置		196	45	模块12任务1　答题卡识别		229
41	模块10任务2　车牌识别		200	46	模块12任务2　物体实时监测		235
42	模块10任务3　信用卡号码识别		210	47	模块12任务3　疲劳监测		239
43	模块11任务1　人脸检测		218				

目录

前言

二维码索引

模块1　走进计算机视觉 …… 1
【模块概述】…… 1
【学习导航】…… 1
【学习目标】…… 2
任务1　准备计算机视觉开发环境 …… 2
任务2　OpenCV库的安装和使用 …… 10
课后习题 …… 13

模块2　OpenCV的基本操作 …… 15
【模块概述】…… 15
【学习导航】…… 15
【学习目标】…… 16
任务1　图像的读取及显示 …… 16
任务2　用摄像头拍摄图像及视频 …… 19
任务3　本地视频的读取与播放 …… 25
课后习题 …… 26

模块3　图像的基本运算 …… 29
【模块概述】…… 29
【学习导航】…… 29
【学习目标】…… 30
任务1　图像的加法运算 …… 30
任务2　图像的加密与解密 …… 34
任务3　数字水印的嵌入和提取 …… 38
课后习题 …… 41

模块4　图像变换 …… 43
【模块概述】…… 43
【学习导航】…… 43
【学习目标】…… 44

任务1	图像的翻转	45
任务2	图像的缩放	47
任务3	图像的仿射变换	49
任务4	图像的透视	55
任务5	图像的重映射	58
任务6	色彩空间的转换	61
任务7	颜色通道的分离与合并	65
任务8	筛选图像中的特定颜色	68
任务9	修改颜色通道数据	70

课后习题 71

模块5 形态学操作 73

【模块概述】......73
【学习导航】......73
【学习目标】......74
任务1　图像的腐蚀和膨胀 74
任务2　图像的开、闭运算 79
任务3　图像的顶帽、黑帽运算 83
任务4　图像的形态学梯度运算及核 86
课后习题 90

模块6 图像的平滑处理 91

【模块概述】......91
【学习导航】......91
【学习目标】......92
任务1　用均值滤波处理图像 92
任务2　用方框滤波处理图像 96
任务3　用高斯滤波处理图像 99
任务4　用双边滤波处理图像 103
任务5　用自定义滤波处理图像 107
课后习题 110

模块7 直方图与匹配 113

【模块概述】......113
【学习导航】......113
【学习目标】......114

任务1　直方图的绘制 114
任务2　统计图中的信息 121
任务3　直方图均衡化处理 128
任务4　模板匹配 133
课后习题 140

模块8　绘图和交互 141

【模块概述】 141
【学习导航】 141
【学习目标】 142
任务1　绘制图像 142
任务2　鼠标交互操作 151
任务3　键盘交互操作 156
任务4　窗口交互操作 159
课后习题 162

模块9　图像边缘检测及轮廓检测 165

【模块概述】 165
【学习导航】 165
【学习目标】 166
任务1　图像边缘检测 166
任务2　图像轮廓检测 176
任务3　傅里叶变换 190
课后习题 193

模块10　OCR 195

【模块概述】 195
【学习导航】 195
【学习目标】 196
任务1　OCR环境配置 196
任务2　车牌识别 200
任务3　信用卡号码识别 210
课后习题 215

模块11　人脸检测及人脸识别 217

【模块概述】 217

【学习导航】 ... 217
【学习目标】 ... 218
任务1　人脸检测 ... 218
任务2　人脸识别 ... 222
课后习题 ... 225

模块12　OpenCV综合应用案例 ... 227

【模块概述】 ... 227
【学习导航】 ... 227
【学习目标】 ... 228
任务1　答题卡识别 ... 228
任务2　物体实时监测 ... 235
任务3　疲劳监测 ... 239
课后习题 ... 243

参考文献 ... 244

模块 1

走进计算机视觉

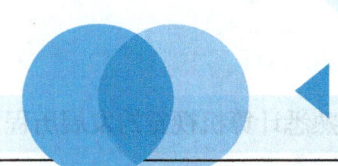

模块概述

计算机视觉是一门旨在教会计算机如何"看"世界的学科，其核心思想是使用计算机及相关设备对生物视觉进行模拟，通过各种成像设备（如照相机）代替视觉器官作为输入手段，再利用计算机来代替大脑完成图像或视频的处理和解释。计算机视觉的目标是让计算机能够像人一样通过视觉观察和理解世界，并具备自主适应环境的能力。计算机视觉技术作为人工智能领域的重要分支，在公共安全、生物、工业、农业、交通、医疗等多个领域的广泛应用，不仅极大地提升了这些领域的效率与精准度，还促进了数字经济与实体经济的深度融合，为构建新一代信息技术体系，推动现代服务业与先进制造业、现代农业的深度融合提供了强有力的技术支持。计算机视觉技术作为新一代信息技术的关键组成部分，其持续的创新与发展将不断催生新的经济增长点，为经济转型升级注入强劲动力。

本模块将介绍关于计算机视觉的历史、发展和未来趋势，搭建计算机视觉开发环境的步骤和方法、计算机视觉库OpenCV的安装和使用。

学习导航

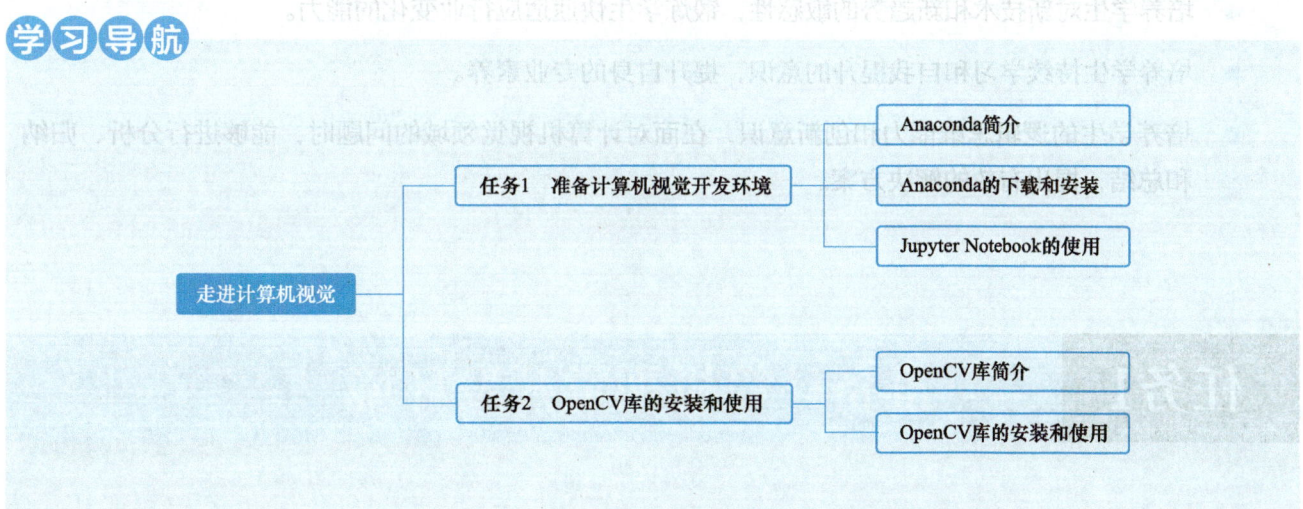

学习目标

知识目标

- 熟悉计算机视觉的发展历程。
- 掌握计算机视觉的应用方向和发展趋势。
- 熟悉常用的计算机视觉开发工具和平台。
- 掌握通过Anaconda安装Python的步骤。
- 掌握OpenCV库的安装和使用方法。
- 掌握常用OpenCV依赖库的安装方法。
- 掌握Jupyter Notebook编辑器的使用方法。

能力目标

- 能够进行计算机视觉开发工具和平台搭建,使用Python等编程语言进行计算机视觉编程。
- 能够使用OpenCV库进行图像处理和分析,使用OpenCV和其他依赖库进行人脸识别、目标跟踪等高级应用。
- 能够使用Jupyter Notebook等编辑器进行项目文档的编写和代码调试,独立完成计算机视觉项目。

素质目标

- 培养学生对新技术和新趋势的敏感性,锻炼学生快速适应行业变化的能力。
- 培养学生持续学习和自我提升的意识,提升自身的专业素养。
- 培养学生的逻辑思维能力和创新意识,在面对计算机视觉领域的问题时,能够进行分析、归纳和总结,提出有效的解决方案。

任务1　准备计算机视觉开发环境

任务导入

计算机视觉工具和平台可以帮助开发者更高效地构建计算机视觉应用。随着技术的不断发展,还会涌现出新的工具和平台,开发者需要不断学习和掌握新的技术和工具。本任务将主要介绍计算机视觉开发环境的安装过程。

1. 下载Anaconda

Anaconda可以从官网（https://www.anaconda.com/）下载，打开Anaconda官网，找到对应操作系统的Anaconda版本下载即可，如图1-1所示。

扫码观看视频

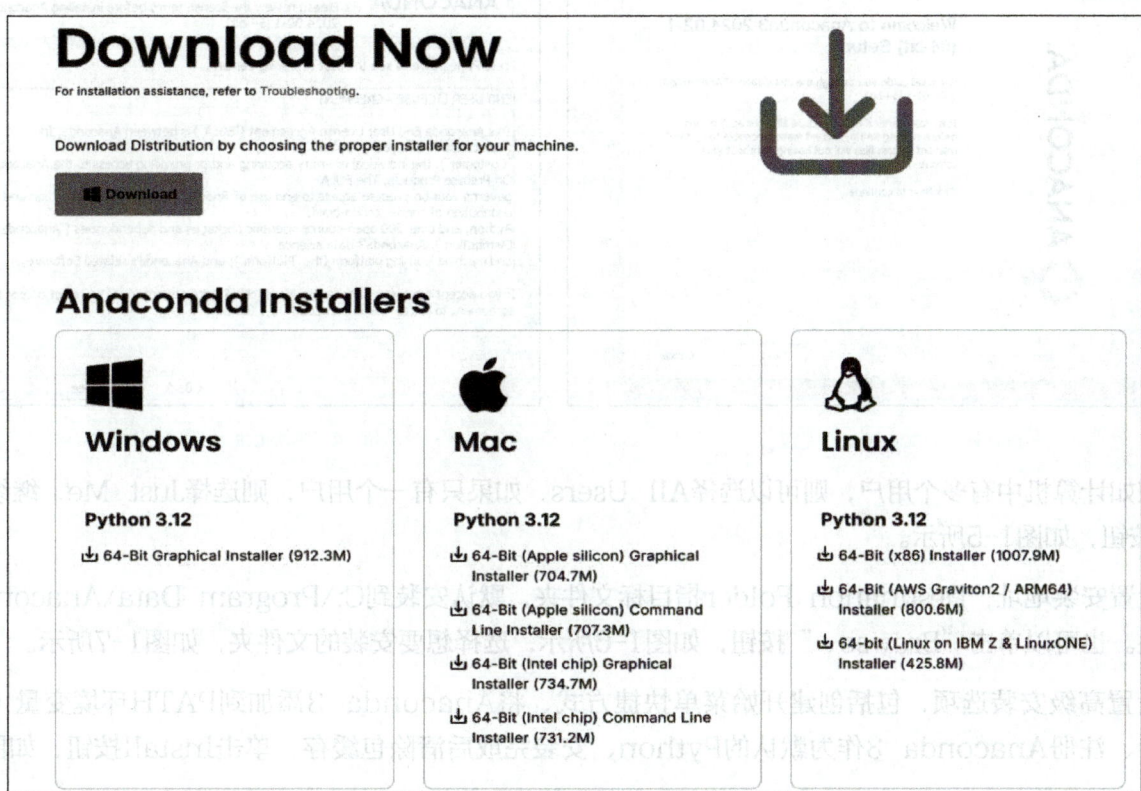

图1-1　不同操作系统对应的Anaconda版本

也可以从清华大学镜像下载（https://mirrors.tuna.tsinghua.edu.cn/anaconda/archive/），相比较而言，其镜像下载比较快。打开清华大学开源软件镜像站，选择对应的版本即可，如图1-2所示。

图1-2　Anaconda版本

2. 安装Anaconda

双击下载好的Anaconda安装文件，出现如图1-3所示的界面，单击Next按钮即可。

单击I Agree（我同意）按钮，如图1-4所示。

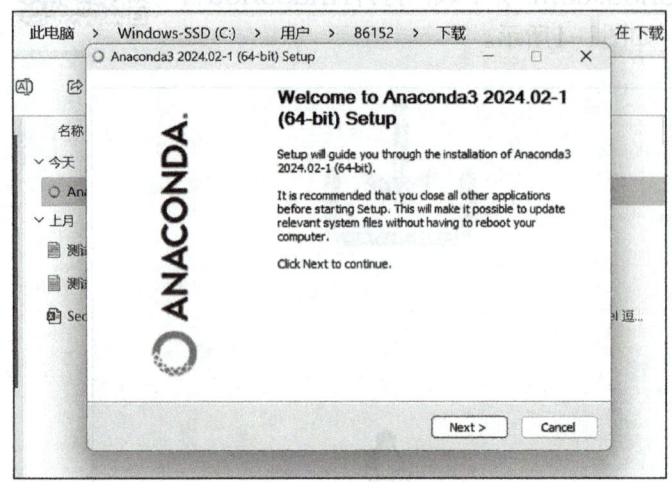

图1-3　Anaconda安装过程1　　　　　　图1-4　Anaconda安装过程2

假如计算机中有多个用户，则可以选择All Users，如果只有一个用户，则选择Just Me，继续单击Next按钮，如图1-5所示。

设置安装地址，Destination Folder指目标文件夹，默认安装到C:\Program Data\Anaconda 2文件夹。也可以单击"Browse…"按钮，如图1-6所示，选择想要安装的文件夹，如图1-7所示。

设置高级安装选项，包括创建开始菜单快捷方式、将Anaconda 3添加到PATH环境变量（建议选择）、注册Anaconda 3作为默认的Python、安装完成后清除包缓存，单击Install按钮，如图1-8所示。

进入安装界面，如图1-9和图1-10所示。

单击Finish按钮，完成安装，如图1-11所示。

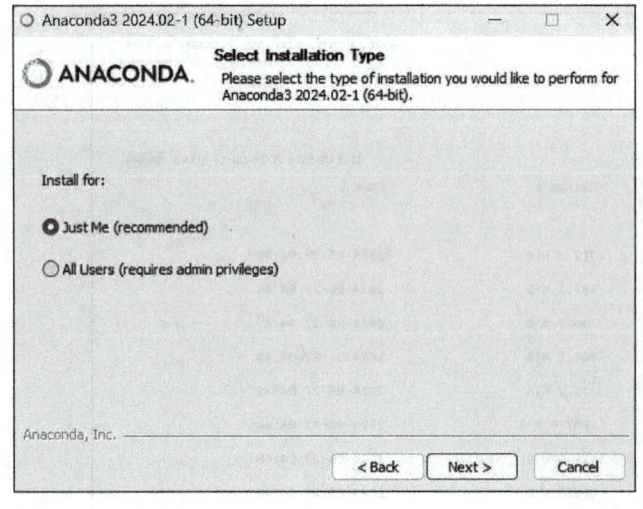
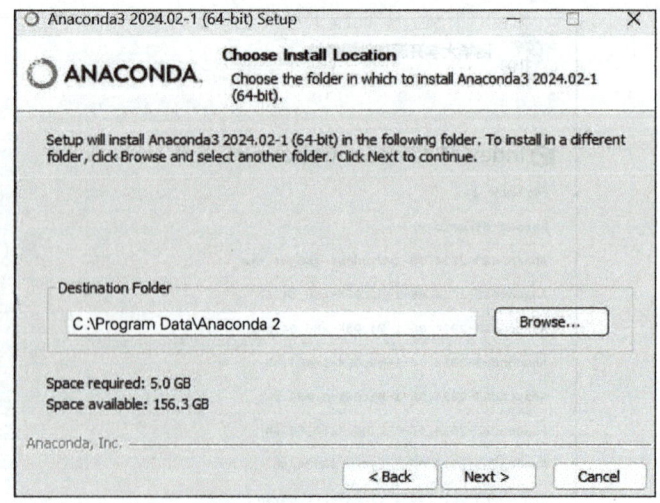

图1-5　Anaconda安装过程3　　　　　　图1-6　Anaconda安装过程4

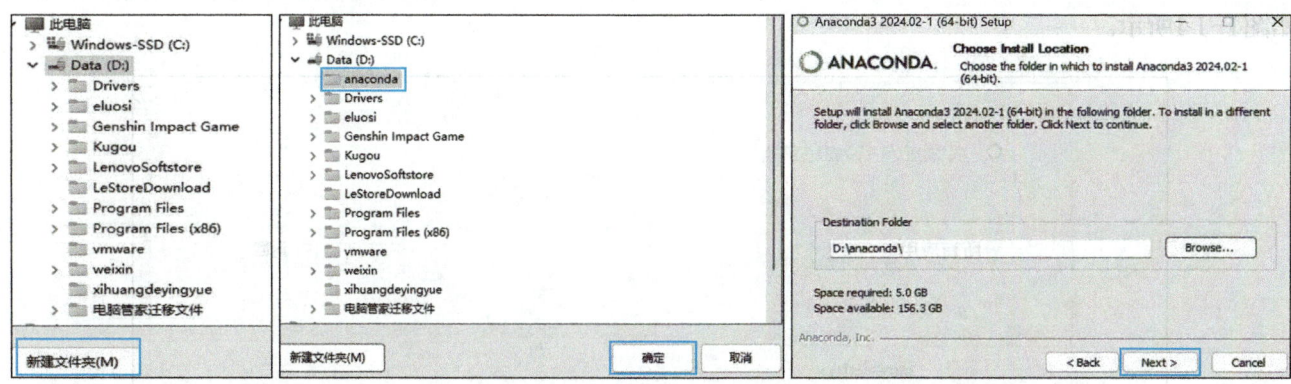

图1-7　Anaconda安装过程5

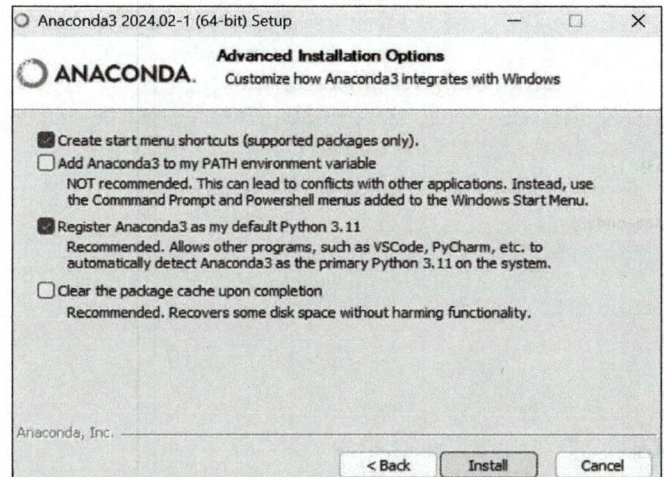

图1-8　Anaconda安装过程6

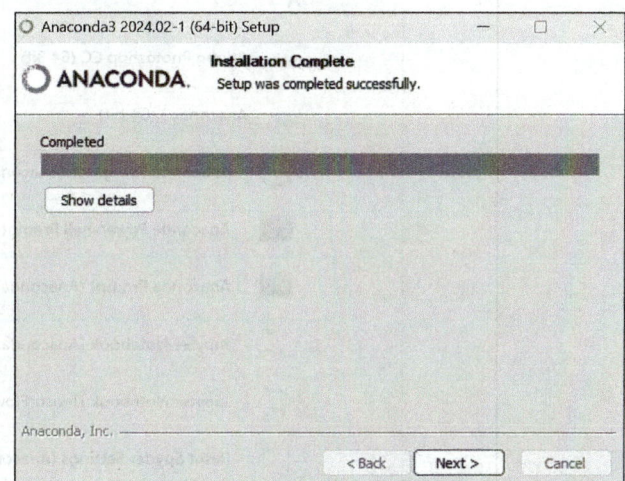

图1-9　Anaconda安装过程7

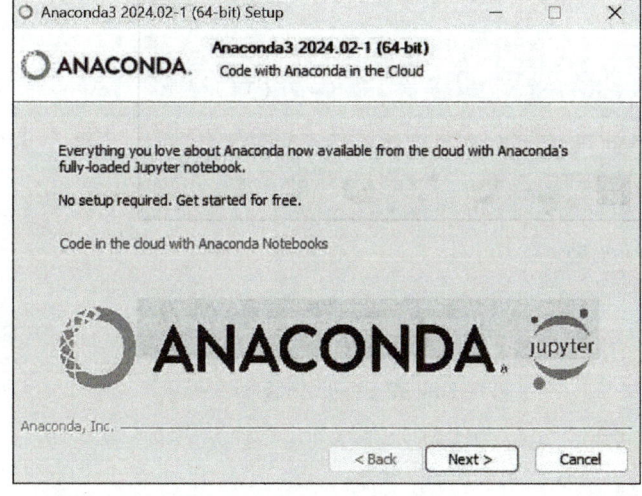

图1-10　Anaconda安装过程8

图1-11　Anaconda安装过程9

3. 查看Python安装路径

找到Anaconda文件夹，打开Anaconda Prompt，如图1-12所示。

在命令提示符窗口输入"where python"，按<Enter>键即可查看Python安装路径，如图1-13所示。

4. 查看Python版本

在命令提示符窗口输入"python --version"，按<Enter>键即可查看计算机中安装的Python版本，如图1-14所示。

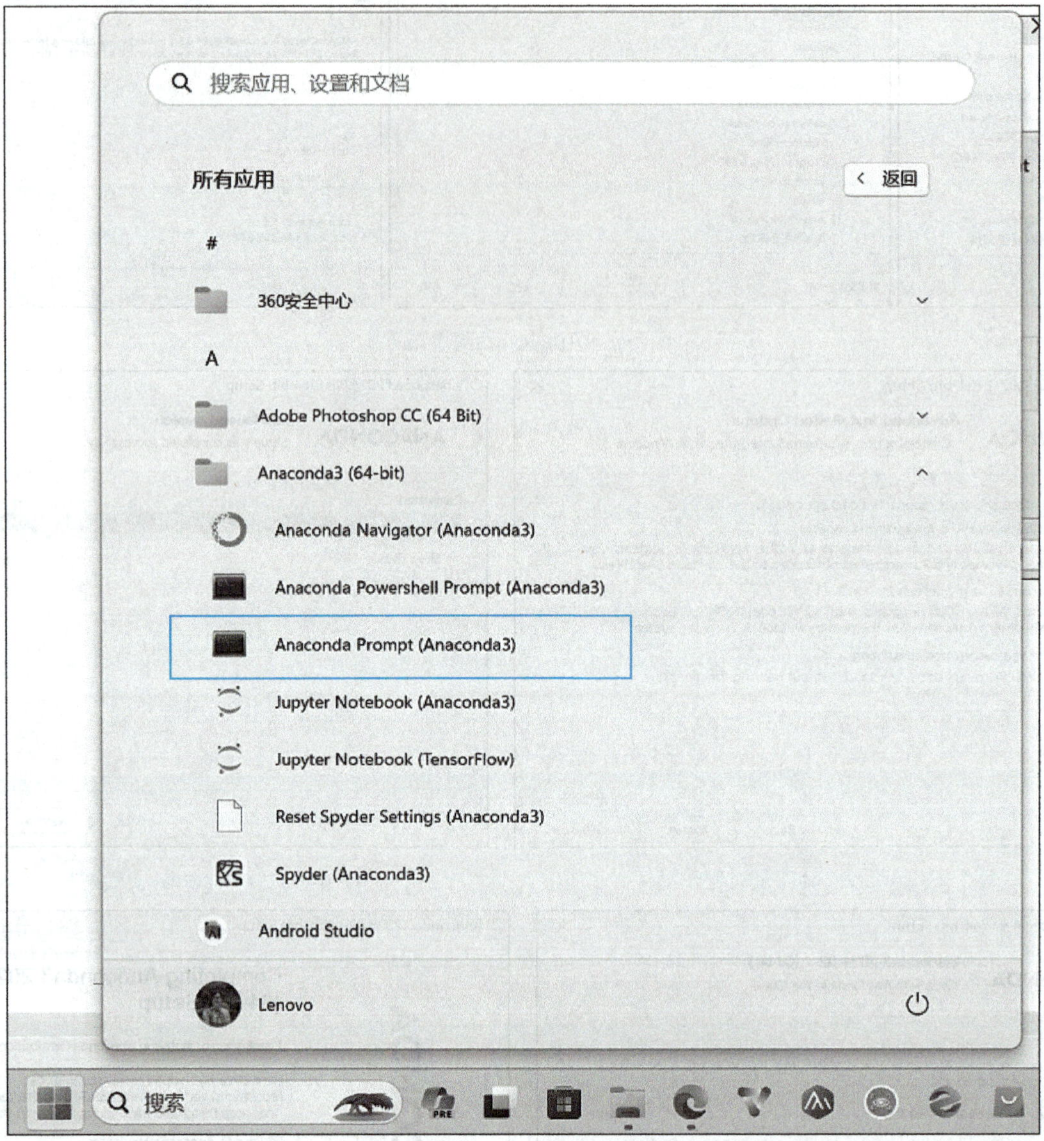

图1-12　Anaconda安装过程10

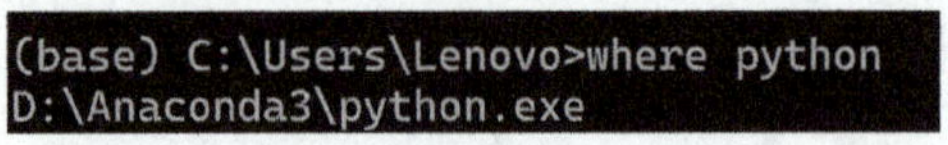

```
(base) C:\Users\Lenovo>where python
D:\Anaconda3\python.exe
```

图1-13　查看Python安装路径

```
(base) C:\Users\Lenovo>python --version
Python 3.9.13
```

图1-14　查看Python版本

知识拆解

1. 计算机视觉概述

（1）计算机视觉的定义

计算机视觉（Computer Vision）是人工智能的一个领域，旨在让计算机和系统能够从图像、视频和其他视觉输入中获取有意义的信息，并根据该信息采取行动或提供建议。人工智能赋予计算机思考的能力，计算机视觉赋予计算机发现、观察和理解的能力。

(2）计算机视觉的核心原理

计算机视觉的核心原理包括图像处理、特征提取和机器学习。具体来说，首先通过图像采集设备获取图像数据，然后对图像进行预处理（如去噪、增强、归一化等），接着提取图像中的特征（如边缘、角点、纹理等），最后利用机器学习算法对特征进行建模和识别，从而实现对图像和视频的理解和分析。

2. 计算机视觉的发展历程

（1）起源（20世纪50年代至60年代）

20世纪50年代，统计模式识别是计算机视觉的主要研究内容，主要集中在二维图像的分析、识别和理解上。在这一阶段，研究者们开始探索如何利用计算机程序对图像进行分类和识别。这一时期的重要成果包括二维图像处理和分析的基础算法，如滤波、边缘检测、二值化等。

（2）独立学科的形成（20世纪60年代至70年代）

随着计算机技术的发展和研究的深入，计算机视觉逐渐成为一个独立的学科领域。在这一阶段，研究者们开始关注三维场景的理解，如3D重建、立体视觉和运动分析等。其中，美国学者L. R. Roberts在20世纪60年代中期的工作是一个重要的里程碑。他将环境限制在所谓的"积木世界"，即周围的物体都是由多面体组成的，需要识别的物体可以用简单的点、直线和平面的组合表示，通过计算机程序从数字图像中提取出诸如立方体、楔形体、棱柱体等多面体的三维结构，并对物体形状及物体的空间关系进行描述。这一阶段的研究成果为后续的计算机视觉发展奠定了基础。

（3）理论框架与方法的突破（20世纪80年代至90年代）

在这一时期，研究者们开始构建更为复杂和完善的计算机视觉理论框架和方法。英国神经系统学家与心理学家David C. Marr提出的视觉计算理论框架是一个重要的里程碑。他提出了一种基于计算理论的视觉系统框架，将视觉过程分为三个层次：计算理论层、表征与算法层和实现层。这一理论框架为后续的计算机视觉研究提供了重要的指导。同时，这一时期还出现了许多重要的方法和技术，如特征提取、目标跟踪、场景重建等。这些方法和技术的应用范围不断扩大，推动了计算机视觉在各个领域的发展。

（4）现代应用与挑战（21世纪至今）

进入21世纪以来，计算机视觉的应用领域不断扩展，涵盖了安防、医疗、自动驾驶、智能制造等多个领域。随着深度学习技术的发展，卷积神经网络（CNN）等先进的机器学习算法被广泛应用于图像分类、目标检测、语义分割等任务中，取得了显著的效果。然而，计算机视觉仍面临许多挑战，如复杂场景下的目标遮挡、光照变化、动态目标跟踪等问题。为了解决这些问题，研究者们不断探索新的方法和技术，推动计算机视觉技术的不断创新和发展。

3. 计算机视觉的应用

计算机视觉应用非常广泛，可以分为以下几大方向。

（1）图像分类

图像分类，也可以称为图像识别，其任务是给定一个图像，正确给出该图像所属的类别。图像识别技术的过程分为信息的获取、预处理、特征抽取和选择、分类器设计和分类决策几个步骤。常见的分类方法包括：支持向量机（SVM）、决策树、神经网络等。图像识别技术主要应用在公共安全、生物、工业、农业、交通、医疗等多个领域。

(2) 目标检测

目标检测是计算机视觉领域中的一个重要任务，它的目标是在图像或视频中识别和定位出特定类型的物体。与图像分类任务不同，目标检测不仅需要判断图像中是否存在某个目标，还需要给出该目标在图像中的位置信息，通常用一个矩形框（Bounding Box）来表示。目标检测的应用非常广泛，包括人脸检测、行人检测、车辆检测、卫星图像中道路的检测、车载摄像机图像中的障碍物检测、医学影像中的病灶检测等。经典的算法包括Faster R-CNN、SSD、YOLO等。这些算法在速度、精度和鲁棒性等方面都有很好的表现，为目标检测领域的发展提供了强有力的支持。

(3) 图像分割

图像分割是将图像划分为多个区域或对象的过程，使得每个区域或对象在像素级别上具有相似性。这些相似性可以是颜色、纹理、亮度、形状等特征的相似性。通过图像分割，可以将图像中的对象、人物、场景等元素分离出来，进一步进行识别、跟踪和解释。图像分割技术在许多领域都有广泛的应用，如自动驾驶、医学图像分析、视觉导航和物体识别等。

(4) 风格迁移

风格迁移是计算机视觉领域的一大热点，给定一张内容图片和一张风格图片，风格迁移技术可以实现以风格图片的风格加内容图片的内容重新生成一张目标图片。

(5) 图像重构

图像重构通常指将若干局部图像重构成一幅完整图像的过程，这是计算机视觉领域中的一个重要任务。这个过程涉及多种技术和方法，包括图像滤波、插值、像素点云重构、形态学重构、图像分割以及超分辨率重构等。

(6) 图像超分辨率

图像超分辨率是一项重要的图像处理技术，旨在通过算法和模型将低分辨率图像提升到高分辨率，从而增强图像的细节和清晰度。图像超分辨率的实现包括图像预处理、特征提取、高分辨率重建几个步骤。

(7) 图像生成

图像生成是指使用计算机算法和模型来生成具有艺术性和创造性的图像，是使用计算机算法和模型从头开始创建图像的过程。可以基于数学模型、统计模型、神经网络等方法来生成图像。其中，深度学习技术在图像生成领域表现出色，特别是生成对抗网络（GAN）和变分自编码器（VAE）等模型在图像生成中得到了广泛应用。图像生成技术的应用领域包括艺术、设计、游戏开发、虚拟现实等。

(8) 人脸识别技术应用

人脸识别技术应用是计算机视觉领域的一个重要分支，涵盖了人脸识别、人脸检测、人脸对齐、人脸关键点提取等多个方面。这些技术被广泛应用于安全监控、身份验证、人机交互、娱乐等多个领域。

4. 计算机视觉的发展趋势

(1) 深度学习的广泛应用

深度学习在计算机视觉中发挥着越来越重要的作用。通过构建多层神经网络，深度学习可以实现对图像和视频数据的自动特征提取和分类，从而提高计算机视觉系统的准确性和鲁棒性。未来，深度学习算法将继续优化，推动计算机视觉技术的进一步发展。

（2）多模态视觉处理

传统的计算机视觉主要关注对单一模态的处理，如图像或视频。然而，现实世界中存在多种感知模态，如视觉、声音、触觉等。未来的计算机视觉系统将会尝试集成多种感知模态，以提供更全面的信息处理能力。这种多模态视觉处理将有助于提高计算机视觉系统的性能和准确性。

（3）实时性和高效率

随着硬件设备的不断升级和网络技术的进步，计算机视觉系统的实时性和高效率成为越来越重要的需求。未来的计算机视觉系统将更加注重实时性能，能够在短时间内处理大量的图像和视频数据，并给出准确的结果。

（4）数据隐私和安全性的重视

随着计算机视觉应用的广泛普及，数据隐私和安全问题也日益凸显。未来的计算机视觉系统将更加注重数据的隐私保护和安全性，加强数据管理和权限控制，以确保用户数据的安全。

（5）行业应用的不断拓展

计算机视觉技术在各个领域都有广泛的应用前景，如安防、工业、医疗、零售等。未来，随着技术的不断进步和应用需求的不断变化，计算机视觉技术将在更多行业中得到应用。

> **思考**
>
> 计算机视觉技术具有很多优势，实现了"人工智能+"的诸多功能，方便了人们的生活。请简述身边的关于计算机视觉的应用案例。

5. 计算机视觉的开发工具和平台

（1）编程语言

计算机视觉常用的编程语言包括Python、C++和MATLAB等，Python是最常用的语言。

（2）计算机视觉库和框架

计算机视觉库和框架可以帮助开发者快速构建计算机视觉应用。常用的计算机视觉库和框架包括OpenCV、TensorFlow、PyTorch、Keras等。

（3）图像处理工具

图像处理工具可以用于对图像进行预处理和后处理，如调整图像大小、裁剪、滤波等。常用的图像处理工具包括PIL、scikit-image等。

（4）深度学习平台

深度学习平台可以帮助开发者训练和部署深度学习模型。常用的深度学习平台包括TensorFlow、PyTorch、Caffe等。

（5）云计算平台

云计算平台可以提供高性能的计算资源和存储空间，适用于大规模的计算机视觉任务。常用的云计算平台包括AWS、Azure、Google Cloud等。

本书采用Python编程语言、OpenCV库进行计算机视觉应用开发。Anaconda是一个开源的

Python发行版本，集成了Conda、Python及180多个科学计算包，方便开发者快速搭建计算机视觉应用开发环境。因为Anaconda包含了大量预装工具，所以其安装包比较大。如果只需要部分功能，或希望节省存储空间，可以选择Miniconda（精简版，仅包含Conda和Python）。Anaconda通过Conda工具管理软件包和环境，并且已内置Python及常用配套工具。Anaconda功能如图1-15所示。

图1-15　Anaconda功能

任务2　OpenCV库的安装和使用

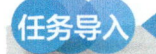 任务导入

OpenCV是一个基于Apache2.0许可（开源）发行的跨平台计算机视觉和机器学习软件库，可以运行在Linux、Windows、Android和macOS上。它轻量而且高效——由一系列C函数和少量C++类构成，同时提供了Python、Ruby、MATLAB等语言的接口，实现了图像处理和计算机视觉方面的很多通用算法，那么如何安装OpenCV？

扫码观看视频

任务实施

在命令提示符窗口输入"pip install opencv-python"，按<Enter>键即可安装OpenCV库。如果速度过慢，则建议使用国内镜像安装，如清华大学镜像。在命令提示符窗口输入"pip install opencv-python -i https://pypi.tuna.tsinghua.edu.cn/simple"即可，出现"Successfully installed opencv-python"表示安装成功，如图1-16所示。

图1-16　安装OpenCV库

卸载OpenCV库的命令为"pip uninstall opencv-python"，根据提示输入"Y"，卸载完成后出现"Successfully uninstalled opencv-python"，如图1-17所示。

图1-17 卸载OpenCV库

知识拆解

1. 常用的镜像网站

阿里云：http://mirrors.aliyun.com/pypi/simple/

中国科技大学：https://pypi.mirrors.ustc.edu.cn/simple/

华中理工大学：http://pypi.hustunique.com/

山东理工大学：http://pypi.sdutlinux.org/

豆瓣：http://pypi.douban.com/simple/

2. OpenCV依赖库的安装

（1）NumPy库的安装

NumPy（Numerical Python）是一个开源Python库，几乎可以用于所有科学和工程领域。它是在Python中处理数值数据的通用标准，也是科学Python和PyData生态系统的核心。NumPy API广泛用于Pandas、SciPy、Matplotlib、scikit-learn、scikit-image和大多数其他数据科学和科学Python包中。

NumPy库包含多维数组和矩阵数据结构，提供了ndarray，一个齐次的n维数组对象，以及对其进行有效操作的方法。可以使用NumPy对数组执行各种数学运算。它为Python添加了强大的数据结构，以保证使用数组和矩阵进行高效计算，并且提供了一个庞大的高级数学函数库，可对这些数组和矩阵进行操作。

当使用Python运行OpenCV时，OpenCV使用NumPy数组存储图像数据。基于NumPy可以很方便地执行基于数组的图像运算，比如图像的加法运算、加权加法运算和位运算等。

在命令提示符窗口输入"pip install numpy"，按<Enter>键即可安装NumPy库。如果速度过慢，可以使用国内镜像安装，如清华大学镜像。在命令提示符窗口输入"pip install numpy -i https://pypi.tuna.tsinghua.edu.cn/simple"即可，出现"Successfully installed numpy"表示安装成功。

（2）matplotlib库的安装

当涉及图像处理时，通常用OpenCV去读取并处理图像，用matplotlib去显示图像，因为OpenCV有很强的图像处理能力，而matplotlib有很强的可视化能力，可以方便地可视化分析实验的过程与结果。但是，不能直接用matplotlib去显示OpenCV读取的图像，因为这样会造成图像的颜色失真，原因是：使用OpenCV读取的图像的通道顺序是[B，G，R]，而matplotlib显示图像时图像的通道顺序是[R，G，B]。

在命令提示符窗口输入"pip install matplotlib",按<Enter>键即可安装matplotlib库。如果速度过慢,可以使用国内镜像安装,如清华大学镜像。在命令提示符窗口输入"pip install matplotlib -i https://pypi.tuna.tsinghua.edu.cn/simple"即可。

3. OpenCV的使用

使用OpenCV读取并显示图片。

1)打开Jupyter Notebook,如图1-18所示。

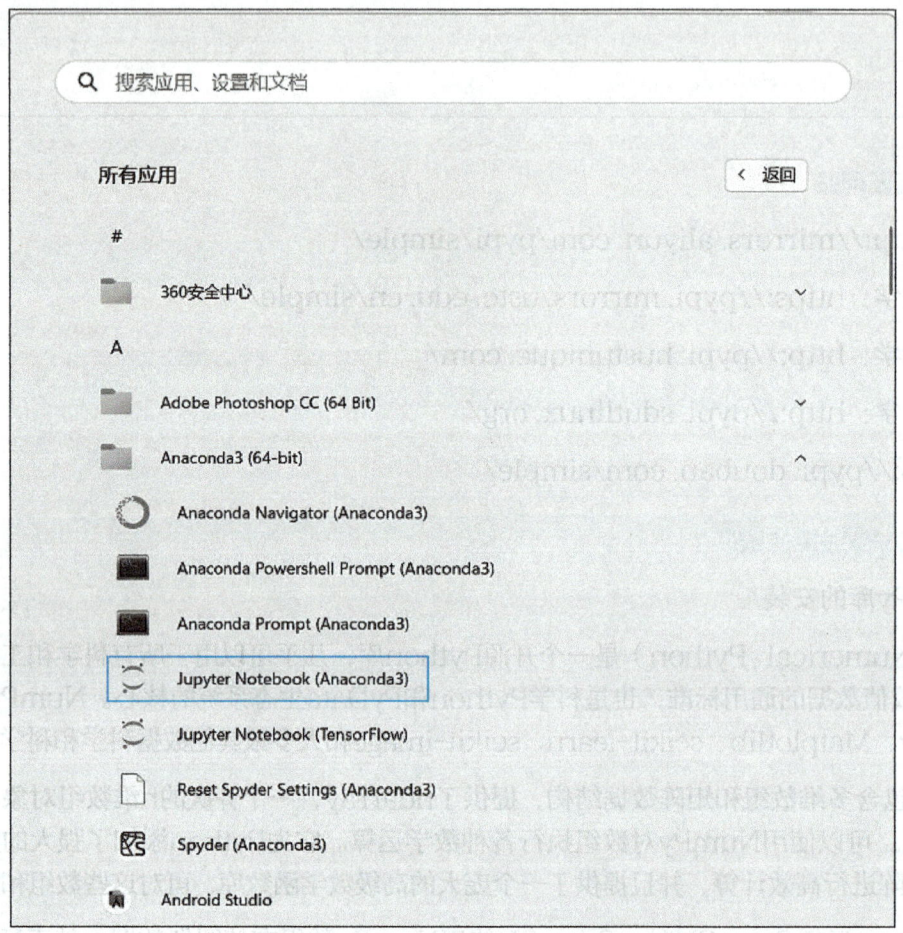

图1-18 打开Jupyter Notebook

2)新建Python 3文件,如图1-19所示。

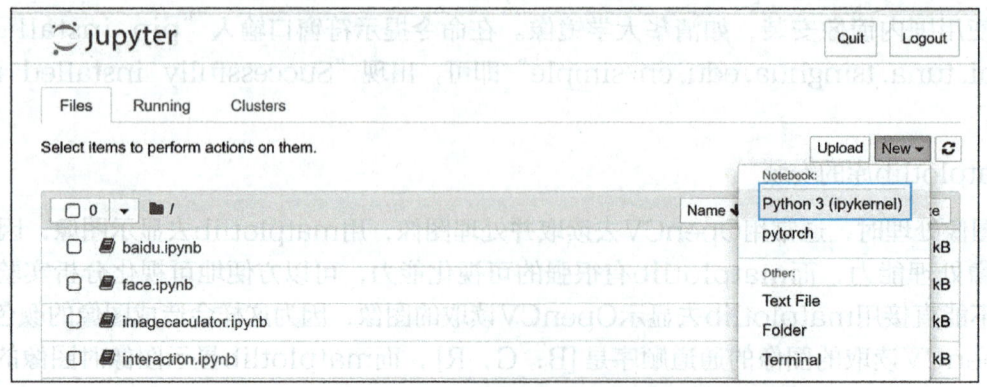

图1-19 新建Python 3文件

3）输入代码，如图1-20所示。

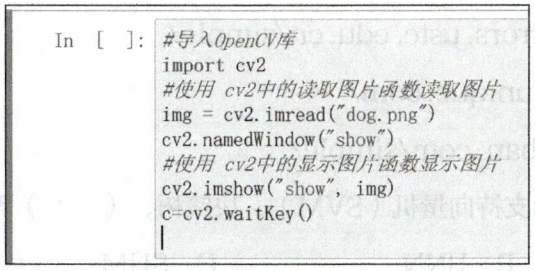

图1-20　输入代码

4）单击"运行"按钮，运行代码，输出运行结果，如图1-21所示。

图1-21　运行结果

1. 单选题

1）计算机视觉的研究起始于（　　）。

　　A．19世纪40年代　　B．20世纪50年代　　C．20世纪70年代　　D．21世纪初

2）计算机视觉库和框架包括（　　）、TensorFlow、PyTorch、Keras等。

　　A．OpenCV　　　　B．Java　　　　　C．汇编语言　　　　D．Go语言

3）常用的镜像网站中豆瓣的网址是（　　）。

　　A．http://mirrors.aliyun.com/pypi/simple/

　　B．https://pypi.mirrors.ustc.edu.cn/simple/

　　C．http://pypi.hustunique.com/

　　D．http://pypi.douban.com/simple/

4）常用图像分类方法包括支持向量机（SVM）、决策树、（　　）等。

　　A．神经网络　　　　B．BNN　　　　C．SUM　　　　D．DNN

2. 判断题

1）计算机视觉就是研究如何让计算机模拟人类的视觉系统对图像和视频进行理解和分析。（　　）

2）计算机视觉的发展历史中，早期的研究主要集中在图像处理和识别，而较少涉及三维视觉和视频分析。（　　）

3）计算机视觉的发展受到了数字图像处理、计算机技术和网络技术等多方面的影响。（　　）

4）计算机视觉只能应用于静态图像，无法处理视频流。（　　）

5）计算机视觉的一个重要趋势是优化数据的质量，减少对大量标记数据的依赖。（　　）

3. 简答题

1）什么是计算机视觉？

2）简述计算机视觉的主要应用领域有哪些。

3）简述计算机视觉的发展趋势，并举例说明其中一个趋势在现实生活中的应用。

模块 2

OpenCV的基本操作

科技创新在推动国家发展、提升社会信息化水平以及满足人民日益增长的美好生活需要中起着重要作用。图像处理和计算机视觉作为科技领域的重要分支,对于推动数字化转型、提升智能化水平具有举足轻重的地位。

图像读取、显示和写入作为图像处理和计算机视觉的基础,是每一个开发者必须掌握的技能。在对图像进行剪切、调整大小、旋转或应用不同过滤器等处理时,首先需要通过OpenCV等计算机视觉库的内置函数来读取图像。这些内置函数不仅简化了图像处理流程,也提高了图像处理的效率和精度。

本模块将介绍关于图像的读取及显示、用摄像头拍摄图像及视频的方法和本地视频的读取与播放。

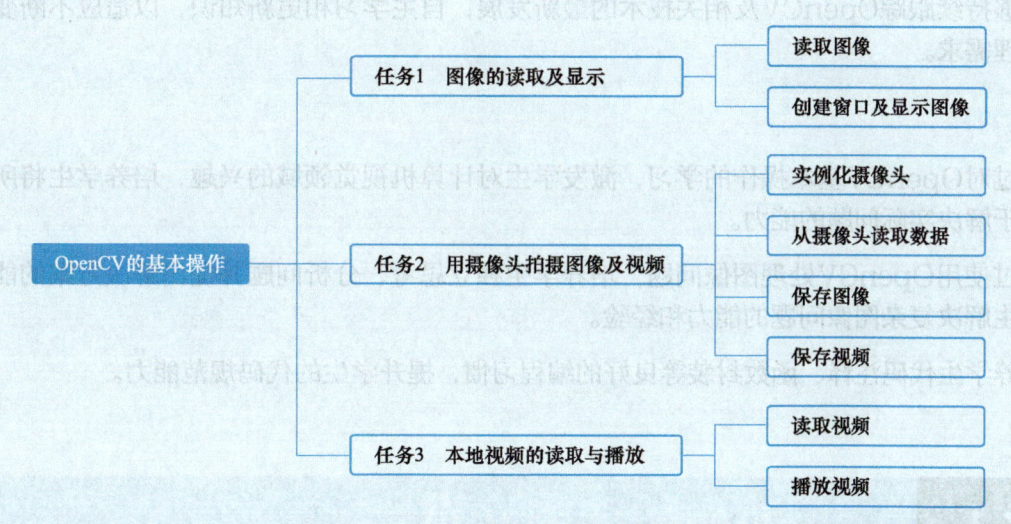

学习目标

知识目标

- 熟悉图像的分类。
- 掌握图像的坐标系表示方法。
- 掌握读取图像的方法。
- 掌握创建窗口及显示图像的方法。
- 掌握摄像头的实例化方法。
- 掌握从摄像头读取一帧数据的方法。
- 掌握保存图像的方法。
- 掌握保存视频的方法。
- 掌握读取本地视频的方法。
- 掌握播放本地视频的方法。

能力目标

- 能够使用OpenCV库进行基本的图像处理操作,根据需求选择合适的图像处理算法和技术。
- 能够将理论知识转化为实际代码,实现图像处理算法,优化和改进算法。
- 能够将OpenCV应用于实际项目中解决图像处理相关的问题,在项目中独立承担图像处理模块的开发和测试工作。
- 能够持续跟踪OpenCV及相关技术的最新发展,自主学习和更新知识,以适应不断变化的图像处理需求。

素质目标

- 通过对OpenCV基本操作的学习,激发学生对计算机视觉领域的兴趣,培养学生将所学知识应用于解决实际问题的能力。
- 通过使用OpenCV处理图像问题,培养学生独立思考、分析问题并提出解决方案的能力,提升学生解决复杂图像问题的能力和经验。
- 培养学生代码注释、函数封装等良好的编程习惯,提升学生的代码规范能力。

任务1　图像的读取及显示

在对图像进行操作的过程中,首先需要将图像数据读取并显示出来,从而进行进一步的操作。使用

OpenCV提供的cv2.imread()函数、cv2.namedWindow()函数、cv2.imshow()函数可以实现图像的读取及显示。

扫码观看视频

1. 案例代码

```
1. #任务1：任务实施代码
2. #第一步：导入cv2包
3. import cv2
4. #第二步：使用imread函数读取图像
5. img = cv2.imread("dog.png")
6. #第三步：创建显示窗口
7. cv2.namedWindow("show")
8. #第四步：显示图像
9. cv2.imshow("show", img)
10. c=cv2.waitKey()
```

2. 案例结果

案例运行结果如图2-1所示。

图2-1　图像的读取及显示案例运行结果

1. 图像的分类

（1）二值图像（Binary Image）

二值图像中，每个像素只有两个可能的值，0（黑色）或255（白色），用于表示黑白图像或经过阈值处理后的图像，通常用于形态学操作、边缘检测等。

（2）灰度图像（Grayscale Image）

灰度图像中，每个像素有一个值，通常在0（黑色）到255（白色）之间，中间值为灰色。这个值表示像素的亮度，不包含颜色信息。灰度图像在需要颜色信息但计算资源有限时很有用。

（3）彩色图像（RGB图像）

RGB图像有三个值，即R、G、B，每一个值都在0～255之间。在OpenCV中，通道顺序为[B，G，R]。RGB图像提供了丰富的视觉信息，适用于各种计算机视觉任务。

2. 图像的坐标系表示方法

（1）坐标系

OpenCV的坐标系原点(0, 0)是图像的左上角点，坐标系的x轴为图像矩形的上水平线，从左往右；y轴为图像矩形的左垂直线，从上到下。Point(x, y)中，第一个参数x代表的是元素所在图像的列数cols，第二个参数y代表的是元素所在图像的行数rows。

（2）坐标表示

坐标表示如图2-2所示。

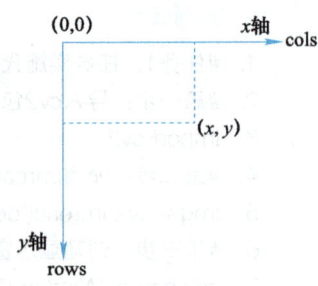

图2-2 坐标表示

坐标点(x, y)中，x表示水平方向上的位置，y表示垂直方向上的位置。

3. 读取图像函数：cv2.imread()

作用：实现图像的读取。

语法格式：cv2.imread(filename, flag)。

filename：要读取的图像目录和名称。

flag：指定以何种方式加载图像，有以下三个取值。

1）cv2.IMREAD_COLOR：读取一副彩色图像，图像的透明度会被忽略，默认为该值，实际取值为1。

2）cv2.IMREAD_GRAYSCALE：以灰度模式读取一张图像，实际取值为0。

3）cv2.IMREAD_UNCHANGED：加载一副彩色图像，透明度不会被忽略。

代码示例：

img = cv2.imread("D:\car.jpg", cv2.IMREAD_UNCHANGED)，表示读取保存在D盘下的图片car.jpg，加载方式为彩色图像，透明度不会被忽略。

4. 创建窗口函数：cv2.namedWindow()

作用：创建显示计算机视觉对象的窗口。

语法格式：cv2.namedWindow(window_name)。

window_name：新建窗口的名称。

代码示例：

cv2.namedWindow("show")，表示创建名称为"show"的窗口。

5. 显示图像函数：cv2.imshow()

作用：实现窗口的显示。

语法格式：cv2.imshow(window_name, mat)。

window_name：新建窗口的名称。

mat：一个图像矩阵，类型为numpy.ndarray。

代码示例：

cv2.imshow("show"，img)，表示在名称为"show"的窗口显示img对象。

6. 设置显示时长函数：cv2.waitKey([delay])

作用：设置显示时长，不断刷新图像，频率时间为delay，单位为ms，返回值为当前键盘按键的值。

语法格式：cv2.waitKey([delay])。

delay：可选参数，表示窗口显示的时间。

代码示例：

c=cv2.waitKey(1000)，表示使程序暂停1s。

c=cv2.waitKey(0)，表示等待无限时间，用户按下任意键才会退出。

7. 知识运用

读取磁盘中存储的图像并显示，显示等待，如果用户按<a>键则退出程序。

```
1.  #任务1：知识运用代码
2.  import cv2
3.  #第一步：读取图像
4.  img = cv2.imread("dog.png")
5.  #第二步：显示图像
6.  cv2.namedWindow("show")
7.  cv2.imshow("show", img)
8.  #第三步：设置按<a>键后退出程序
9.  while True:
10.     key=cv2.waitKey(0) & 0xFF
11.     if key==ord('a'):
12.         break
13. cv2.destroyAllWindows()
```

创建的窗口使用完毕后，要使用cv2.destroyAllWindows()销毁窗口，释放内存。

任务2　用摄像头拍摄图像及视频

任务导入

在对图像进行操作的过程中，经常需要使用摄像头进行拍照和录制视频。使用OpenCV提供的

VideoCapture()函数、read()函数、imwrite()函数、VideoWriter()函数可以实现拍照和录制视频功能。

任务实施

案例一 用摄像头拍摄照片并保存。

1. 案例代码

使用OpenCV相关函数编写代码，实现用摄像头拍摄一张照片并保存。

扫码观看视频

```
1.  #任务2：任务实施代码1
2.  import cv2
3.  #第一步：实例化摄像头
4.  cap = cv2.VideoCapture(0)
5.  #第二步：判断摄像头是否打开
6.  if cap.isOpened():
7.      while True:
8.  #第三步：读取摄像头的帧
9.          ret, frame = cap.read()
10. #第四步：显示读取到的摄像头的帧图像
11.         cv2.imshow("video_test", frame)
12.         key = cv2.waitKey(10)
13. #第五步：按<Esc>键退出程序
14.         if key==27:
15.             break
16. #第六步：按<s>键保持当前帧图像
17.         if key==ord("s"):
18.             cv2.imwrite("video_frame.jpg",frame)
19. cap.release()
20. cv2.destroyAllWindows()
```

2. 案例结果

用摄像头拍摄一张照片并保存实验结果，如图2-3所示。

图2-3 用摄像头拍摄一张照片并保存实验结果

案例二 用摄像头录制视频并保存。

1. 案例代码

使用OpenCV相关函数编写代码，实现用摄像头录制一段视频并保存。

```
1.  #任务2：任务实施代码2
2.  import cv2
3.  #第一步：实例化摄像头
4.  cap = cv2.VideoCapture(0)
5.  if cap.isOpened():
6.  #第二步：设置视频格式
7.      fourcc = cv2.VideoWriter_fourcc('m', 'p', '4', 'v')
8.      out = cv2.VideoWriter('d:/output.avi', fourcc, 1,(640, 480))
9.  #第三步：保存视频
10.     while True:
11.         ret, frame = cap.read()
12.         out.write(frame)
13.         cv2.imshow("video", frame)
14.         if cv2.waitKey(10) == 27:
15.             break
16. cap.release()
17. out.release()
18. cv2.destroyAllWindows()
```

2. 案例结果

用摄像头录制一段视频并保存实验结果，如图2-4所示。

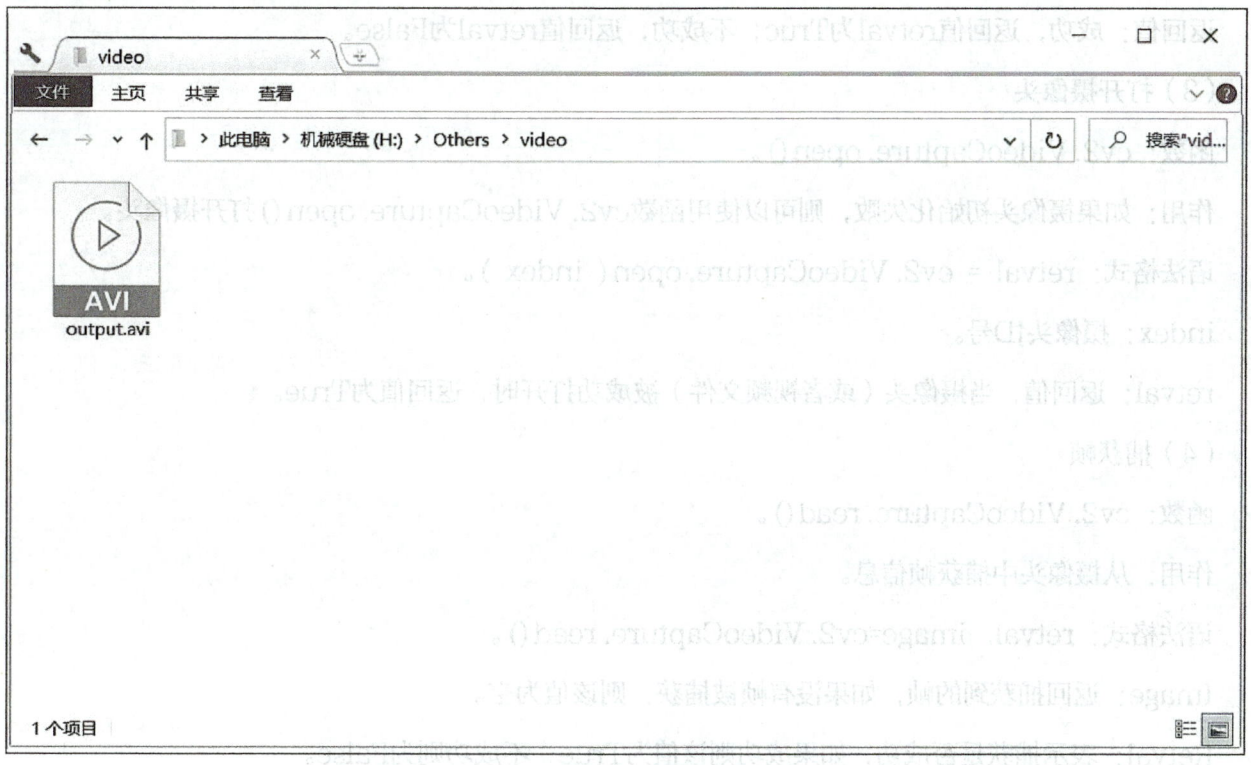

图2-4　用摄像头录制一段视频并保存实验结果

知识拆解

1. VideoCapture类

cv2.VideoCapture类可以简单、快捷地处理视频，它既能处理视频文件又能处理摄像头信息。cv2.VideoCapture类的常用函数包括初始化、打开、帧捕获、释放、属性设置等。

（1）摄像头初始化

函数：cv2.VideoCapture()。

作用：用于打开摄像头并完成摄像头的初始化工作。

语法格式：捕获对象=cv2.VideoCapture("摄像头ID号")。

摄像头ID号：摄像头的ID号码，默认值为-1，表示随机选取一个摄像头；如果有多个摄像头，则用数字"0"表示第1个摄像头，用数字"1"表示第2个摄像头，以此类推。如果只有一个摄像头，既可以使用"0"，也可以使用"-1"作为摄像头ID号。

代码示例：

cap = cv2.VideoCapture(0)。

（2）判断当前的摄像头是否初始化成功

函数：cv2.VideoCapture.isOpened()。

作用：判断当前的摄像头是否初始化成功。

返回值：成功，返回值retval为True；不成功，返回值retval为False。

（3）打开摄像头

函数：cv2.VideoCapture.open()。

作用：如果摄像头初始化失败，则可以使用函数cv2.VideoCapture.open()打开摄像头。

语法格式：retval = cv2.VideoCapture.open(index)。

index：摄像头ID号。

retval：返回值，当摄像头（或者视频文件）被成功打开时，返回值为True。

（4）捕获帧

函数：cv2.VideoCapture.read()。

作用：从摄像头中捕获帧信息。

语法格式：retval, image=cv2.VideoCapture.read()。

Image：返回捕获到的帧，如果没有帧被捕获，则该值为空。

Retval：表示捕获是否成功，如果成功则该值为True，不成功则为False。

（5）释放摄像头

函数：cv2.VideoCapture.release()。

作用：释放摄像头。

语法格式：None=cv2.VideoCapture.release()。

代码示例：

cap = cv2.VideoCapture(0)

cap.release()

2. 保存图像

函数：cv2.imwrite()。

作用：将图像以指定的格式图像保存。

语法格式：cv2.imwrite(filename, image)。

filename：代表文件名的字符串。文件名必须包含图像格式，例如".jpg"".png"等。

image：要保存的图像。

代码示例：img = cv2.imwrite("D:\car.jpg",img)，表示将img图像对象以car.jpg为文件名保存到D盘下。

3. 保存视频

函数：cv2.VideoWriter()。

作用：将图像序列保存成视频文件，也可以修改视频的各种属性，还可以对视频类型进行转换。

语法格式：<VideoWriter object> = cv2.VideoWriter(filename, fourcc, fps, frameSize[, isColor])。

filename：指定输出目标视频的存放路径和文件名。如果指定的文件名已经存在，则会覆盖这个文件。

fourcc：视频编/解码类型（格式）。用cv2.VideoWriter_fourcc()来指定视频编解码格式。fourcc意为四字符代码（Four-Character Codes），该编码由四个字符组成。下面是VideoWriter_fourcc的对象的一些常用参数，注意字符顺序不能弄混。

cv2.VideoWriter_fourcc('M', 'P', '4', 'V')，MPEG-4编码，文件扩展名为.mp4。

cv2.VideoWriter_fourcc('X', '2', '6', '4')，MPEG-4编码，文件扩展名为.mp4。

cv2.VideoWriter_fourcc('I', '4', '2', '0')，YUV编码类型，文件扩展名为.avi。

cv2.VideoWriter_fourcc('P', 'I', 'M', 'I')，MPEG-1编码类型，文件扩展名为.avi。

cv2.VideoWriter_fourcc('X', 'V', 'I', 'D')，MPEG-4编码类型，文件扩展名为.avi。

cv2.VideoWriter_fourcc('T', 'H', 'E', 'O')，Ogg Vorbis，文件扩展名为.ogv。

cv2.VideoWriter_fourcc('F', 'L', 'V', '1')，Flash视频，文件扩展名为.flv。

代码示例：

fourcc = cv2.VideoWriter_fourcc('m', 'p', '4', 'v')

fourcc = cv2.VideoWriter_fourcc('M', 'P', '4', 'V')

fourcc = cv2.VideoWriter_fourcc(*'MP4V')

fourcc = cv2.VideoWriter_fourcc(*'mp4v')

指定视频编解码格式为mp4格式，以上四行代码功能相同。

fps：要保存的视频的帧率。

frameSize：要保存的文件的画面尺寸。

isColor：表示是黑白画面还是彩色的画面。

4. 知识运用

用摄像头录制一段视频，以mp4格式进行保存。

```
1.  #任务2：知识运用案例实现代码
2.  import cv2
3.  #第一步：初始化摄像头
4.  cap = cv2.VideoCapture(0)
5.  #第二步：设置视频窗口大小
6.  width = int(cap.get(cv2.CAP_PROP_FRAME_WIDTH))
7.  height = int(cap.get(cv2.CAP_PROP_FRAME_HEIGHT))
8.  #第三步：设置视频类型
9.  fourcc = cv2.VideoWriter_fourcc(*"mp4v")
10. out = cv2.VideoWriter('test.mp4', fourcc, 20, (width,height))
11. #第四步：保存视频
12. while True:
13.     ret, frame = cap.read()
14.     if ret:
15.         out.write(frame)
16.         cv2.imshow('capture', frame)
17.         if cv2.waitKey(25) & 0xFF == ord('q'): #按<q>键退出
18.             break
19.     else:
20.         continue
21. cap.release()
22. out.release()
23. cv2.destroyAllWindows()
```

> 💡 **思考**
>
> 在使用OpenCV通过摄像头拍摄图像和视频时，可能会遇到哪些问题，如何解决这些问题？

任务3　本地视频的读取与播放

任务导入

通过OpenCV提供的cv2.VideoCapture()函数、cv2.imshow()函数、cv2.waitKey()函数和cap.read()函数来实现对本地视频的读取与播放。

扫码观看视频

任务实施

案例代码

```
1.  #任务3：任务实施代码
2.  import cv2
3.  #第一步：打开视频
4.  cap = cv2.VideoCapture('test.avi')
5.  if not cap.isOpened():
6.      print("无法打开视频文件")
7.      exit()
8.  #第二步：播放视频
9.  while cap.isOpened():
10.     ret, frame = cap.read()
11.     if not ret:
12.         # 如果读取不到帧（视频已播放完毕），则退出循环
13.         break
14.     cv2.imshow('frame', frame)
15.     if cv2.waitKey(25) & 0xFF == ord('q'):
16.         break
17. cap.release()
18. cv2.destroyAllWindows()
```

知识拆解

1. 知识介绍

相同的函数使用不同的参数可以实现不同的功能。例如，cv2.VideoCapture()的参数设置为0，即cap = cv2.VideoCapture(0)，表示打开摄像头；如果参数设置为本地视频的路径，如cap = cv2.VideoCapture('d:/output.avi')，表示打开对应的视频文件。

2. 知识运用

读取本地视频并循环播放。

```
1.  #任务3：知识运用
2.  import cv2
3.  # 视频文件的路径
4.  video_path = 'd:/test.avi'
5.  # 打开视频文件
6.  cap = cv2.VideoCapture(video_path)
7.  # 检查视频是否成功打开
8.  if not cap.isOpened():
9.      print("Error: Could not open video.")
10.     exit()
11. while True:
12.     # 逐帧读取视频
13.     ret, frame = cap.read()
14.     # 如果帧读取失败（例如，视频播放完毕），则退出循环
15.     if not ret:
16.         print("End of video. Restarting playback.")
17.         # 将视频指针重置回开头
18.         cap.set(cv2.CAP_PROP_POS_FRAMES, 0)
19.         # 重新读取第一帧
20.         ret, frame = cap.read()
21.         if not ret:
22.             break  # 如果还是读取失败，则真正退出循环
23.     # 显示帧
24.     cv2.imshow('Video Playback', frame)
25.     # 按<q>键退出循环
26.     if cv2.waitKey(25) & 0xFF == ord('q'):
27.         break
28. # 释放视频捕获对象
29. cap.release()
30. # 关闭所有 OpenCV 窗口
31. cv2.destroyAllWindows()
```

课后习题

1. **单选题**

1）使用OpenCV读取的图像默认为（　　）色彩空间。

　　A．BGR　　　　　　B．RGB　　　　　　C．HSV　　　　　　D．GRAY

2）通常使用OpenCV中的（　　）读取图像。

　　A．imread()　　　　　　　　　　　　　B．namedWindow()

　　C．imshow()　　　　　　　　　　　　　D．waitKey()

3）在OpenCV中，通常使用（　　）写入图像。

  A．imshow()   B．imwrite()

  C．waitKey()   D．destoryAllWindows()

 4）通常使用OpenCV中的（　　）读取视频。

  A．waitKey()   B．imshow()

  C．VideoCapture()   D．imwrite()

2．判断题

 1）OpenCV库只支持读取JPEG和PNG格式的图像。（　　）

 2）使用cv2.imread()函数读取图像时，如果不指定读取模式，则默认以彩色模式读取图像。（　　）

 3）cv2.imshow()函数用于在窗口中显示图像，窗口会自动关闭，不需要额外的代码来关闭它。（　　）

 4）OpenCV中的 cv2.VideoCapture()函数只能用于捕获摄像头的实时图像，不能用于读取视频文件。（　　）

 5）使用cap.read()函数从摄像头捕获图像时，如果返回的第一个元素为False，则表示没有成功捕获到图像。（　　）

 6）在OpenCV中，录制视频时不需要先初始化摄像头设备。（　　）

3．填空题

 1）OpenCV中用于读取图像的函数是＿＿＿＿。

 2）OpenCV中用于显示图像的函数是＿＿＿＿。

 3）在读取图像时，如果图像路径不存在或者图像文件损坏，cv2.imread()函数会返回＿＿＿＿。

 4）在OpenCV中，初始化摄像头的函数是cv2.VideoCapture()，其参数为设备的索引号，默认内置摄像头通常使用索引号＿＿＿＿。

 5）调用摄像头捕获图像的函数是cap.read()，其返回值是一个元组，第一个元素为＿＿＿＿，第二个元素为捕获的图像。

 6）在OpenCV中，录制视频时需要使用＿＿＿＿函数，需要指定输出文件的名称、编码方式、帧率和帧大小等参数。

4．编程题

 1）以灰度方式读取硬盘上的图像并显示，按<Esc>键时，退出图像显示，释放窗口。

 2）读取本地视频，按<s>键时，将当前视频界面保存成jpg格式的图像，按<q>键时退出。

模块 3

图像的基本运算

模块概述

"实践没有止境,理论创新也没有止境"。图像运算指以图像为单位进行的操作,运算的结果是一幅灰度分布与原来参与运算图像灰度分布不同的新图像。OpenCV提供了丰富的功能来进行图像运算,包括基本的算术运算、逻辑运算以及更高级的运算如位运算和像素值统计等。

本模块主要学习OpenCV中图像的基本运算,其中包括加法运算符、add()函数、掩模和位运算函数,并运用这些基本运算完成图像的加密与解密,模拟数字水印的嵌入和提取,脸部打码与解码,获取图像感兴趣区域等较为复杂的图像运算操作。

学习导航

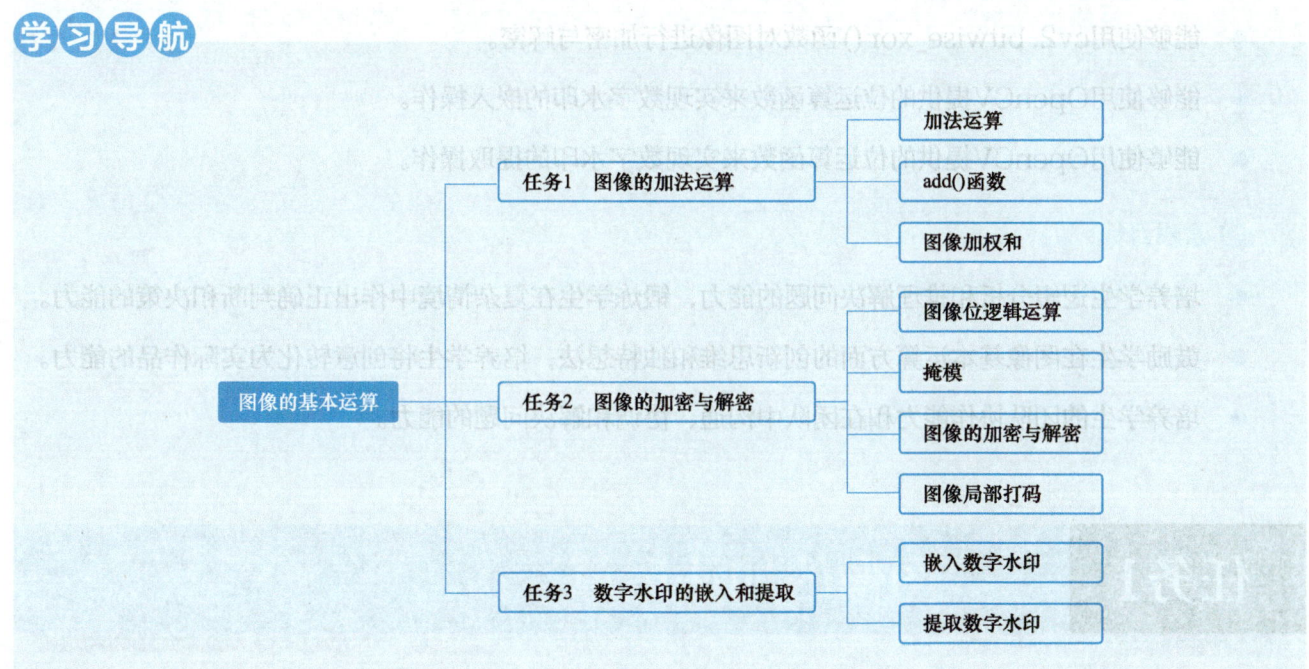

OpenCV计算机视觉处理

学习目标

知识目标

- 掌握加号运算符（+）及add()函数的使用方法及区别。
- 掌握cv2.addWeighted()函数的各个参数的具体作用。
- 掌握图像的相加。
- 掌握图像的加权和（混合、融合）。
- 掌握使用cv2.bitwise_xor()函数实现图像的加密与解密的方法。
- 掌握使用cv2.bitwise_and()函数实现图像的局部打码的方法。
- 掌握数字水印的嵌入方法。
- 掌握数字水印的提取方法。

能力目标

- 能够使用Python语言编程。
- 能够使用加号运算符（+）和cv2.add()函数对图像进行叠加操作。
- 能够使用cv2.addWeighted()函数对图像进行加权和操作。
- 能够使用cv2.bitwise_xor()函数对图像进行加密与解密。
- 能够使用OpenCV提供的位运算函数来实现数字水印的嵌入操作。
- 能够使用OpenCV提供的位运算函数来实现数字水印的提取操作。

素质目标

- 培养学生逻辑分析和推理解决问题的能力，锻炼学生在复杂情境中作出正确判断和决策的能力。
- 鼓励学生在图像基本运算方面的创新思维和独特想法，培养学生将创意转化为实际作品的能力。
- 培养学生的团队协作能力和在团队中沟通、协调和解决问题的能力。

任务1　图像的加法运算

任务导入

在对图像进行操作的过程中，经常会遇到要将两张图像叠加或者混合、融合的情况。使用OpenCV提供的加号运算符（+）和cv2.add()函数可以实现对图像不同的叠加效果，使用cv2.addWeighted()函数可以对两张图像进行加权混合操作。

任务实施

案例一 使用加号运算符（+）和cv2.add()函数实现图像的叠加。

扫码观看视频

1. 案例代码

```
1. #任务1：图像加法运算——使用加号运算符（+）和 cv2.add() 函数实现图像的叠加
2. #第一步：打开 Jupyter Notebook，创建Python文件，命名为 add_exp.ipynb。引入 OpenCV 库，代码如下。
3. import cv2
4. #第二步：读取图像fruits.jpg，将读取的变量储存在变量 a 中。图像要和代码文件在同一目录下，代码如下。
5. a = cv2.imread("fruits.jpg", 0)
6. #第三步：分别使用加号运算符和函数 cv2.add() 计算两幅灰度图像的像素值之和，代码如下。
7. b = a
8. result1 = a+b
9. result2 = cv2.add(a, b)
10. #第四步：显示原始图像 original，使用加号运算符计算后的图像 result1，和使用函数 cv2.add() 计算后的图像 result2。代码如下，结果如图3-1～图3-3所示。
11. cv2.imshow("original", a)
12. cv2.imshow("result1", result1)
13. cv2.imshow("result2", result2)
14. #第五步：销毁全部窗口
15. cv2.waitKey()
16. cv2.destroyAllWindows()
```

2. 案例结果

图3-1　原始图像original

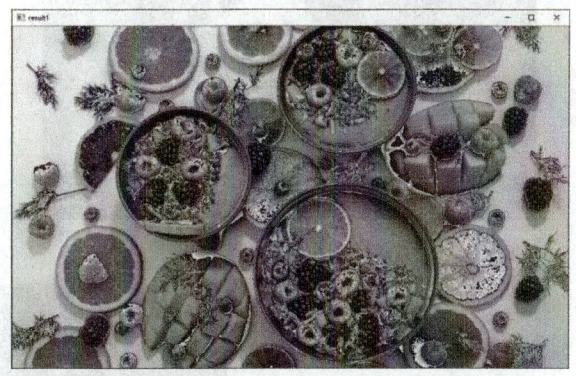

图3-2　使用加号运算符（+）计算后的图像result1

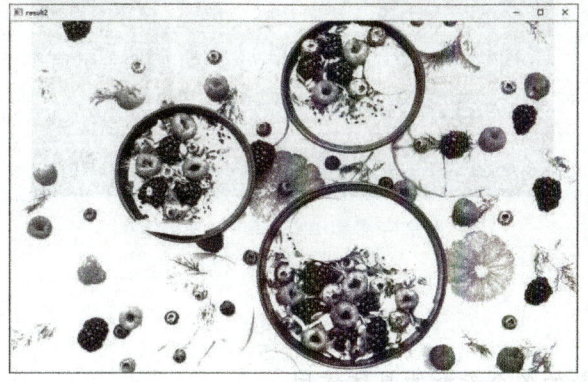

图3-3　使用函数cv2.add()计算后的图像result2

案例二　使用cv2.addWeighted()函数实现图像的加权混合。

1. 案例代码

1. 任务1：图像加法运算——使用函数cv2.addWeighted()对两幅图像进行加权混合。
2. #第一步：打开 Jupyter Notebook，创建 Python 文件，命名为 addWeighted_exp.ipynb。引入OpenCV 库，代码如下。
3. import cv2
4. #第二步：读取图像，将读取的变量储存在变量 a 和 b 中。图像要和代码文件在同一目录下，代码如下。
5. a=cv2.imread("rose.jpg")
6. b = cv2.imread("panda.jpg")
7. #第三步：使用函数cv2.addWeighted()对两幅图像进行加权混合，两幅图像必须大小、类型相同。图像的运算可以理解为"result=a*0.6+b*0.4+0"。代码如下。
8. result = cv2.addWeighted(a, 0.6, b, 0.4, 0)
9. #第四步：显示图像 a，b 和加权混合后的图像 result。代码如下，结果如图3-4所示。
10. cv2.imshow("a", a)
11. cv2.imshow("b", b)
12. cv2.imshow("result", result)
13. #第五步：销毁全部窗口，运行该程序。
14. cv2.waitKey()
15. cv2.destroyAllWindows()

2. 案例结果

a）图像a

b）图像b

c）图像a与图像b加权混合后的图像result

图3-4　案例结果

> 思考
>
> cv2.addWeighted()函数的各个参数的具体作用。

知识拆解

1. 加号运算符（+）

加号运算符的原理就是将两个图像的像素值相加，再将结果除以256取余数。

2. cv2.add()函数

（1）知识介绍

cv2.add()函数运算的原理就是将两个图像的像素值相加，并且结果最大值只能是255。

（2）语法格式

函数cv2.add()的语法格式为：result=cv2.add(a,b)。

a，b都是图像时：参与运算的图像大小和类型必须保持一致。

当a是数值，b是图像时：将超过图像饱和值的数值处理为饱和值（最大值）。

当a是图像，b是数值时：将超过图像饱和值的数值处理为饱和值（最大值）。

（3）知识运用

使用add()函数实现图像的加法运算，代码如下。

```
1. import cv2
2. a = cv2.imread("t1.jpg")
3. b = cv2.imread("t2.jpg")
4. result2 = cv2.add(a,b)
5. cv2.imshow("result",result)
6. cv2.waitKey()
7. cv2.destroyAllWindows()
```

实验结果如图3-5所示。

图3-5 使用add()函数实现图像的加法运算的实验结果

3. 图像加权和

（1）知识介绍

所谓图像加权和，就是在计算两幅图像的像素值之和时，将每幅图像的权重考虑进来。

OpenCV中提供了函数cv2.addWeighted()实现图像的加权和（混合、融合）。

（2）语法格式

函数cv2.addWeighted()的语法格式为：dst = cv2.addWeighted(src1，alpha，src2，beta，gamma)。

其中，参数alpha和beta是src1和src2所对应的系数，它们的和可以等于1，也可以不等于1。该函数对应的加权和计算公式是dst = src1 × alpha + src2 × beta + gamma。

需要注意，参数gamma的值可以是0，但是该参数是必选参数，不能省略。可以将该函数的计算理解为"结果图像=图像1×系数1+图像2×系数2+亮度调节"。

（3）知识运用

图像加法主要有两种用途，一种是减少甚至消除图像采集中混入的噪声，由于图像各点的采集噪声是互不相关的，且噪声具有零均值的统计特性，因此可以对图像进行多次采集形成多幅图像，然后将这些图像相加再取平均值，就可以实现噪声的减少或消除；另一种是做特效，把多幅图像叠加在一起，再进一步进行处理，实现图像合成的效果。代码如下。

```
1.  import cv2
2.  # 读取两幅图像
3.  img1 = cv2.imread('image1.jpg')
4.  img2 = cv2.imread('image2.jpg')
5.  # 将两幅图像进行加权求和，其中 img1 的权重为 0.7，img2的权重为 0.3
6.  dst = cv2.addWeighted(img1, 0.7, img2, 0.3, 0)
7.  # 显示求和后的图像
8.  cv2.imshow('dst', dst)
9.  cv2.waitKey(0)
10. cv2.destroyAllWindows()
```

使用add.Weighted()函数进行加权求和的实验结果如图3-6所示。

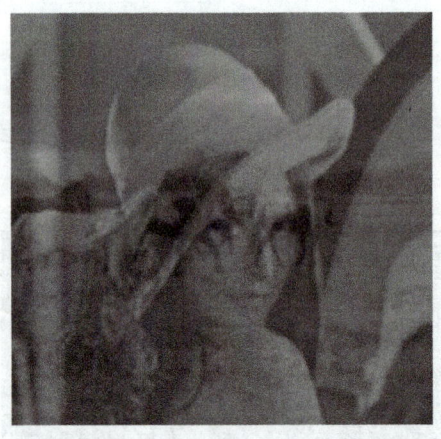

图3-6　使用add.Weighted()函数进行加权求和的实验结果

任务2　图像的加密与解密

在对图像进行操作的过程中，会遇到要将图像进行加密的情况。使用OpenCV提供的cv2.bitwise_xor()函数可以实现图像的加密与解密，进一步掌握图像的位运算操作。

1. 案例代码

```
1.  #任务2：对图像进行加密和解密
2.  #第一步：打开 Jupyter Notebook，创建 Python 文件，命名为 xor_exp.ipynb。引入 OpenCV 库和 NumPy 库，代码如下。
3.  import cv2
4.  import numpy as np
5.  #第二步：读取图像 rose.jpg，将读取的变量储存在变量 rose 中。图像要和代码文件在同一目录下，代码如下。
6.  rose = cv2.imread("rose.jpg", 0)
7.  #第三步：获取图像 rose 的长宽，生成一个和 rose 同样大小的密钥。密钥的像素是随机生成的。代码如下。
8.  r, c = rose.shape
9.  key = np.random.randint(0,256,size=[r, c], dtype=np.uint8)
10. #第四步：对图像rose和密钥图像key进行按位异或运算加密，得到加密后的图像encryption，代码如下。
11. encryption = cv2.bitwise_xor(rose, key)
12. #第五步：对加密后的图像encryption和密钥图像key进行按位异或运算解密，得到解密后的图像decryption，代码如下。
13. decryption = cv2.bitwise_xor(encryption, key)
14. #第六步：原始图像 rose，密钥图像 key，加密后的图像 encryption 和解密后的图像 decryption，代码如下。结果如图3-7所示。
15. cv2.imshow("rose", rose)
16. cv2.imshow("key", key)
17. cv2.imshow("encryption", encryption)
18. cv2.imshow("decryption", decryption)
19. #第七步：销毁全部窗口。
20. cv2.destroyAllWindows()
```

2. 案例结果

a）原始图像rose

b）密钥图像key

c）加密后的图像encryption

d）解密后的图像decryption

图3-7　图像的加密与解密

> **思考**
>
> 从密码学角度来看，图像数据的加密与文本信息数据的加密是相同的，就是把图像数据信息转换为不可以辨识的形式的过程。常见的图像加密技术有哪些？如何通过图像加密技术提升图像加密的性能，使非授权接收方在通过非常途径截获加密图像后也不能识别和解密？

知识拆解

1. 掩膜

OpenCV中的很多函数都会指定一个掩膜，掩膜实质是一个二维数组，也称为掩码。当使用掩膜操作时，操作只会在掩膜上值为非空的点上执行，并将其他点置为零。

2. 位运算

（1）知识介绍

在OpenCV中，可以使用cv2.bitwise_and()函数来实现按位与运算。

（2）语法格式

函数cv2.bitwise_and()的语法格式为：dst = cv2.bitwise_and(src1，src2[,mask])。

> dst：与输入值具有同样大小的array输出值。
> src1：第一个array或scalar类型的输入值。
> src2：第二个array或scalar类型的输入值。
> mask：可选操作掩膜，是8位单通道array。

按位或、非、异或函数与按位与函数的参数相同，它们的语法格式依次为：

> dst = cv2.bitwise_or(src1, src2[,mask])
> dst = cv2.bitwise_not(src1, src2[,mask])
> dst = cv2.bitwise_xor(src1, src2[,mask])

（3）知识运用

图像的加密就是创建一个密钥图像，并将要加密的图像与密钥图像进行按位异或操作。图像的解密就是将这个过程反过来。图像的加密和解密具有较高的安全性、效率、适应性和灵活性，对于保护图像的机密性和完整性具有重要的意义。

在图像处理过程中，我们可能会对图像的某一个特定区域感兴趣，该区域被称为感兴趣区域。我们可以将感兴趣的区域放大，提取图像重点信息，也可以使用掩膜和按位运算对图像的某一个特定区域打码。

```
1. #获取图像局部区域。
2. import cv2
3. a = cv2.imread("panda.jpg", cv2.IMREAD_UNCHANGED)
4. face = a[220:400, 500:700]
5. cv2.imshow("original", a)
6. cv2.imshow("face", face)
7. cv2.waitKey()
8. cv2.destroyAllWindows()
```

获取图像局部区域的实验结果如图3-8所示。

图3-8 获取图像局部区域的实验结果

1. #对图像局部区域打码。
2. import cv2
3. import numpy as np
4. panda = cv2.imread("panda.jpg", 0)
5. r, c = panda.shape
6. mask = np.zeros((r, c), dtype=np.uint8)
7. mask[220:400, 500:700] = 1
8. noFace = cv2.bitwise_and(panda, (1−mask)*255)
9. cv2.imshow("panda", panda)
10. cv2.imshow("mask", mask* 255)
11. cv2.imshow("1−mask", (1−mask)* 255)
12. cv2.imshow("noFace", noFace)
13. cv2.waitKey()
14. cv2.destroyAllWindows()

对图像局部区域打码的实验结果如图3-9所示。

图3-9 对图像局部区域打码的实验结果

任务3　数字水印的嵌入和提取

任务导入

在对图像进行操作的过程中，经常会遇到要对图像嵌入和提取数字水印的情况。使用OpenCV提供的位运算函数可以实现对图像嵌入和提取水印的操作，从而将秘密信息嵌入图像或从图像中提取秘密信息。

任务实施

扫码观看视频

案例一　使用位运算实现数字水印的嵌入。

1. 案例代码

```
1. #任务3：数字水印的嵌入和提取——使用位运算实现数字水印的嵌入。
2. #第一步：创建 Python 文件。引入 OpenCV 库，代码如下。
3. import cv2
4. import numpy as np
5. #第二步：读取原始图像和水印图像。将水印图像的值255处理为1，以方便嵌入。代码如下。
6. Raccoon = cv2.imread("Raccoon.png", 0)
7. watermark = cv2.imread("opencv.png", 0)
8. w = watermark[:, :] > 0
9. watermark[w] = 1
10. #第三步：获取图像Raccoon的长和宽，生成一个和Raccoon同样大小、且元素值都是254的数组。代码如下。
11. r, c = Raccoon.shape
12. t254 = np.ones((r, c), dtype=np.uint8)*254
13. #第四步：获取图像Raccoon像素二进制码的高七位。用cv2.bitwise_or()函数将watermark二进制码的最低位嵌入RaccoonH7内。代码如下。
14. RaccoonH7 = cv2.bitwise_and(Raccoon, t254)
15. e = cv2.bitwise_or(RaccoonH7, watermark)
16. #第五步：展示原始图像Raccoon，水印图像watermark和含水印的载体图像e。代码如下。结果如图3-10所示。
17. cv2.imshow("Raccoon", Raccoon)
18. cv2.imshow("watermark", watermark*255)
19. cv2.imshow("e", e)
20. #第六步：销毁全部窗口。
21. cv2.waitKey()
22. cv2.destroyAllWindows()
```

2. 案例结果

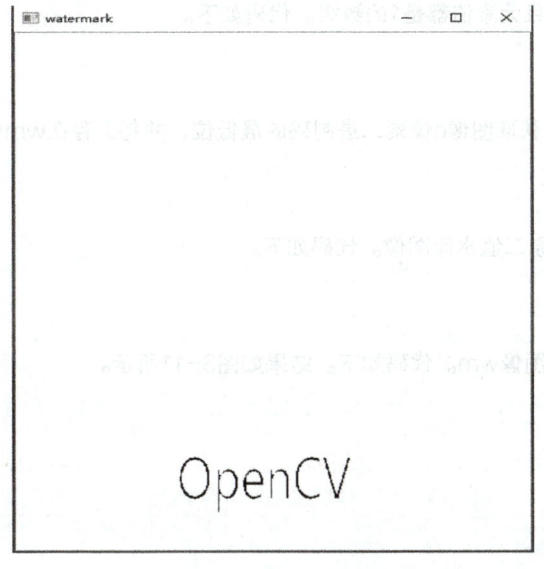

a）原始图像Raccoon

b）水印图像watermark

c）含水印的载体图像e

图3-10 水印的嵌入

案例二 使用位运算实现数字水印的提取。

1. 案例代码

1. #任务3：数字水印的嵌入和提取——使用位运算实现数字水印的提取。
2. #第一步：创建 Python 文件。引入 OpenCV 库，代码如下。
3. import cv2
4. import numpy as np
5. #第二步：读取含水印的载体图像。代码如下。

6. e = cv2.imread("e.png", 0)
7. #第三步：获取图像e的长和宽，生成一个和e同样大小、且元素值都是1的数组。代码如下。
8. r, c = e.shape
9. t1 = np.ones((r, c), dtype=np.uint8)
10. #第四步：使用cv2.bitwise_and()函数将e与t1进行运算，获取图像e像素二进制码的最低位，并将之存在wm中。代码如下。
11. wm = cv2.bitwise_and(e, t1)
12. #第五步：找到wm中大于0的像素，将之置为255，以还原二值水印图像。代码如下。
13. w = wm[:, :] > 0
14. wm[w] = 255
15. #第六步：展示含水印的载体图像e，和从e中提取的水印图像wm。代码如下。结果如图3-11所示。
16. cv2.imshow("e", e)
17. cv2.imshow("wm", wm)
18. #第七步：销毁全部窗口。
19. cv2.waitKey()
20. cv2.destroyAllWindows()

2. 案例结果

a）含水印的载体图像e　　　　　　　　b）从e中提取的水印图像wm

图3-11　水印的提取

> **思考**
>
> 数字水印是一种信息隐藏技术，它利用人体感官的限制，将数字信号，如图像、文字、符号、数字等一切可以作为标记、标识的信息与原始数据（如图像、音频、视频数据）紧密结合并隐藏其中，可以经历一些不破坏源数据价值的操作。如何从含水印的图像中去掉水印？

知识拆解

1. 知识介绍

cv2.bitwise_and()是OpenCV中的位运算函数之一，用于对两幅二值图像进行按位"与"操作。

具体来说，对于每个像素，将两幅输入图像相应位置的像素值分别进行按位"与"运算，输出的结果图像的对应像素值即为这两幅输入图像对应像素值的按位与结果。

2．知识运用

数字水印可以利用图像的位平面来实现，像素点最高为255，也就是8位二进制表示，每一位可以看成一个位面，高位代表的数字大，低位代表的数字小，整幅图像可以看成由8个位平面堆叠而成，我们可以把水印图片嵌入载体图片的最低层位平面。

读取一张图像，创建一个与图像大小相同的掩膜，使用cv2.circle()创建一个圆形掩膜，半径为100，中心为图像中心。然后使用cv2.bitwise_and()函数将图像与掩膜进行位运算，得到只包含圆形部分的图像 masked_img。最后将图像、掩膜和掩膜运算结果显示出来。

```
1.  import cv2
2.  import numpy as np
3.  # 读取图像
4.  img = cv2.imread("Raccoon.png",0)
5.  # 创建与图像相同大小的掩膜
6.  mask = np.zeros(img.shape[:2], dtype=np.uint8)
7.  # 创建一个圆形掩膜，半径为100，中心为图像中心
8.  mask = cv2.circle(mask, (img.shape[1]//2, img.shape[0]//2), 100, 100, −1)
9.  # 将图像与掩膜进行位运算
10. masked_img = cv2.bitwise_and(img, img, mask=mask)
11. # 显示结果
12. cv2.imshow('image', img)
13. cv2.imshow('mask', mask)
14. cv2.imshow('masked_image', masked_img)
15. cv2.waitKey(0)
16. cv2.destroyAllWindows()
```

课后习题

1．单选题

1）应用在图像变形等的是图像的（　　）运算。

  A．点运算　　　　　B．代数运算　　　　　C．几何运算　　　　　D．灰度运算

2）对单幅图像作处理，改变像素的空间位置，这是（　　）。

  A．点运算　　　　　B．代数运算　　　　　C．几何运算　　　　　D．算术运算

3）两幅图像进行相减，可以（　　）。

  A．获得图像的轮廓　　　　　　　　　　　B．突出两幅图像的差异

  C．使得图像更清晰　　　　　　　　　　　D．消除噪声

2. 多选题

1）图像的基本运算包括（　　　　）。

　　A．点运算　　　　　B．代数运算　　　　　C．几何运算　　　　　D．逻辑运算

2）图像间的算术运算描述正确的是（　　　　）。

　　A．可以"原地完成"是因为每次运算只涉及1个空间位置

　　B．加法运算和减法运算互为逆运算，所以用加法运算实现的功能也可用减法运算实现

　　C．与逻辑运算类似，也可用于二值图像

　　D．与逻辑运算类似，既可以对一幅图像进行，也可以对两幅图像进行

3. 填空题

1）图像的基础运算有_____，_____。

2）图像加权和是在计算两幅图像的_____之和时，将每幅图像的权重考虑进来。

3）_____中，当参与运算的两个逻辑值都是真时，结果才为真。

4）_____中，当参与运算的两个逻辑值有一个为真时，结果就为真。

5）_____运算是取反操作。

模块 4

图像变换

模块概述

在浩瀚的宇宙间，世间万物皆处于不息的流变之中，这一哲理同样深刻地映射在图像处理的广阔领域里。图像变换，作为揭示与重塑视觉世界奥秘的钥匙，精妙地划分为两大核心维度：图像的几何变换与色彩空间变换。图像的几何变换是将一幅图像中的坐标映射到另外一幅图像中的新坐标位置，它不改变图像的像素值，只是改变像素所在的几何位置，使原始图像按照需要产生位置、形状和大小的变化。色彩空间类型，也称为颜色空间类型或色彩模型，是一种表示图像中颜色的方式。在计算机图形学和数字图像处理中，有许多种色彩空间类型，每种类型有不同的表达方式和特点。

本模块将介绍几种常见的图像几何变换和色彩空间变换，以及在OpenCV中的实现。

学习导航

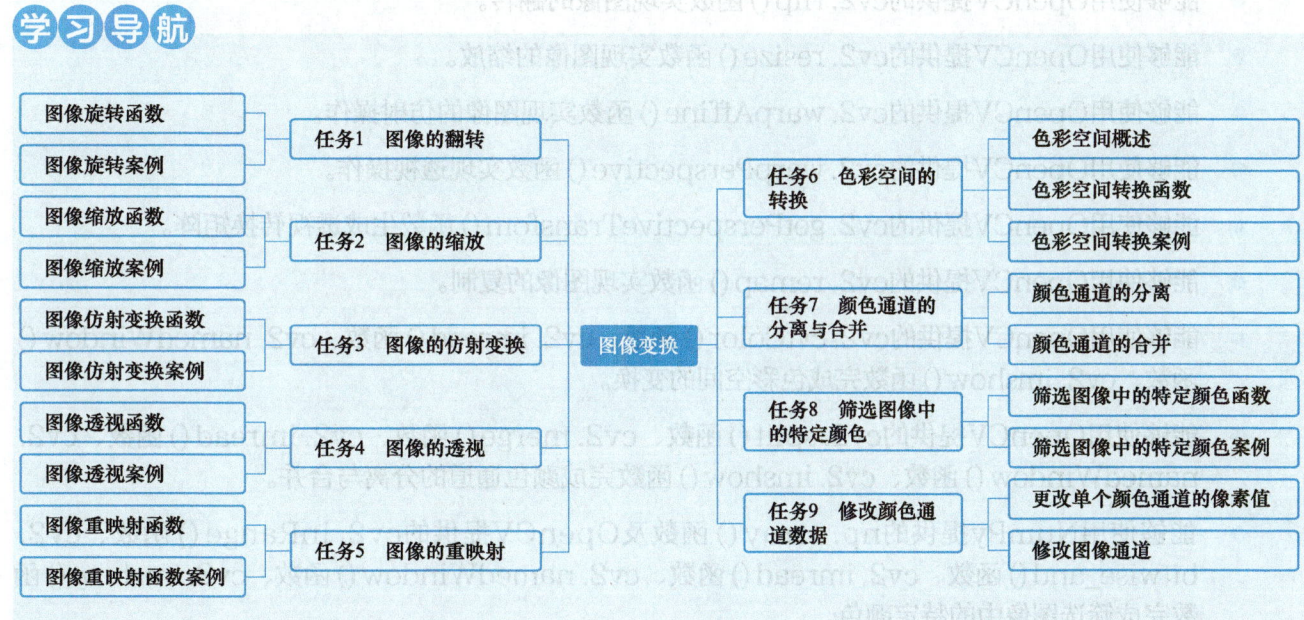

学习目标

知识目标

- 掌握图像翻转的方法。
- 掌握图像缩放的方法。
- 掌握图像仿射操作的方法。
- 掌握通过仿射操作实现图像平移的方法。
- 掌握通过仿射操作实现图像旋转的方法。
- 掌握通过仿射操作实现复杂的仿射变换的方法。
- 掌握图像透视操作的方法。
- 掌握图像重映射操作的方法。
- 掌握色彩空间变换方法。
- 掌握颜色通道的分离与合并方法。
- 掌握筛选图像中的特定颜色的方法。
- 掌握修改图像通道数据的方法。

能力目标

- 能够使用OpenCV提供的cv2.flip()函数实现图像的翻转。
- 能够使用OpenCV提供的cv2.resize()函数实现图像的缩放。
- 能够使用OpenCV提供的cv2.warpAffine()函数实现图像的仿射操作。
- 能够使用OpenCV提供的cv2.warpPerspective()函数实现透视操作。
- 能够使用OpenCV提供的cv2.getPerspectiveTransfom()函数生成透视转换矩阵。
- 能够使用OpenCV提供的cv2.remap()函数实现图像的复制。
- 能够使用OpenCV提供的cv2.cvtColor()函数、cv2.imread()函数、cv2.namedWindow()函数、cv2.imshow()函数完成色彩空间的变换。
- 能够使用OpenCV提供的cv2.split()函数、cv2.merge()函数、cv2.imread()函数、cv2.namedWindow()函数、cv2.imshow()函数完成颜色通道的分离与合并。
- 能够使用NumPy提供的np.array()函数及OpenCV提供的cv2.inRange()函数、cv2.bitwise_and()函数、cv2.imread()函数、cv2.namedWindow()函数、cv2.imshow()函数完成筛选图像中的特定颜色。

素质目标

- 培养学生的实践意识，通过动手实践增强对图像变换的理解和应用能力。
- 激发学生的学习兴趣，通过对比图像变换增强对图像处理技术的兴趣。
- 培养学生的探索精神，在掌握基础技能后尝试探索新的图像处理方法和技巧。

任务1　图像的翻转

在对图像进行操作的过程中，经常会遇到要将图像进行翻转，从而进行进一步操作的情况。例如，将图像沿垂直方向翻转后得到原始图像的镜像图像，或者将图像沿水平方向翻转后得到原始图像的倒影图像。在OpenCV中，可以使用cv2.flip()函数实现图像的翻转。

1. 案例代码

扫码观看视频

1. #第一步：打开 Jupyter Notebook，创建 Python 文件，命名为 turn.py。引入 OpenCV 库，读入图像，储存在变量 img 中。original.png 为读取的图像，图像要和代码文件在同一目录下。代码如下。
2. import cv2
3. img=cv2.imread("original.png")
4. #第二步：对图像进行翻转操作并将翻转后的图像储存在相对应的变量中，分别沿水平方向翻转图像、沿垂直方向翻转图像、沿水平和垂直方向同时翻转图像，并显示原始图像和翻转后的图像。代码如下。
5. x=cv2.flip(img,0)
6. y=cv2.flip(img,1)
7. xy=cv2.flip(img,-1)
8. cv2.imshow("img",img)
9. cv2.imshow("x",x)
10. cv2.imshow("y",y)
11. cv2.imshow("xy",xy)
12. #第三步：销毁全部窗口，运行该程序。得到的结果如图4-1～图4-4所示。
13. cv2.waitKey()
14. cv2.destroyAllWindows()

2. 案例结果

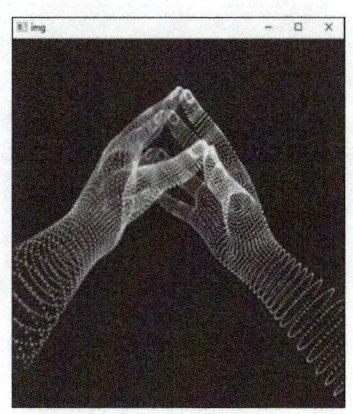

图4-1　原始图像

图4-2　沿水平方向翻转

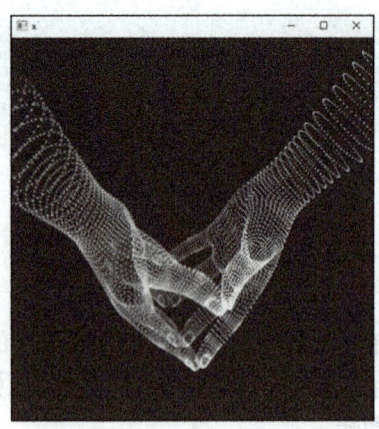
图4-3 沿垂直方向翻转

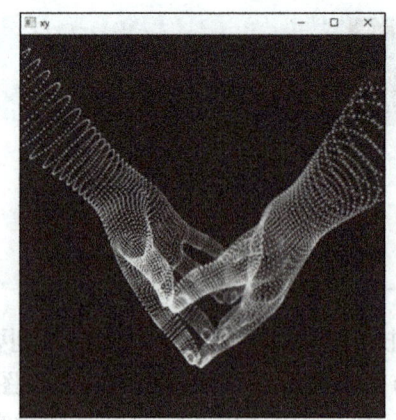
图4-4 水平和垂直方向同时翻转

1. 知识介绍

在OpenCV中，可以使用函数cv2.flip()实现图像的翻转，包括在水平方向、垂直方向或两个方向同时翻转。

2. 语法格式

函数cv2.flip()的语法格式为：dst=cv2.flip(src,flipCode)。

src：要处理的原始图像。

dst：和原始图像具有同样大小、类型的目标图像。

flipCode：翻转类型。

3. 知识运用

使用函数cv2.flip()实现图像的翻转。

```
1.  import cv2
2.  img=cv2.imread("lena.png")
3.  x=cv2.flip(img,0)
4.  y=cv2.flip(img,1)
5.  xy=cv2.flip(img,-1)
6.  cv2.imshow("img",img)
7.  cv2.imshow("x",x)
8.  cv2.imshow("y",y)
9.  cv2.imshow("xy",xy)
10. cv2.waitKey()
11. cv2.destroyAllWindows()
```

实验结果如图4-5所示。

图像img是原始图像lena。

图像x是由语句x=cv2.flip(img,0)生成的图像，该图像由图像lena沿水平方向翻转得到。

图像y是由语句y=cv2.flip(img,1)生成的图像，该图像由图像lena沿垂直方向翻转得到。

图像xy是由语句xy=cv2.flip(img,-1)生成的图像，该图像由图像lena沿水平和垂直方向同时翻转得到。

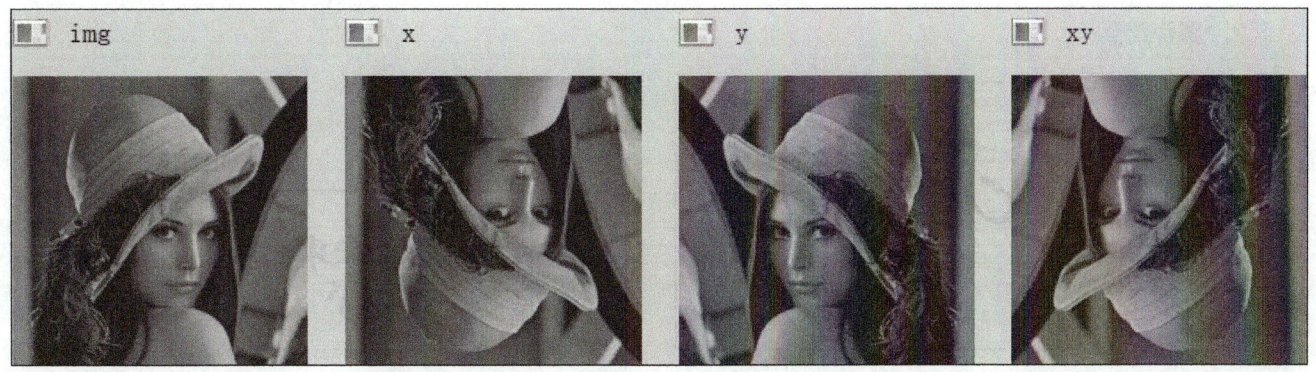

图4-5　实验结果

任务2　图像的缩放

任务导入

在对图像进行操作的过程中，经常会遇到要将图像放大或者缩小，从而进行进一步操作的情况。例如，将图像放大后查看局部细节，或者将一张大图缩小后作为图标使用。在OpenCV中可以使用cv2.resize()函数实现图像的缩放。

任务实施

案例一　实现对图像的缩小操作。

扫码观看视频

1. 案例代码

1. #第一步：打开 Jupyter Notebook，创建 Python 文件，命名为 zoom.py。引入 OpenCV 库，读入图像，储存在变量 img 中。original.png 为读取的图像，图像要和代码文件在同一目录下。变量 img 的长和宽赋值给变量 rows 和 cols，shape 是 img 的属性。代码如下。
2. import cv2
3. img=cv2.imread("A.png")
4. rows,cols=img.shape[:2]
5. #第二步：创建一个新的图像大小比例 size，对图像进行缩放操作并将缩放后的图像储存在变量 rst 中，最后显示原始图像 img 和缩放后的图像 rst。代码如下。
6. size=(int(cols*0.5),int(rows*0.5))
7. rst=cv2.resize(img,size)
8. cv2.imshow("img",img)

9. cv2.imshow("rst",rst)
10. #第三步:销毁全部窗口,运行该程序。结果如图4-6和图4-7所示。
11. cv2.waitKey()
12. cv2.destroyAllWindows()

2. 案例结果

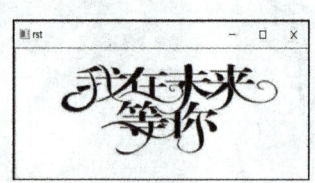

图4-6　原始图像　　　　　　　　图4-7　缩小为50%后的图像

案例二　实现对图像的放大操作。

1. 案例代码

1. #第一步:调节 cv2.resize() 中的参数,观察该函数对图像的缩放效果,将 dsize 改为 None,并通过改变 fx 和 fy 的值来实现对图像的缩放,其中fx=1.3表示将列数变为原来的1.3倍,fy=1.3表示将行数变为原来的1.3倍。改变代码如下。
2. import cv2
3. img=cv2.imread("8.jpg")
4. rows,cols,=img.shape[:2]
5. rst=cv2.resize(img,None,fx=1.3,fy=1.3)
6. #第二步:销毁全部窗口,运行该程序。结果如图4-8和图4-9所示。
7. cv2.waitKey()
8. cv2.destroyAllWindows()

2. 案例结果

图4-8　原始图像　　　　　　　　图4-9　放大为130%后的图像

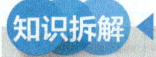

1. 知识介绍

在OpenCV中使用函数cv2.resize()可以实现对图像的缩放。

2. 语法格式

函数cv2.resize()的语法格式为：dst=cv2.resize(src,dsize[,fx[,fy,[,interpolation]]])。

src：需要缩放的原始图像。

dst：输出的目标图像，该参数的类型与src相同。

dsize：缩放后输出图像大小。如果指定了参数dsize的值，则无论是否指定了参数fx和fy的值，都由参数dsize来决定目标图像大小。如果不指定参数dsize，那么目标图像的大小通过参数fx和fy来决定。

fx：水平方向的缩放比例。

fy：垂直方向的缩放比例。

interpolation：插值方式。

3. 知识运用

使用cv2.resize()实现图像的缩放。

```
1. import cv2
2. img = cv2.imread("original.jpg")
3. # 默认使用双线性插值法
4. img = cv2.resize(img,(300,300))#固定长宽
5. img = cv2.resize(img,None,fx=0.5,fy=0.5)#固定比例
6. cv.imshow("img",img)
7. cv.waitKey(0)
8. cv.destroyAllWindows()
```

> **思考**
>
> cv2.resize(src, dsize, dst=None, fx=None, fy=None, interpolation=None)函数的各个参数的具体作用。

任务3　图像的仿射变换

任务导入

在对图像进行操作的过程中，经常会遇到要将图像进行平移或旋转的情况。在OpenCV可以使用cv2.warpAffine()函数实现图像的仿射变换，从而进一步通过仿射实现图像的平移、旋转等操作。

任务实施

案例一　使用cv2.warpAffine()实现图像平移。

扫码观看视频

1. 案例代码

1. #第一步：打开 Jupyter Notebook，创建 Python 文件，命名为 translation.py。引入 OpenCV 库和 NumPy 库，读入图像，储存在变量 img 中。close.png 为读取的图像，图像要和代码文件在同一目录下，变量 img 的长和宽赋值给变量 height 和 width。代码如下。
2. import cv2
3. import numpy as np
4. img = cv2.imread("close.png")
5. height,width=img.shape[:2]
6. #第二步：写出转换矩阵M，对图像进行平移操作并将平移后的图像存入变量move中，最后显示原始图像original和平移后的图像move。代码如下。
7. x=100 y=200
8. M=np.float32([[1,0,x],[0,1,y]])
9. move=cv2.warpAffine(img,M,(width,height))
10. cv2.imshow("original",img)
11. cv2.imshow("move",move)
12. #第三步：销毁全部窗口，运行该程序。得到的结果如图4-10所示。
13. cv2.waitKey()
14. cv2.destroyAllWindows()

2. 案例结果

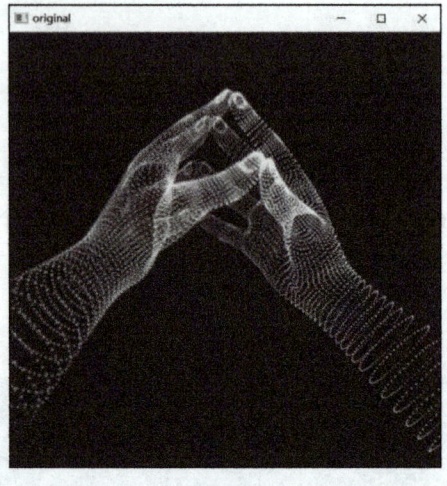 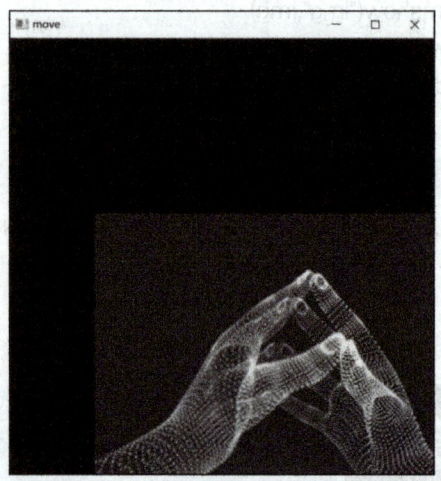

a）原始图像　　　　　　　　　　　　b）平移图像

图4-10　图像平移

案例二 使用cv2.warpAffine()实现图像旋转。

1. 案例代码

1. #第一步：打开 Jupyter Notebook，创建 Python 文件，命名为 revolve.py。引入 OpenCV 库和 NumPy 库，通过函数得到转换矩阵，代码如下。
2. import cv2
3. import numpy as np
4. img = cv2.imread("close.png")
5. height,width=img.shape[:2]

6. M=cv2.getRotationMatrix2D((width/2,height/2),45,0.6)
7. #第二步：对图像进行旋转操作，并将旋转后的图像存入变量rotate中。
8. rotate=cv2.warpAffine(img,M,(width,height))
9. cv2.imshow("original",img)
10. cv2.imshow("rotation",rotate)
11. #第三步：销毁全部窗口，运行该程序。得到的结果如图4-11所示。
12. cv2.waitKey()
13. cv2.destroyAllWindows()

2. 案例结果

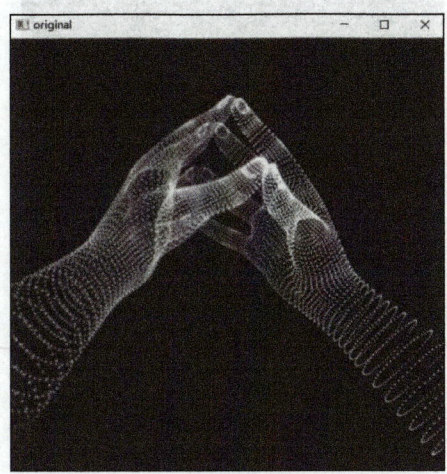
a）原始图像

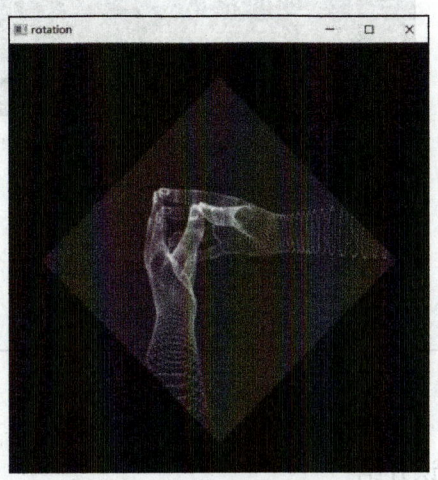
b）旋转图像

图4-11 图像旋转

案例三 使用cv2.warpAffine()实现自定义仿射变换。

1. 案例代码

1. #第一步：打开 Jupyter Notebook，创建 Python 文件，命名为 myrevolve.py。引入 OpenCV 库和 NumPy 库，代码如下。
2. import cv2
3. import numpy as np
4. img=cv2.imread('close.png')
5. rows,cols,ch=img.shape
6. #第二步：找到原始图像和目标图像内平行四边形的三个顶点（左上角，右上角，左下角），通过函数获取转换矩阵M，对图像进行仿射操作并将仿射后的图像存入变量dst中。
7. p1=np.float32([[0,0],[cols-1,0],[0,rows-1]])
8. p2=np.float32([[0,rows*0.33],[cols*0.85,rows*0.25],[cols*0.15,rows*0.7]])
9. M=cv2.getAffineTransform(p1,p2)
10. dst=cv2.warpAffine(img,M,(cols,rows))
11. #第三步：销毁全部窗口，运行该程序。得到的结果如图4-12所示。
12. cv2.imshow("origianl",img)
13. cv2.imshow("result",dst)
14. cv2.waitKey()
15. cv2.destroyAllWindows()

2. 案例结果

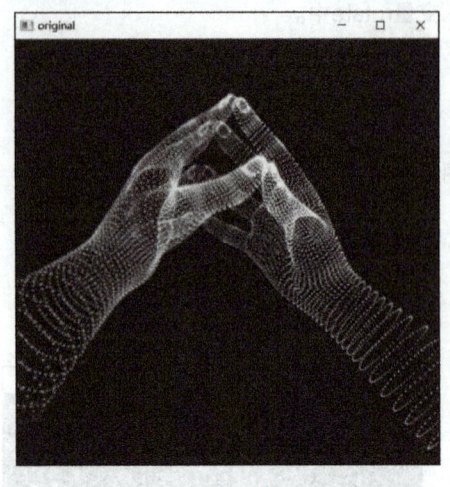

a）原始图像　　　　　　　　　　　b）自定义仿射变换

图4-12　自定义仿射变换

知识拆解

1. 仿射变换的基本概念

（1）知识介绍

仿射变换是空间直角坐标系的变换，从一个二维坐标变换到另一个二维坐标，仿射变换是一个线性变换，保持了图像的"平行性"和"平直性"，即图像中直线和平行线，经仿射变换后仍然保持原来的直线和平行线。仿射变换比较常用的特殊变换有平移、缩放、翻转、旋转和剪切。仿射变换如图4-13所示，其中Image1是原始图像，Image2是仿射变换后的图像。

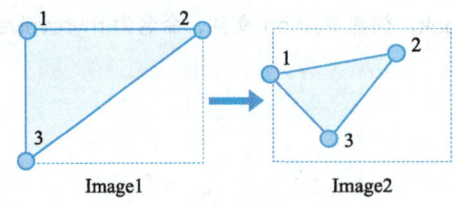

图4-13　仿射变换

（2）语法格式

在OpenCV中使用函数cv2.warpAffine()实现对图像的仿射变换，该函数的语法格式为：dst=cv2.warpAffine(src, M, dsize[, flags[, borderMode[, borderValue]]])。

dst：仿射变换后输出的图像，该图像的类型和原始图像的类型相同。

src：原始图像。

M：一个大小为2×3的变换矩阵。使用不同的变换矩阵，就可以实现不同的仿射变换。

dsize：输出图像的尺寸大小。

flags：插值方法，默认为INTER_LINEAR。当该值为WARP_INVERSE MAP时，意味着M是逆

变换类型，实现从目标图像dst到原始图像src的逆变换。

borderMode：边类型，默认为BORDER_CONSTANT。当该值为BORDER_TRANSPARENT时，意味着目标图像内的值不作改变，这些值对应原始图像内的异常值。

borderValue：边界值，默认是0。

（3）知识运用

使用cv2.warpAffine()实现图像的仿射变换。代码如下。

```
1.  import cv2
2.  import numpy as np
3.  img = np.zeros((400,400,3),dtype=np.uint8)
4.  img[50:100,50:100]=255
5.  height, width = img.shape[:2]
6.  # 在原图上和目标图像上各选三个点
7.  mat_src = np.float32([[0, 15], [0, height – 20], [width – 1, 0]])
8.  mat_dst = np.float32([[0, 15], [100, height – 100], [width – 100, 100]])
9.  # 获得变换矩阵
10. mat_trans = cv2.getAffineTransform(mat_src, mat_dst)
11. # 进行仿射变换
12. dst = cv2.warpAffine(img, mat_trans, (width, height))
13. # 显示
14. imgs = np.hstack([img, dst])
15. cv2.namedWindow("imgs", cv2.WINDOW_NORMAL)
16. cv2.imshow("imgs", imgs)
17. cv2.waitKey(0)
```

仿射变换效果如图4-14所示。

图4-14 仿射变换效果

2. 用仿射实现图像的旋转及缩小

（1）知识介绍

在使用函数cv2.warpAffine()对图像进行旋转时，可以通过函数cv2.getRotationMatrix2D()获取变换矩阵。

（2）语法格式

函数cv2.getRotationMatrix2D()的语法格式为：retval=cv2.getRotationMatrix2D(center, angle, scale)。

center：旋转的中心点。

angle：旋转角度，正数表示逆时针旋转，负数表示顺时针旋转。

scale：变换尺度（缩放大小），该值如果是1，则图像比例不变。

（3）知识运用

例如，想要以图像中心为圆点，逆时针旋转90°，并将目标图像缩小为原始图像的60%，则在调用函数cv2.getRotationMatrix2D()生成变换矩阵M时所使用的语句为：M=cv2.getRotationMatrix2D((height/2,width/2),45,0.6)。

将M代入cv2.warpAffine(src,M,dsize)函数中，就可以实现图像的旋转及缩小。代码如下。

```
1. import cv2
2. img=cv2.imread("lena.jpg")
3. height, width=img.shape[:2]
4. M=cv2.getRotationMatrix2D((height/2, width/2),90,0.6)
5. rotate=cv2.warpAffine(img, M, (width, height))
6. cv2.imshow("original", img)
7. cv2.imshow("rotation", rotate)
8. cv2.waitKey()
9. cv2.destroyAllWindows()
```

用仿射实现图像的旋转及缩小的效果图如图4-15所示。

 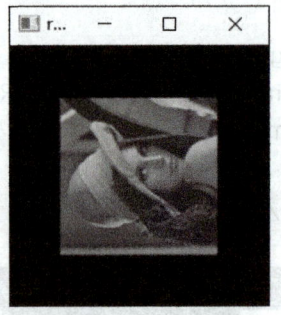

　　　a）原始图像　　　　　　b）旋转并缩小后的图像

图4-15　用仿射实现图像的旋转及缩小的效果图

3. 用仿射实现复杂的图像变换

（1）知识介绍

前面讲的两种仿射变换都比较简单，对于更复杂的仿射变换，OpenCV提供了函数cv2.getAffineTransform()来生成仿射函数cv2.warpAffine()所使用的变换矩阵M。

（2）语法格式

函数cv2.getAffineTransform()的语法格式为：retval=cv2.getAffineTransform(src,dst)。

src：输入图像的三个点坐标。

dst：输出图像的三个点坐标。

（3）知识运用

在函数cv2.getAffineTransform()中，参数src和dst定义了两个平行四边形，src和dst中的三个点分别对应平行四边形的左上角、右上角、左下角三个点。函数cv2.warpAffine()以函数cv2.get

AffineTransform()生成的变换矩阵M为参数，将src中的点仿射到dst中，函数cv2.getAffineTransform()对所指定的点完成映射后，将所有其他点的映射关系按照指定点的关系计算确定。代码如下。

```
1.  import cv2
2.  import numpy as np
3.  img=cv2.imread('lena.png')
4.  rows, cols, ch=img.shape
5.  p1=np.float32([[0,0], [cols-1,0], [0, rows-1]])
6.  p2=np.float32([[0, rows*0.33], [cols*0.85, rows*0.25], [cols*0.15, rows*0.7]])
7.  M=cv2.getAffineTransform(p1, p2)
8.  dst=cv2.warpAffine(img, M, (cols, rows))
9.  cv2.imshow("origianl", img)
10. cv2.imshow("result", dst)
11. cv2.waitKey()
12. cv2.destroyAllWindows()
```

用仿射实现复杂的图像变换的效果图如图4-16所示。

a）原始图像　　　　　　b）复杂变换后的图像

图4-16　用仿射实现复杂的图像变换的效果图

任务4　图像的透视

任务导入

在对图像进行操作的过程中，经常会遇到要将图像进行透视操作的情况。在OpenCV中，可以使用cv2.warpPerspective()函数实现图像的透视操作，在此过程中使用cv2.getPerspectiveTransfom()函数生成透视转换矩阵。

任务实施

1. 案例代码

1. #第一步：打开Jupyter Notebook，创建Python文件，命名为zoom.py。引入OpenCV库，读入图像，将读取的图像储存在变量img中。original.png为读取的图像，图像要和代码文件在同一目录下，变量img的长和宽赋值给变量rows和cols。代码如下。

```
2.  import cv2
3.  img=cv2.imread("original.png")
4.  rows,cols,=img.shape[:2]
5.  #第二步：指出原始图像和目标图像内四边形的四个顶点，通过函数获取转换矩阵M，对图像进行透视操作并将
    透视后的图像存入变量dst中，最后显示原始图像img和目标图像rst。代码如下。
6.  pts1=np.float32([[0,0],[cols,0],[0,rows],[cols,rows]])
7.  pts2=np.float32([[0,0],[cols-50,rows/2-50],[0,rows],[cols- 50,rows/2+50]])
8.  M=cv2.getPerspectiveTransform(pts1,pts2)
9.  dst=cv2.warpPerspective(img,M,(cols,rows))
10. cv2.imshow("img",img)
11. cv2.imshow("rst",rst)
12. #第三步：销毁全部窗口，运行该程序。得到的结果如图4-17所示。
13. cv2.waitKey()
14. cv2.destroyAllWindows()
```

2. 案例结果

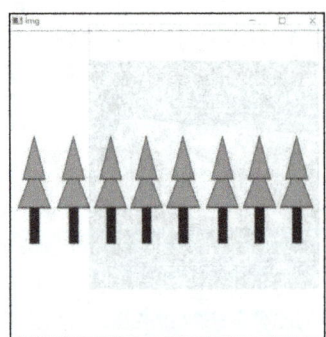
a）原始图像

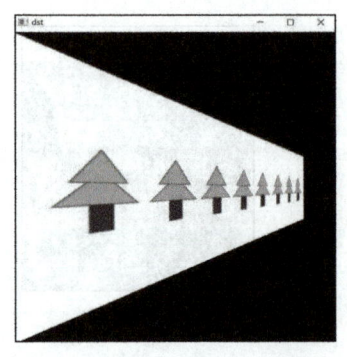
b）透视图像

图4-17　图像的透视

知识拆解

1. 透视的基本概念

（1）知识介绍

图像的透视来源于绘画理论，指在平面或曲面上描绘物体的空间关系的方法或技术。通常所说的"近大远小"就是透视技术的一种，如图4-18所示。

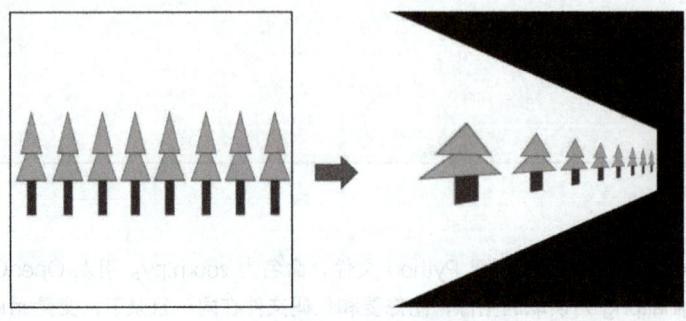

图4-18　近大远小效果

（2）语法格式

函数cv2.warpPerspective()的语法格式是：dst=cv2.warpPerspective(src, M, dsize [, flags [, borderMode [, borderValue]]])。

src：原始图像。

dst：透视处理后的输出图像，该图像和原始图像具有相同的类型。

dsize：输出图像的实际大小。

M：一个3×3的变换矩阵。

dsize：输出图像的尺寸大小。

flags：插值方法，默认为INTER_LINEAR。当该值为WARP_INVERSE_MAP时，意味着M是逆变换类型，能实现从目标图像dst到原始图像src的逆变换。

borderMode：边类型，默认为BORDER_CONSTANT。当该值为BORDER_TRANSPRENT时，意味着目标图像内的值不作改变，这些值对应原始图像内的异常值。

borderValue：边界值，默认是0。

2. 透视变换矩阵

（1）知识介绍

与仿射变换类似，可以使用函数cv2.getPerspectiveTransform()来生成cv2.warpPerspective()中的转换矩阵。

（2）语法格式

函数cv2.getPerspectiveTransform()的语法格式为：retval=cv2.getPerspectiveTransform(src, dst)。

src：输入图像的四个顶点的坐标。

dst：输出图像的四个顶点的坐标。

需要注意的是，src参数和dst参数是包含四个点的数组，与仿射变换函数cv2.getAffineTransform()中的三个点是不同的。实际使用中，可以根据需要控制src中的四个点映射到dst中的四个点。

（3）知识运用

使用cv2.getPerspectiveTransform()来生成cv2.warpPerspective()中的转换矩阵。代码如下。

```
1.  import cv2
2.  import numpy as np
3.  src_img = cv2.imread('original.png')
4.  rows, cols = src_img.shape[:2]
5.  # 角点的坐标，先指定cols，再指定rows
6.  src_p = np.float32([[150, 50], [400, 50], [310, 450]])
7.  dst_p = np.float32([[50, 50], [rows-50, 50], [50, cols-50], [[rows-50, cols-50]]])
8.  M = cv2.getPerspectiveTransform(src_p, dst_p)
```

9. # cv2.getPerspective的参数dsize，先指定cols，再指定rows
10. dst_img = cv2.warpPerspective(src_img, M, (cols, rows))
11. cv2.imshow("src_img", src_img)
12. cv2.imshow("dst_img", dst_img)
13. cv2.waitKey()
14. cv2.destroyAllWindows()

任务5　图像的重映射

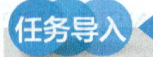

在对图像进行操作的过程中，经常会遇到要将图像进行复制的情况。在OpenCV中，可以使用cv2.remap()函数实现图像的复制操作，从而进一步通过重映射函数实现更多的操作。

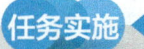

扫码观看视频

1. 案例代码

1. #第一步：打开 Jupyter Notebook，创建 Python 文件，命名为 remap.py。引入 OpenCV 库和 NumPy 库，读入图像，将读取的图像储存在变量 img 中。original.png 为读取的图像，图像要和代码文件在同一目录下，变量 img 的长和宽赋值给变量 rows 和 cols。代码如下：
2. import cv2
3. import numpy as np
4. img=cv2.imread("original.png")
5. rows,cols,=img.shape[:2]
6. #第二步：创建两个参数mapx和mapy，里面的数全部为0。改变两个参数的值，对图像进行重映射操作并将映射后的图像存入变量rst中，最后显示原始图像original和复制后的图像result，代码如下：
7. mapx=np.zeros(img.shape[:2],np.float32)
8. mapy=np.zeros(img.shape[:2],np.float32) for i in range(rows):
9. for j in range(cols):
10. 　　mapx.itemset((i,j),j)
11. 　　mapy.itemset((i,j),i)
12. rst=cv2.remap(img,mapx,mapy,cv2.INTER_LINEAR)
13. cv2.imshow("original",img)
14. cv2.imshow("result",rst)
15. #第三步：销毁全部窗口，运行该程序。得到的结果如图4-19所示。
16. cv2.waitKey()
17. cv2.destroyAllWindows()

2. 案例结果

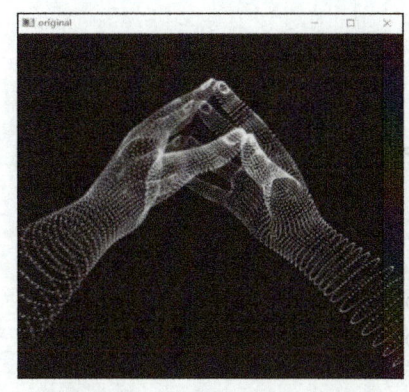
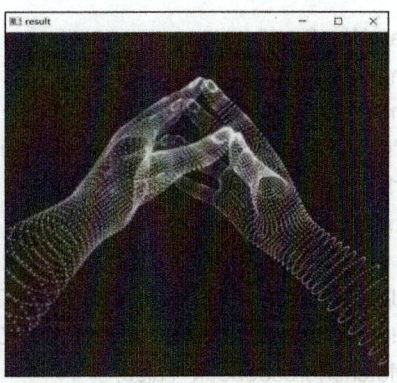

a）原始图像　　　　　　　　　　　b）复制图像

图4-19　图像复制

1. 知识介绍

重映射就是把一副图像中某个位置的像素放置到另一个图片指定位置的过程。为了完成映射过程，需要获取一些插值为非整数像素的坐标，因为原始图像与目标图像的像素坐标不是一一对应的。

2. 语法格式

函数cv2.remap()的语法格式为：dst=cv2.remap(src, map1, map2, interpolation[, borderMode[, borderValue]])。

src：原始图像。

dst：目标图像，它和src具有相同的大小和类型。

map1参数有两种可能的表示对象：表示点(x, y)的第一个映射；表示CV_16SC2，CV_32FC1或CV_32FC2类型的x值。

map2参数也同样有两种可能的表示对象，而且它会根据map1来确定表示哪种图像：当map1表示(x, y)时，这个参数不代表任何值；当map1表示(x, y)点的x值时，该值是CV_ 16UC1，CV _32FC1类型(x, y)点的y值。

interpolation：插值方式。

borderMode：边界模式。当该值为BORDER_TRANSPARENT时，表示目标图像内的对应原始图像的奇异点的像素不会被此函数修改。

borderValue：边界值，当有常数边界时使用的值，该值默认为0。

3. 知识运用

用重映射函数实现图像的复制时，将map1的值设定为对应位置上的x轴坐标值，将map2的值设定为对应位置上的y轴坐标值。假设有两幅图像img1和img2，通过特征提取与匹配得到了img1到img2的投影变换矩阵H，可以通过cv2.remap()函数将img2映射到img1对应位置上并合成。代码如下：

```
1.  import numpy as np
2.  import cv2
3.  # read img1 and img2
4.  img1 = cv2.imread('yosemite1.jpg')
5.  img2 = cv2.imread('yosemite2.jpg')
6.  cv2.imshow('img', np.concatenate((img1,img2),axis=1))
7.  cv2.waitKey(1)
8.  # Feature extraction and matching
9.  ft_detector = cv2.SIFT_create()
10. keyPoints1, descriptors1 = ft_detector.detectAndCompute(img1, None)
11. keyPoints2, descriptors2 = ft_detector.detectAndCompute(img2, None)
12. bf = cv2.BFMatcher(crossCheck=False)
13. matches = bf.match(descriptors1, descriptors2)
14. matches = sorted(matches, key = lambda x:x.distance)
15. sourcePoints = np.float32([ keyPoints1[m.queryIdx].pt for m in matches ]).reshape(-1, 1, 2)
16. destinationPoints = np.float32([ keyPoints2[m.trainIdx].pt for m in matches ]).reshape(-1, 1, 2)
17. # Obtain homography
18. H, _ = cv2.findHomography(sourcePoints, destinationPoints, method=cv2.RANSAC, ransacReprojThreshold=5.0)
19. print(H)
20. # 映射右图的四个顶点
21. TL = np.linalg.solve(H, np.array([0,0,1]))
22. TL = np.round(TL/TL[-1])
23. BL = np.linalg.solve(H, np.array([0,img2.shape[0]-1,1]))
24. BL = np.round(BL/BL[-1])
25. TR = np.linalg.solve(H, np.array([img2.shape[1]-1,0,1]))
26. TR = np.round(TR/TR[-1])
27. BR = np.linalg.solve(H, np.array([img2.shape[1]-1,img2.shape[0]-1,1]))
28. BR = np.round(BR/BR[-1])
29. # img2映射后的坐标范围
30. u0_im_ = int(min(TL[0], BL[0], TR[0], BR[0]));  u1_im_ = int(max(TL[0], BL[0], TR[0], BR[0]))
31. v0_im_ = int(min(TL[1], BL[1], TR[1], BR[1]));  v1_im_ = int(max(TL[1], BL[1], TR[1], BR[1]))
32. print(u0_im_, u1_im_, v0_im_, v1_im_)
33. # 拼接画布的尺寸
34. u0 = min(0, u0_im_)
35. u1 = max(img1.shape[1]-1, u1_im_)
36. ur = np.arange(u0, u1 + 1)
37. v0 = min(0, v0_im_)
38. v1 = max(img1.shape[0]-1, v1_im_)
39. vr = np.arange(v0, v1 + 1)
40. cw = u1 - u0 + 1
41. ch = v1 - v0 + 1
42. print(u0, u1, v0, v1, ch, cw)
43. u, v = np.meshgrid(ur, vr)
44. u = np.float32(u);  v = np.float32(v)    # remap函数要求映射矩阵为CV_32F
45. warped_img1 = cv2.remap(img1, u, v, cv2.INTER_LINEAR, borderMode=cv2.BORDER_REFLECT_101)
46. mask1 = np.ones((img1.shape[0],img1.shape[1]))
47. warped_mask1 = cv2.remap(mask1, u, v, cv2.INTER_LINEAR)
48. z_ = H[2,0]*u + H[2,1]*v + H[2,2]
```

```
49. map_x = (H[0,0]*u + H[0,1]*v + H[0,2]) / z_
50. map_y = (H[1,0]*u + H[1,1]*v + H[1,2]) / z_
51. map_x = np.float32(map_x);  map_y = np.float32(map_y)
52. warped_img2 = cv2.remap(img2, map_x, map_y, cv2.INTER_LINEAR, borderMode=cv2.BORDER_REFLECT_101)
53. mask2 = np.ones((img2.shape[0],img2.shape[1]))
54. warped_mask2 = cv2.remap(mask2, map_x, map_y, cv2.INTER_LINEAR)
55. mass = warped_mask1 + warped_mask2
56. mass[mass==0] = np.nan
57. output = np.zeros_like(warped_img1)
58. for c in range(3):
59.     output[:,:,c] = (warped_img1[:,:,c] * warped_mask1 + warped_img2[:,:,c] * warped_mask2) / mas
60. cv2.imshow('warped_img1', np.uint8(warped_img1 * warped_mask1[..., np.newaxis].repeat(3, axis=-1)
61. cv2.imshow('warped_img2', np.uint8(warped_img2 * warped_mask2[..., np.newaxis].repeat(3, axis=-1)
62. cv2.imshow('output_img', output)
63. cv2.waitKey(0)
64. cv2.destroyAllWindows()
```

实验结果如图4-20所示。

a）img1

b）img2

图 4-20　图像的重映射示例

任务6　色彩空间的转换

任务导入

在对图像进行操作的过程中，常常需要先将图像进行色彩空间转换，从而进行进一步的操作。在OpenCV中，可以使用cv2.cvtColor()函数实现色彩空间的转换。

任务实施

案例一　将原始图像转换到GRAY色彩空间。

扫码观看视频

1. 案例代码

```
1. #第一步：读取图像，代码如下：
2. import cv2
3. bgr = cv2.imread("clothes.jpg")
4. #第二步：成功读取图像后，就可以使用cv2.cvtColor()函数将图像从BGR色彩空间转换到GRAY色彩空间。代码如下：
5. gray = cv2.cvtColor(bgr, cv2.COLOR_BGR2GRAY)
6. #第三步：成功转换后，分别输出原图像与由BGR色彩空间转换为GRAY色彩空间的图像。代码如下：
7. cv2.imshow("bgr", bgr)
8. cv2.imshow("gray", gray)
9. #第四步：销毁全部窗口，运行该程序，得到原始图像与转换为GRAY色彩空间的图像，分别如图4-21和图4-22所示。
10. cv2.waitKey()
11. cv2.destroyAllWindows()
```

2. 案例结果

图4-21 原始图像　　　　　　　　图4-22 转换为GRAY色彩空间的图像

案例二 将原始图像转换到RGB色彩空间。

1. 案例代码

```
1. #第一步：读取图像，代码如下：
2. import cv2
3. bgr = cv2.imread("clothes.jpg")
4. #第二步：成功读取图像后，使用cv2.cvtColor()函数将图像从BGR色彩空间转换到RGB色彩空间。代码如下：
5. rgb = cv2.cvtColor(bgr, cv2.COLOR_BGR2RGB)
6. #第三步：输出转换为RGB色彩空间的图像。代码如下：
7. cv2.imshow("rgb", rgb)
8. #第四步：销毁全部窗口，运行该程序，得到转换为GRAY色彩空间的图像，如图4-23所示。
9. cv2.waitKey()
10. cv2.destroyAllWindows()
```

2. 案例结果

图4-23 转换为RGB色彩空间的图像

案例三 将原始图像转换到HSV色彩空间。

1. 案例代码

1. #第一步：读取图像，代码如下：
2. import cv2
3. bgr = cv2.imread("clothes.jpg")
4. #第二步：成功读取图像后，使用cv2.cvtColor()函数将图像BGR色彩空间转换为HSV色彩空间。代码如下：
5. hsv = cv2.cvtColor(bgr, cv2.COLOR_BGR2HSV)
6. #第三步：输出转换到HSV色彩空间的图像。代码如下：
7. cv2.imshow("hsv", hsv)
8. #第四步：销毁全部窗口，运行该程序，得到转换到HSV色彩空间的图像，如图4-24所示。
9. cv2.waitKey()
10. cv2.destroyAllWindows()

2. 案例结果

图4-24 转换到HSV色彩空间的图像

1. 知识介绍

色彩空间转换是指将图像的颜色数据从一个色彩空间映射到另一个色彩空间的过程。常见的色彩空间包括RGB、HSV、CMYK等，每种色彩空间都有其特定的应用场景。

RGB色彩空间：常用于显示设备，如计算机屏幕和相机传感器。

HSV色彩空间：常用于图像处理中的颜色提取、目标追踪和分割等任务。

CMYK色彩空间：常用于印刷领域，通过青、品红、黄和黑四种颜色混合来表示颜色。

在OpenCV中，可以使用函数cv2.cvtColor()进行色彩空间的转换。

2. 语法格式

函数cv2.cvtColor()的语法格式为：rst = cv2.cvtColor(img, flag)。

img表示原始图像。

flag表示色彩空间转换标识符。常用的标识符包括：cv2.COLOR_BGR2RGB，表示从BGR色彩空间转换到RGB色彩空间；cv2.COLOR_BGR2GRAY，表示从BGR色彩空间转换到GRAY色彩空间；cv2.COLOR_BGR2HSV，表示从BGR色彩空间转换到HSV色彩空间。更多标识符请参考OpenCV中色彩空间的官方文档。

3. 知识运用

将lena图像从BGR色彩空间转换到GRAY色彩空间，将opencv-logo图像从BGR色彩空间转换到HSV色彩空间。代码如下。

```
1.  import cv2
2.  img1 = cv2.imread('lena.jpg')
3.  img2 = cv2.imread('opencv-logo.png')
4.  img_ret1 = cv2.cvtColor(img1,cv2.COLOR_BGR2GRAY)
5.  print('img_ret1.shape:',img_ret1.shape)
6.  print('img1[161,199]:    ',img1[161,199])
7.  print('img_ret1[161,199]:',img_ret1[161,199])
8.  cv2.imshow('lena-cvtColor',img_ret1)
9.  img_ret2 = cv2.cvtColor(img2,cv2.COLOR_BGR2HSV)
10. print('img_ret2.shape:',img_ret2.shape)
11. print('img2[100,200]:    ',img2[100,200])
12. print('img_ret2[100,200]:',img_ret2[100,200])
13. cv2.imshow('logo-cvtColor',img_ret2)
14. cv2.waitKey(0)
```

代码输出结果如下。

```
1. cv2.__version__: 4.5.2
2. img_ret1.shape: (512, 512)
3. img1[161,199]:     [109 105 201]
4. img_ret1[161,199]: 134
5. img_ret2.shape: (739, 600, 3)
6. img2[100,200]:     [  0   0 255]
7. img_ret2[100,200]: [  0 255 255]
```

实验结果如图4-25所示。

a）将lena图像从BGR色彩空间转换到GRAY色彩空间　　b）将opencv-logo图像从BGR色彩空间转换到HSV色彩空间

图4-25　色彩空间的转换实验结果

从图4-24a可知，转换到GRAY色彩空间的图像只有黑白2种颜色，也就是灰度图像，从图像的shape属性也可以知道，此时图像是单通道的。将opencv-log图像转换到HSV色彩空间，看起来"颜色"发生了变化，这是因为HSV变量用imshow显示导致的，并不是说其颜色发生了变化，这点也可以通过再将图像转换回BGR色彩空间来验证。

任务7　颜色通道的分离与合并

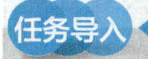

在操作图像的过程中,往往不是改动整张图片,而是通过修改某个色彩通道的值从而达到修改整张图片的效果。在OpenCV中使用cv2.split()函数和cv2.merge()函数可以实现颜色通道的分离与合并。

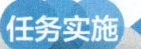

案例一　分离图像的颜色通道。

扫码观看视频

1. 案例代码

```
1. #第一步:导入 OpenCV 库与 NumPy 库,并使用 OpenCV 中的cv2.imread() 函数来读取图像。代码如下:
2. import cv2
3. import numpy as np
4. img = cv2.imread("clothes.jpg")
5. #第二步:在OpenCV中使用imshow()函数来显示图像,用来与后续的图像作对比。代码如下:
6. cv2.imshow("clothes", img)
7. cv2.waitKey()
8. #第三步:使用cv2.split()函数处理图片分离出三个通道。当三个通道的值相同时,为灰度图。如果要显示单色图片,则需要将除显示色通道以外的其他通道值设置为0。接下来使用np.zeros()函数生成形状与图像大小相同的零矩阵,最后使用cv2.merge()函数合并通道得到单色图像。代码如下:
9. B, G, R = cv2.split(img)
10. zeros = np.zeros(img.shape[:2],dtype="uint8")
11. cv2.imshow("BLUE",cv2.merge([B,zeros,zeros]))
12. cv2.imshow("GREEN",cv2.merge([zeros,G,zeros]))
13. cv2.imshow("RED",cv2.merge([zeros,zeros,R]))
14. cv2.waitKey()
```

2. 案例结果

原始图像和分离后得到的蓝、绿、红通道图像分别如图4-26和图4-27所示。

图4-26　原始图像

图4-27 分离后得到的蓝、绿、红通道图像

案例二 合并图像的颜色通道

1. 案例代码

1. #第一步：导入 OpenCV 库，并使用 OpenCV 中的 imread() 函数来读取图像。代码如下：
2. import cv2
3. img = cv2.imread("clothes.jpg")
4. #第二步：使用 cv2.split()函数分离图像的颜色通道，得到三张单通道图像后，可以再次使用merge()函数来实现颜色通道的合并。代码如下：
5. B,G,R = cv2.split(img)
6. cv2.imshow("MERGE",cv2.merge([B,G,R]))
7. cv2.waitKey()

2. 案例结果

合并后得到的图像如图4-28所示。

图4-28 合并后得到的图像

知识拆解

1. 颜色通道的分离与合并

（1）知识介绍

颜色通道的分离与合并是图像处理中的基本操作，主要用于处理和分析图像的各个颜色通道。在OpenCV中，颜色通道的分离可以通过cv2.split()函数实现，该函数将一个多通道数组（如BGR图像）分离成几个单通道数组；颜色通道的合并可以通过cv2.merge()函数实现，它是cv2.split()函数的逆向操作，该函数将多个单通道数组合并成一个多通道数组。

（2）语法格式

函数cv2.split()的语法格式为：B，G，R = cv2.split(image)。

image:读取的图像。

B,G,R分别表示蓝色、绿色、红色通道。

函数cv2.merge()的语法格式为:image = cv2.merge([B, G, R])。

image表示合并后的图像。

(3)知识运用

实现颜色通道的分离与合并。代码如下。

```
1.  # 颜色通道的分离与合并
2.  import cv2
3.  import numpy as np
4.  # 高度和宽度以及通道数
5.  img = np.zeros((200, 200, 3), np.uint8)
6.  # 分割通道,OpenCV中的颜色通道是B、G、R
7.  b, g, r = cv2.split(img)
8.  print('b:', b)
9.  # 修改颜色
10. b[10:100, 10:100] = 255
11. g[10:100, 10:100] = 255
12. # 合并通道的格式是元组,并且必须按照OpenCV中颜色通道B、G、R的顺序
13. img2 = cv2.merge((b, g, r))
14. cv2.imshow('0', np.hstack((b, g)))
15. cv2.imshow('1', np.hstack((img, img2)))
16. cv2.waitKey(0)
17. cv2.destroyAllWindows()
```

2. 生成数组

(1)知识介绍

在NumPy中,可以使用np.zeros()函数生成数组。

(2)语法格式

函数np.zeros()的语法格式为:Zeros = np.zeros(shape, dtype)。

shape:生成的数组大小。

dtype:数组大小中数据的类型。

(3)知识运用

创建一个2行3列的全零二维数组,并且创建的数组中,数据类型是np.float64类型。代码如下。

```
1.  import numpy as np
2.  array = np.zeros([2, 3])
3.  print(array)
4.  print(array.dtype)
5.  """
6.  result:
7.  [[0. 0. 0.]
8.  [0. 0. 0.]]
9.  float64
10. """
```

任务8　筛选图像中的特定颜色

任务导入

在OpenCV可以使用cv2.inRange()函数和cv2.bitwise_and()函数实现筛选图像中的特定颜色。

任务实施

扫码观看视频

1. 案例代码

```
1.  #第一步：导入 OpenCV 库与 NumPy 库，并读取图像。代码如下。
2.  import cv2
3.  import numpy as np
4.  opencv = cv2.imread("clothes.jpg")
5.  #第二步：将图像转换到HSV色彩空间。代码如下。
6.  hsv = cv2.cvtColor(opencv, cv2.COLOR_BGR2HSV)
7.  #第三步：使用inRange()将颜色的像素值标注出来。代码如下。
8.  # 标注蓝色区域，筛选蓝色H通道取值范围为[110, 130]
9.  minBlue = np.array([110, 50, 50])
10. maxBlue = np.array([130, 255, 255])
11. maskBlue = cv2.inRange(hsv, minBlue, maxBlue)
12. # 标注绿色区域，筛选绿色H通道取值范围为[50, 70]
13. minGreen = np.array([50, 50, 50])
14. maxGreen = np.array([70, 255, 255])
15. maskGreen = cv2.inRange(hsv, minGreen, maxGreen)
16. # 标注红色区域，筛选红色H通道取值范围为[0, 30]
17. minRed = np.array([0, 50, 50])
18. maxRed = np.array([30, 255, 255])
19. maskRed = cv2.inRange(hsv, minRed, maxRed)
20. #在HSV色彩空间中，不同的H通道对应着不同的颜色。所以，只需要通过对H通道值进行筛选，便能够筛选出特定的颜色。另外，在实际提取颜色时，往往不是提取一个特定的值，而是提取一个颜色的区间。
21. #第四步：将标注出来的颜色掩模与原始图像进行按位与运算，代码如下。
22. blue = cv2.bitwise_and(opencv, opencv, mask=maskBlue)
23. green = cv2.bitwise_and(opencv, opencv, mask=maskGreen)
24. red = cv2.bitwise_and(opencv, opencv, mask=maskRed)
25. #第五步：筛选原始图像与筛选颜色后的图像，代码如下。
26. cv2.imshow("opencv", opencv)
27. cv2.imshow("blue", blue)
28. cv2.imshow("green", green)
29. cv2.imshow("red", red)
30. cv2.waitKey()
```

2. 案例结果

原始图像、筛选得到的蓝色图像、筛选得到的绿色图像、筛选得到的红色图像分别如图4-29～

图4-32所示。

图4-29　原始图像

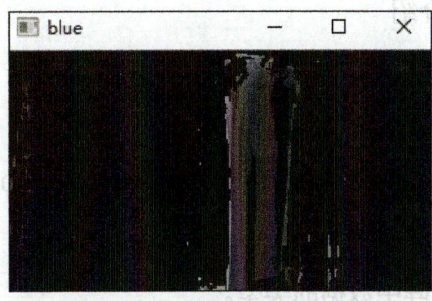

图4-30　筛选得到的蓝色图像

图4-31　筛选得到的绿色图像

图4-32　筛选得到的红色图像

知识拆解

1. 生成掩模

（1）知识介绍

筛选特定颜色可以使用掩模按位与运算，OpenCV提供了cv2.inRange()函数构造与原始图像相同尺寸的掩模。

（2）语法格式

函数cv2.inRange()的语法格式为：mask = cv2.inRange(src, lowerb, upperb)。

src：原始图像。

lowerb：筛选的通道最小值。

upperb：筛选的通道最大值。

（3）知识运用

设置像素阈值，过滤掉背景部分。代码如下。

```
1.  import cv2
2.  import numpy as np
3.  lower = np.uint8([120, 120, 120])
4.  upper = np.uint8([255, 255, 255])
5.  # 低于lower_red和高于uppper_red的部分都变成0，之间的数字变成255，相当于过滤掉背景
6.  white_mask = cv2.inRange(image, lower, upper)
```

2. 生成矩阵

(1) 知识介绍

NumPy提供了np.array()函数来生成矩阵。

(2) 语法格式

函数np.array()的语法格式为：Zeros = np.array(key [, dtype])。

key：需要生成的矩阵中的元素。

dtype：矩阵中数据的类型。

(3) 知识运用

创建给定元素的矩阵，并且创建矩阵的默认类型为np.int32类型。代码如下。

```
1.  import numpy as np
2.  array = np.array([0, 1, 2, 3, 4, 5, 6, 7, 8, 9])
3.  print("矩阵array的值为: ")
4.  print(array)
5.  print("矩阵array的默认类型为: ")
6.  print(array.dtype)
7.  """
8.  result:
9.  矩阵array的值为:
10. [0 1 2 3 4 5 6 7 8 9]
11. 矩阵array的默认类型为:
12. int32
13. """
```

任务9　修改颜色通道数据

任务导入

在学习了色彩空间以及色彩通道的分离与合并后，就可以使用cv2.cvtColor()函数、cv2.split()函数及cv2.merge()函数来实现修改图像的颜色通道数据。

扫码观看视频

任务实施

1. 案例代码

```
1.  #第一步：导入图像，并将其转换到HSV色彩空间。代码如下：
2.  import cv2
3.  img = cv2.imread("clothes.jpg")
```

4. hsv = cv2.cvtColor(img, cv2.COLOR_BGR2HSV)
5. #第二步：保持H通道与S通道的值不变，将V通道的值调整为255，即设置为最亮。观察得到的艺术效果。代码如下：
6. h, s, v = cv2.split(hsv)
7. v[:, :] = 255
8. newHSV = cv2.merge([h, s, v])
9. #把3个通道合并，以达到只调整v通道数值的目的。
10. #第三步：将图像从HSV色彩空间转换回BGR色彩空间。显示原始图像和修改V通道后的图像。代码如下：
11. art = cv2.cvtColor(newHSV, cv2.COLOR_HSV2BGR)
12. cv2.imshow("img", img)
13. cv2.imshow("art", art)
14. cv2.waitKey()

2. 案例结果

原始图像与修改V通道后的图像对比如图4-33所示。

a）原始图像

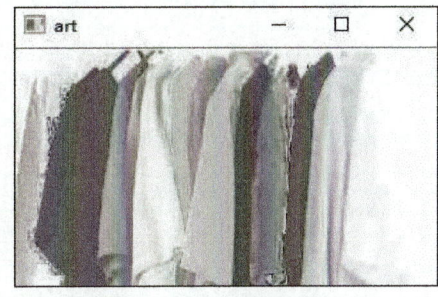
b）修改V通道后的图像

图4-33　原始图像与修改V通道后的图像对比

知识拆解

上述案例中使用了cv2.merge()函数实现修改颜色通道数据，具体的函数使用方法已在本模块的任务7中进行了详细的介绍，这里不再赘述。

课后习题

1. 填空题

1）GRAY通常指_____位灰度图。

2）HSV色彩空间指出人眼的色彩知觉主要包含三要素：_____，_____，_____。

3）HLS色彩空间包含的三要素是_____、_____、_____。

4）CIEL*a*b*色彩空间是_____色彩空间模型。

5）人们更习惯使用直观的方式感知颜色，_____色彩空间提供了这样的方式。

2. 判断题

1）在OpenCV中，使用函数cv2.resie()实现对图像的缩放。　　　　　　　　　（　　）

2）在OpenCV中，使用函数cv2.flip()实现对图像的翻转。　　　　　　　　（　　）

3）在OpenCV中，使用函数cv2.warpAffine()实现对图像的仿射。　　　　（　　）

4）在OpenCV中，使用函数cv2.warpPerspetive()实现对图像的缩放。　（　　）

5）在OpenCV中，使用函数cv2.remap()实现对图像的重映射。　　　　　（　　）

3. 编程题

1）对图像进行颜色通道的分离与合并。

2）筛选图像中的特定颜色。提示：使用inRange(src，lowerb，upperb)判断图像内像素点的像素值是否在范围内。

模块 5

形态学操作

模块概述

形态学主要从图像内提取分量信息，该分量信息通常是图像理解时所使用的最本质的形状特征，对于表达和描绘图像的形状具有重要意义。形态学处理在视觉检测、文字识别、医学图像处理、图像压缩编码等领域都有非常重要的应用。形态学作为图像处理领域中一颗璀璨夺目的明珠，其战略地位与价值正随着技术的浪潮不断攀升，日益成为推动行业变革与创新的关键力量。运用形态学进行图像处理，不仅是对图像本质特征的深刻洞察与精准提取，更是对"推动战略性新兴产业融合集群发展，构建新一代信息技术、人工智能、生物技术、新能源、新材料、高端装备、绿色环保等为一批新的增长引擎"这一宏伟蓝图的积极响应与实践。

本模块将介绍形态学操作，主要包含腐蚀、膨胀、开运算、闭运算、顶帽运算（礼帽运算）、黑帽运算、形态学梯度运算等操作。腐蚀操作和膨胀操作是形态学操作的基础，将腐蚀和膨胀操作进行结合，就可以实现开运算、闭运算、顶帽运算、黑帽运算、形态学梯度运算等不同形式的操作。

学习导航

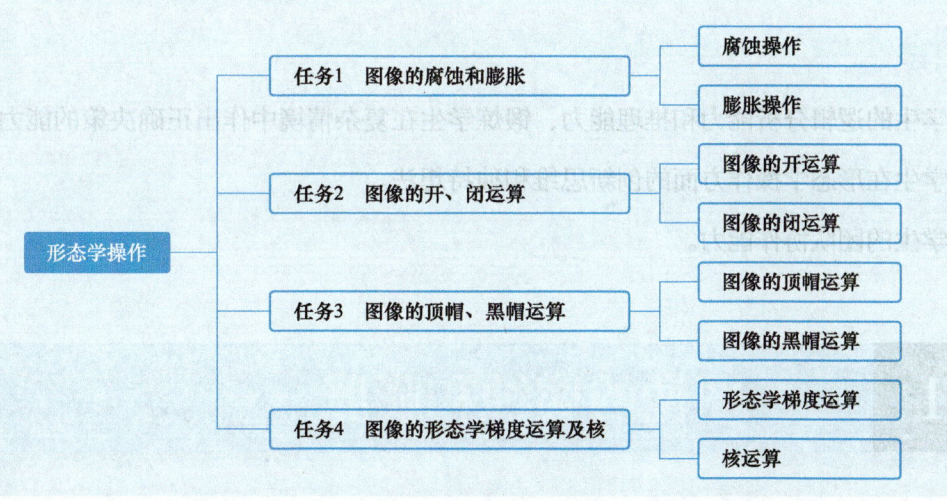

学习目标

知识目标

- 掌握图像腐蚀、膨胀操作的方法。
- 掌握图像开运算、闭运算的方法。
- 掌握图像顶帽、黑帽运算的方法。
- 掌握获取原始图像噪声的方法。
- 掌握获取比原始图像的边缘更暗的边缘部分的方法。
- 掌握图像形态学梯度运算的方法。
- 掌握构造不同形状核的方法。

能力目标

- 能够使用cv2.erode()函数实现图像的腐蚀操作。
- 能够使用cv2.dilate()函数实现图像的膨胀操作。
- 能够使用cv2.morphologyEx()函数实现图像的去噪。
- 能够使用cv2.morphologyEx()函数实现关闭图像内部的小孔。
- 能够使用cv2.morphologyEx()函数实现顶帽运算。
- 能够使用cv2.morphologyEx()函数实现黑帽运算。
- 能够使用cv2.morphologyEx()函数实现图像的形态学梯度运算。
- 能够使用cv2.getStructuringElement()函数来构造不同的核并腐蚀图片。

素质目标

- 培养学生的逻辑分析能力和推理能力，锻炼学生在复杂情境中作出正确决策的能力。
- 鼓励学生在形态学操作方面的创新思维和独特想法。
- 培养学生的团队协作能力。

任务1　图像的腐蚀和膨胀

在对图像进行操作的过程中，经常会遇到要将图像进行腐蚀或膨胀的情况。在OpenCV中，可以使用cv2.erode()和cv2.dilate()函数实现图像的腐蚀、膨胀操作。

任务实施

案例一 对图像进行腐蚀操作。

1. 案例代码

```
1. #第一步：创建 Python 文件。引入 OpenCV 库和 NumPy 库，代码如下。
2. import cv2
3. import numpy as np
4. #第二步：读入图像，并储存在变量 o 中，cv2.IMREAD_UNCHANGED 会使图像保持原格式不变。X.png 为读取的图像，图像要和代码文件在同一目录下。代码如下。
5. o=cv2.imread("X.png",cv2.IMREAD_UNCHANGED)
6. #第三步：创建大小为 10×10 的核，将核储存在变量 kernel 中。np.ones是 NumPy 的一个内置函数，作用是生成值全为1的数组。uint8是无符号八位整型，表示范围是[0, 255]的整数。代码如下。
7. kernel = np.ones((10,10),np.uint8)
8. #第四步：对图像进行腐蚀操作，并将腐蚀后的图像储存在变量 erosion 中，代码如下。
9. erosion=cv2.erode(o,kernel)
10. #第五步：显示原始图像 original 和腐蚀后的图像 erosion，代码如下。
11. cv2.imshow("original",o)
12. cv2.imshow("erosion",erosion)
13. #第六步：销毁全部窗口，运行该程序。结果如图5-1所示。
14. cv2.waitKey()
15. cv2.destroyAllWindows()
```

2. 案例结果

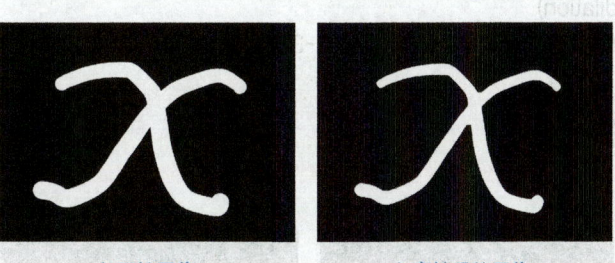

a）原始图像　　　　b）腐蚀后的图像

图5-1　腐蚀操作

案例二 调整cv2.erode()函数中的参数对图像进行腐蚀操作。

1. 案例代码

```
1. #第七步：调节以上代码中 cv2.erode()函数的参数，观察图像的腐蚀效果，将核的大小改为 5×5，并加入参数iterations=5，表示对图像重复腐蚀5次。运行该程序，结果如图5-2所示，可以看到图像腐蚀的效果更明显了。
2. import cv2
3. import numpy as np
4. o = cv2.imread("X.png", cv2.IMREAD_UNCHANGED)
5. kernel = np.ones((5, 5), np.uint8)
6. erosion = cv2.erode(o, kernel, iterations=5)
7. cv2.imshow("original", o)
8. cv2.imshow("erosion", erosion)
9. cv2.waitKey()
10. cv2.destroyAllWindows()
```

2. 案例结果

 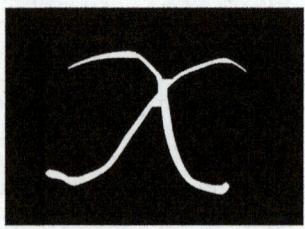

　　　a）原始图像　　　　　　　b）调整参数后的腐蚀效果

图5-2　原始图像与调整参数后的腐蚀效果

案例三　对图像进行膨胀操作。

1. 案例代码

```
1. #第一步：创建 Python 文件。引入 OpenCV 库和 NumPy 库，代码如下。
2. import cv2
3. import numpy as np
4. #第二步：读入图像，将读取的图像储存在变量 o 中，代码如下。
5. o=cv2.imread("X2.png",cv2.IMREAD_UNCHANGED)
6. #第三步：创建大小为 10×10 的核，将核储存在变量 kernel 中，代码如下。
7. kernel = np.ones((10,10),np.uint8)
8. #第四步：对图像进行膨胀操作，并将膨胀后的图像储存在变量 dilation 中，代码如下。
9. dilation= cv2.dilate(o,kernel)
10. #第五步：显示原始图像 original 和腐蚀后的图像 dilation，代码如下。
11. cv2.imshow("original",o)
12. cv2.imshow("dilation",dilation)
13. #第六步：销毁全部窗口，运行该程序。结果如图5-3所示。
14. cv2.waitKey()
15. cv2.destroyAllWindows()
```

2. 案例结果

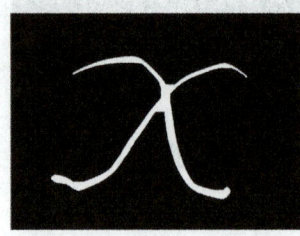 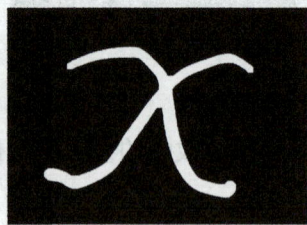

　　　a）原始图像　　　　　　　b）膨胀后的图像

图5-3　膨胀操作

案例四　调整cv2.dilate()函数中的参数对图像进行膨胀操作。

1. 案例代码

```
1. #第七步：调节以上代码中 cv2.dilate()函数的参数，观察膨胀效果，将核的大小改为 5×5，并加入参数
   iterations=9，表示对图像重复膨胀 9 次。运行该程序，结果如图5-4所示，可以看到图像膨胀的效果更明显了。
2. import cv2
3. import numpy as np
4. o=cv2.imread("X2.png",cv2.IMREAD_UNCHANGED)
```

```
5.  kernel = np.ones((5,5),np.uint8)
6.  dilation= cv2.dilate(o,kernel,iterations=9)
7.  cv2.imshow("original",o)
8.  cv2.imshow("dilation",dilation)
9.  cv2.waitKey()
10. cv2.destroyAllWindows()
```

2. 案例结果

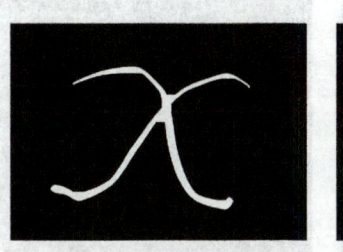

a）原始图像　　　　　　　　b）调整参数后的膨胀效果

图5-4　原始图像与调整参数后的膨胀效果

1. 腐蚀操作

（1）知识介绍

腐蚀是最基本的形态学操作之一，它能够将图像的边界点消除，使图像沿着边界向内收缩，也可以将小于指定结构体元素的部分去除。腐蚀用来"收缩"或者"细化"二值图像中的前景，借此实现去除噪声、元素分割等功能。

OpenCV提供了cv2.erode()函数来实现图像的腐蚀操作。

（2）语法格式

函数cv2.erode()的语法格式为：dst = cv2.erode(src,kernel,iterations)。

src：输入图像。

kernel：结构元素，一个定义了腐蚀操作邻域的矩阵。这个矩阵通常是一个正方形或矩形，其中所有元素的值都为正数，且通常有一个中心点（通常是矩阵的中心元素）。

iterations：腐蚀操作的迭代次数。腐蚀操作将被连续执行指定的次数，每次操作都基于上一次的结果。增加迭代次数将导致更强烈的腐蚀效果。

（3）知识运用

使用图像的腐蚀操作将仙人球图像中的刺都抹除掉。代码如下。

```
1. import cv2
2. import numpy as np
3. img = cv2.imread("cactus.jpg")  # 读取原始图像
4. k = np.ones((3, 3), np.uint8)  # 创建 3×3 的数组作为核
5. cv2.imshow("img", img)  # 显示原始图像
```

6. dst = cv2.erode(img, k) # 腐蚀操作
7. cv2.imshow("dst", dst) # 显示腐蚀效果
8. cv2.waitKey() # 按下任何按键后关闭窗口
9. cv2.destroyAllWindows() # 释放所有窗体

实验结果如图5-5所示。

a）原始图像　　　　　　　　b）腐蚀后的图像

图5-5　腐蚀示例

2. 膨胀操作

（1）知识介绍

膨胀操作是形态学中另外一种基本的操作。膨胀操作和腐蚀操作的作用是相反的，膨胀操作能对图像的边界进行扩张。膨胀操作将与当前对象（前景）接触到的背景点合并到当前对象内，从而实现将图像的边界点向外扩张。如果图像内两个对象的距离较近，那么在膨胀的过程中，两个对象可能会连通在一起。膨胀操作对填补图像分割后图像内所存在的空白相当有帮助。

OpenCV提供了cv2.dilate()函数来实现图像的膨胀操作。

（2）语法格式

dst = cv2.dilate(src, kernel, iterations)。

src：源图像，即输入图像。

kernel：结构元素，一个定义了膨胀操作邻域的矩阵。这个矩阵同样可以是正方形或矩形，其中所有元素的值都为正数，且通常有一个中心点（即矩阵的中心元素）。

iterations：膨胀操作的迭代次数。膨胀操作将被连续执行指定的次数，每次操作都基于上一次的结果。增加迭代次数将导致更强烈的膨胀效果。

（3）知识运用

使用图像的膨胀操作将图像加工成"近视眼"效果。代码如下。

1. import cv2
2. import numpy as np
3. img = cv2.imread("sunset.jpg") # 读取原始图像
4. k = np.ones((9, 9), np.uint8) # 创建大小为 9×9 的数组作为核
5. cv2.imshow("img", img) # 显示原始图像

6. dst = cv2.dilate(img, k) # 膨胀操作
7. cv2.imshow("dst", dst) # 显示膨胀效果
8. cv2.waitKey() # 按下任何按键后关闭窗口
9. cv2.destroyAllWindows() # 释放所有窗体

实验结果如图5-6所示。

a）原始图像　　　　　　　　b）膨胀后的图像

图5-6　膨胀示例

> **思考**
>
> 图像的腐蚀与膨胀的区别。

任务2　图像的开、闭运算

任务导入

在对图像进行操作的过程中，会遇到要对图像进行去除噪声以及关闭图像内部的小孔的情况。在OpenCV中，可以使用cv2.morphologyEx()函数实现图像的去噪以关闭图像内部小孔的操作。

任务实施

案例一　使用开运算对图像去噪。

扫码观看视频

1. 案例代码

1. #第一步：打开 Jupyter Notebook，创建 Python 文件，命名为 open_exp.py。引入 OpenCV 库和 NumPy 库，代码如下。
2. import cv2
3. import numpy as np
4. #第二步：读入图像，储存在变量 img 中。C.png 为读取的图像，图像要和代码文件在同一目录下，代码如下。
5. img=cv2.imread("C.png")
6. #第三步：创建大小为 15×15 的核，将核储存在变量 kernel 中。

7. kernel = np.ones((15,15),np.uint8)
8. #第四步：对图进行开运算，并将开运算后的图像储存在变量 r 中。
9. r=cv2.morphologyEx(img,cv2.MORPH_OPEN,kernel)
10. #第五步：显示原始图像 img 和开运算后的图像 r，代码如下。
11. cv2.imshow("img",img)
12. cv2.imshow("result",r)
13. #第六步：销毁全部窗口，运行该程序。结果如图5-7所示。
14. cv2.waitKey()
15. cv2.destroyAllWindows()

2. 案例结果

 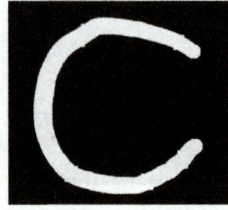

a）原始图像　　　b）开运算后的图像

图5-7　开运算

案例二 使用闭运算对图像去噪。

1. 案例代码

1. #第一步：打开 Jupyter Notebook，创建 Python 文件，命名为 close_exp.py。引入 OpenCV 库和 NumPy 库，代码如下。
2. import cv2
3. import numpy as np
4. #第二步：读入图像，储存在变量 img 中。O.png 为读取的图像，图像要和代码文件在同一目录下，代码如下。
5. img = cv2.imread("O.png")
6. #第三步：创建大小为 10×10 的核，将核储存在变量 kernel 中，代码如下。
7. kernel = np.ones((10,10),np.uint8)
8. #第四步：对图像进行闭运算，并将闭运算后的图像储存在变量r中，代码如下。iterations=3 表示图像重复闭运算3次。
9. r=cv2.morphologyEx(img,cv2.MORPH_CLOSE,kernel, iterations=3)
10. #第五步：显示原始图像 img 和闭运算后的图像 r，代码如下。
11. cv2.imshow("img",img)
12. cv2.imshow("result",r)
13. #第六步：销毁全部窗口，运行该程序。结果如图5-8所示。
14. cv2.waitKey()
15. cv2.destroyAllWindows()

2. 案例结果

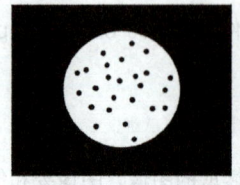 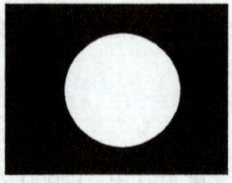

a）原始图像　　　b）闭运算后的图像

图5-8　闭运算

1. 开运算

（1）知识介绍

开运算，指对图像先腐蚀后膨胀。

（2）语法格式

函数cv2.morphologyEx()的语法格式为：dst=cv2.morphologyEx(src，op, kernel [, anchor [, iterations [, borderType [, borderValue]]]])。

src：代表需要进行形态学操作的原始图像。图像的通道数可以是任意的，但是要求图像的深度必须是CV_8U、CV_16U、CV_16S、CV_32F、CV_64F中的一种。

dst：代表经过形态学处理后所输出的目标图像，该图像和原始图像具有同样的类型和大小。

op代表操作类型，如下。

cv2.MORPH_ERODE：腐蚀。

cv2.MORPH_DILATE：膨胀。

cv2.MORPH_OPEN：开运算。

cv2.MORPH_CLOSE：闭运算。

cv2.MORPH_GRADIENT：形态学梯度运算。

cv2.MORPH_TOPHAT：顶帽运算。

cv2.MORPH_ BLACKHAT：黑帽运算。

参数kernel、anchor、iterations、borderType、borderValue与函数cv2.erode()中相应参数的含义一致。

（3）知识运用

OpenCV提供了cv2.morphologyEx()函数来实现图像的开运算，通过将函数cv2.morphologyEx()中操作类型参数op设置为"cv2.MORPH_OPEN"，可以实现开运算。

使用图像的开运算操作去除黑种草图像中的针状叶子，结果如图5-9所示。

```
1. import cv2
2. import numpy as np
3. img = cv2.imread("nigella.png")  # 读取原图
4. k = np.ones((5, 5), np.uint8)  # 创建 5×5 的数组作为核
5. cv2.imshow("img", img)  # 显示原图
6. dst = cv2.morphologyEx (img, cv2.MORPH_OPEN, kernel)
7. cv2.imshow("dst", dst)  # 显示开运算结果
8. cv2.waitKey()  # 按下任意键盘按键后
9. cv2.destroyAllWindows()  # 释放所有窗体
```

a）原始图像　　　　　　　　　b）开运算后的图像

图5-9　开运算示例

2. 闭运算

（1）知识介绍

闭运算，指对图像先膨胀后腐蚀。

（2）知识运用

OpenCV提供了cv2.morphologyEx()函数来实现图像的闭运算，通过将函数cv2.morphologyEx()中的操作类型参数op设置为"cv2.MORPH_CLOSE"，可以实现闭运算。

使用闭运算去除蜘蛛身上的斑点（包括眼睛），结果如图5-10所示。

```
1.  import cv2
2.  import numpy as np
3.  img = cv2.imread("nigella.png")  # 读取原图
4.  k = np.ones((5, 5), np.uint8)  # 创建 5×5 的数组作为核
5.  cv2.imshow("img", img)  # 显示原图
6.  dst = cv2.morphologyEx(img, cv2.MORPH_CLOSE, kernel)
7.  cv2.imshow("dst", dst)  # 显示结果
8.  cv2.waitKey()  # 按任意键后
9.  cv2.destroyAllWindows()  # 释放所有窗体
```

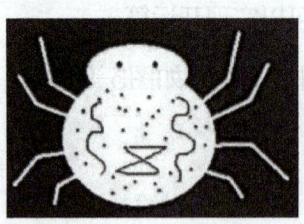 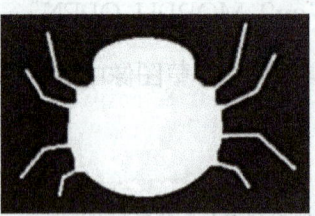

a）原图　　　　　　　　　b）闭运算后的图像

图5-10　闭运算示例

 思考

图像开运算与图像闭运算的基本原理。

任务3　图像的顶帽、黑帽运算

任务导入

在对图像进行操作的过程中，有时需要获取原始图像的噪声部分来分析噪声特点。在OpenCV中，可以使用cv2.morphologyEx()函数实现图像的顶帽、黑帽运算。

任务实施

案例一　对图像进行顶帽运算。

1. 案例代码

```
1. #第一步：打开 Jupyter Notebook，创建 Python 文件，命名为hat_exp.py。引入 OpenCV 库和 NumPy 库，代码如下。
2. import cv2
3. import numpy as np
4. #第二步：读入图像，储存在变量 img 中。C.png 为读取的图像，图像要和代码文件在同一目录下，代码如下。
5. img = cv2.imread("C.png", cv2.IMREAD_UNCHANGED)
6. #第三步：创建大小为 15×15 的核，将核储存在变量 kernel 中，代码如下。
7. kernel = np.ones((15,15),np.uint8)
8. #第四步：对图进行顶帽运算，并将运算后的图像储存在变量 r 中，代码如下。
9. r = cv2.morphologyEx(img, cv2.MORPH_TOPHAT, kernel)
10. #第五步：显示原始图像 img 和运算后的图像 r，代码如下。
11. cv2.imshow("img",img)
12. cv2.imshow("result",r)
13. #第六步：销毁全部窗口，运行该程序。结果如图5-11所示。
14. cv2.waitKey()
15. cv2.destroyAllWindows()
```

2. 案例结果

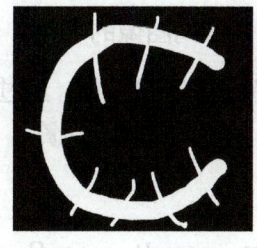
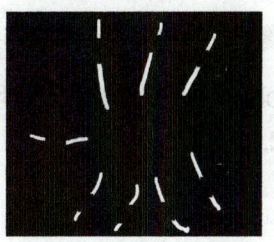

a）原始图像　　　　b）运算后的图像

图5-11　顶帽运算

案例二 对图像进行黑帽运算。

1. 案例代码

```
1. #第一步：打开 Jupyter Notebook，创建 Python 文件，命名为 blackhat_exp.py。引入 OpenCV 库和 NumPy 库，代码如下。
2. import cv2
3. import numpy as np
4. #第二步：读入图像，储存在变量 img 中。O.png 为读取的图像，图像要和代码文件在同一目录下，代码如下。
5. img = cv2.imread("O.png",cv2.IMREAD_UNCHANGED)
6. #第三步：创建大小为 15×15 的核，将核储存在变量 kernel 中，代码如下。
7. kernel = np.ones((15,15),np.uint8)
8. #第四步：对图进行黑帽运算，并将运算后的图像储存在变量 r 中，代码如下。
9. r = cv2.morphologyEx(img, cv2.MORPH_TOPHAT, kernel)
10. #第五步：显示原始图像 img 和运算后的图像 r，代码如下。
11. cv2.imshow("img",img)
12. cv2.imshow("result",r)
13. #第六步：销毁全部窗口，运行该程序。结果如图5-12所示。
14. cv2.waitKey()
15. cv2.destroyAllWindows()
```

2. 案例结果

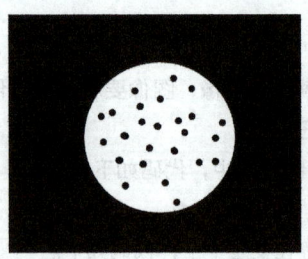
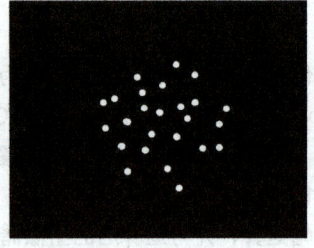

a）原始图像　　　　b）运算后的图像

图5-12　黑帽运算

知识拆解

1. 顶帽运算

（1）知识介绍

图像的顶帽运算是原始图像减去图像开运算的结果，得到图像的噪声。

OpenCV提供了cv2.morphologyEx()函数来实现图像的顶帽运算，通过将函数cv2.morphologyEx()的操作类型参数op设置为"cv2.MORPH_TOPHAT"，可以实现顶帽运算。

（2）语法格式

在OpenCV中，实现图像的顶帽运算的语法格式为：result = cv2.morphologyEx(img, cv2.MORPH_TOPHAT, kernel)。

（3）知识运用

通过顶帽运算画出小蜘蛛的腿。代码如下。

```
1. import cv2
2. import numpy as np
3. img = cv2.imread("spider.png")  # 读取原始图像
4. k = np.ones((5, 5), np.uint8)  # 创建大小为 5×5 的数组作为核
5. cv2.imshow("img", img)  # 显示原始图像
6. dst = cv2.morphologyEx(img, cv2.MORPH_TOPHAT, k)  # 进行顶帽运算
7. cv2.imshow("dst", dst)  # 显示顶帽运算结果
8. cv2.waitKey()  # 按下任意按键后关闭窗口
9. cv2.destroyAllWindows()  # 释放所有窗体
```

实验结果如图5-13所示。

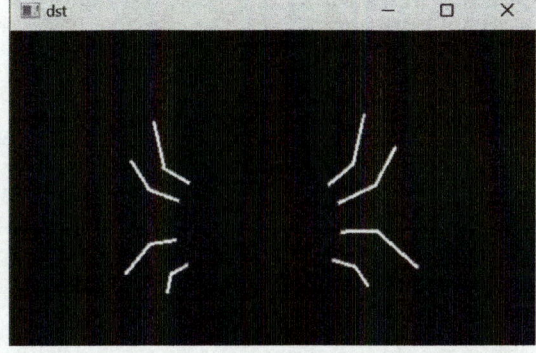

a）原始图像　　　　　　　　　　b）运算后的图像

图5-13　顶帽运算示例

2. 黑帽运算

（1）知识介绍

图像的黑帽运算是图像闭运算操作的结果减去原始图像，得到图像内部的小孔，或者前景色中的小黑点。

OpenCV提供了cv2.morphologyEx()来实现图像的黑帽运算。通过将函数cv2.morphologyEx()的操作类型参数op设置为"cv2.MORPH_BLACKHAT"，可以实现黑帽运算。

（2）语法格式

在OpenCV中，实现图像的黑帽运算的语法格式为：result = cv2.morphologyEx(img, cv2.MORPH_BLACKHAT, kernel)。

（3）知识运用

通过黑帽运算画出小蜘蛛身上的花纹。代码如下。

```
1. import cv2
2. import numpy as np
3. img = cv2.imread("spider2.png")  # 读取原始图像
4. k = np.ones((5, 5), np.uint8)  # 创建大小为 5×5 的数组作为核
5. cv2.imshow("img", img)  # 显示原始图像
```

6. dst = cv2.morphologyEx(img, cv2.MORPH_BLACKHAT, k) # 进行黑帽运算
7. cv2.imshow("dst", dst) # 显示黑帽运算结果
8. cv2.waitKey() # 按下任意按键后关闭窗口
9. cv2.destroyAllWindows() # 释放所有窗体

实验结果如图5-14所示。

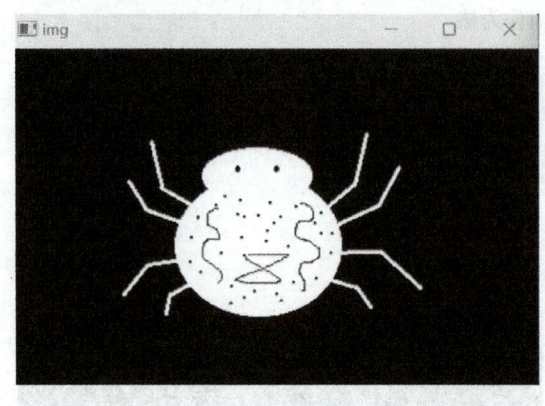

a）原始图像 　　　　　　　　　　　　b）运算后的图像

图5-14　黑帽运算示例

> **思考**
>
> 图像的顶帽运算和黑帽运算的区别。

任务4　图像的形态学梯度运算及核

任务导入

在对图像进行操作的过程中，会遇到要获取图像边缘以及需要使用不同形状的核处理图像的情况。在OpenCV中，可以使用cv2.morphologyEx()函数实现获取图像边缘的操作，使用cv2.getStructuringElement()函数构造不同的核。

任务实施

扫码观看视频

案例一　使用形态学梯度运算获取图像边缘。

1. 案例代码

1. #第一步：打开 Jupyter Notebook，创建 Python 文件，命名为 gradient_exp.py。引入 OpenCV 库和 NumPy 库，代码如下。
2. import cv2
3. import numpy as np
4. #第二步：读入图像，储存在变量 img 中。X.png 为读取的图像，图像要和代码文件在同一目录下，代码如下。
5. img = cv2.imread("gradient.png",cv2.IMREAD_UNCHANGED)

6. #第三步：创建大小为 5×5 的核，将核储存在变量 kernel 中，代码如下。
7. kernel = np.ones((5,5),np.uint8)
8. #第四步：对图像进行形态学梯度运算，并将运算后的图像储存在变量 r 中，代码如下。
9. r = cv2.morphologyEx(img, cv2.MORPH_GRADIENT, kernel)
10. #第五步：显示原始图像 img 和运算后的图像 r，代码如下。
11. cv2.imshow("img",img)
12. cv2.imshow("result",r)
13. #第六步：销毁全部窗口，运行该程序。结果如图5-15所示。
14. cv2.waitKey()
15. cv2.destroyAllWindows()

2. 案例结果

a）原始图像

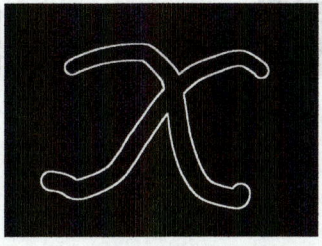
b）形态学梯度运算后的图像

图5-15　形态学梯度运算

案例二 构造不同形状的核并膨胀图像。

1. 案例代码

1. #第一步：打开 Jupyter Notebook，创建 Python 文件。引入 OpenCV 库和 NumPy 库，代码如下。
2. import cv2
3. import numpy as np
4. #第二步：读入图像，储存在变量 o 中。fang.png 为读取的图像，图像要和代码文件在同一目录下，代码如下。
5. import cv2
6. import numpy as np
7. o = cv2.imread("fang.png", cv2.IMREAD_UNCHANGED)
8. #第三步：用参数 cv2.MORPH_RECT 创建大小为 120×120 的矩形结构的核，将核储存在变量 kernel1 中，代码如下。
9. kernel1 = cv2.getStructuringElement(cv2.MORPH_RECT, (120, 120))
10. #第四步：用参数 cv2.MORPH_CROSS 创建大小为 120×120 的十字形结构的核，将核储存在变量 kernel2 中，代码如下。
11. kernel2= cv2.getStructuringElement(cv2.MORPH_CROSS ,(120, 120))
12. #第五步：用参数 cv2.MORPH_ELLIPSE 创建大小为 120×120 的椭圆形结构的核，将核储存在变量 kernel3 中，代码如下。
13. kernel3 = cv2.getStructuringElement(cv2.MORPH_ELLIPSE, (120, 120))
14. #第六步：对图像进行膨胀操作，并将运算后的图像分别储存在变量 dst1、dst2、dst3 中。
15. dst1 = cv2.dilate(o, kernel1)
16. dst2 = cv2.dilate(o, kernel2)
17. dst3 = cv2.dilate(o, kernel3)

```
18. #第七步：显示原始图像o和膨胀后的图像 dst1、dst2、dst3，代码如下。
19. cv2.imshow("original", o)
20. cv2.imshow("dst1", dst1)
21. cv2.imshow("dst2", dst2)
22. cv2.imshow("dst3", dst3)
23. #第八步：销毁全部窗口，运行该程序。结果如图5-16所示。
24. cv2.waitKey()
25. cv2.destroyAllWindows()
```

2. 案例结果

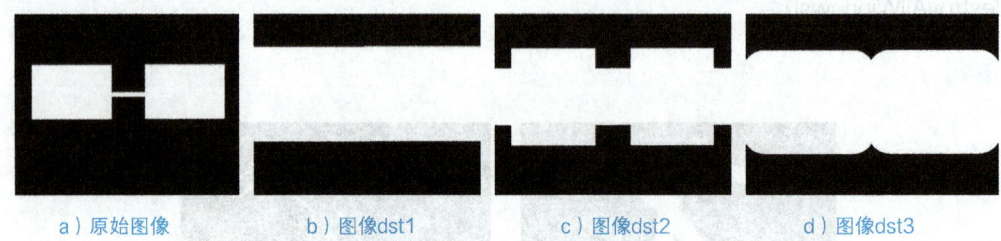

a）原始图像　　　　b）图像dst1　　　　c）图像dst2　　　　d）图像dst3

图5-16　不同的核膨胀图像

1. 形态学梯度运算

（1）知识介绍

形态学梯度运算，指用膨胀后的图像减去腐蚀后的图像。

OpenCV提供了cv2.morphologyEx()函数来实现图像的梯度运算。通过将函数cv2.morphologyEx()的操作类型参数op设置为"cv2.MORPH_GRADIENT"，可以实现形态学梯度运算。

（2）语法格式

在OpenCV中，实现图像的形态学梯度运算的语法格式为：result = cv2.morphologyEx(img, cv2.MORPH_GRADIENT, kernel)。

（3）知识运用

使用形态学梯度操作获取前景图像的边缘信息。代码如下。

```
1. import cv2
2. import numpy as np
3. img = cv2.imread("spider.png") # 读取原始图像
4. k = np.ones((5,5), np.uint8) # 创建大小为 5×5 的数组作为核
5. cv2.imshow("img", img) # 显示原始图像
6. dst = cv2.morphologyEx(img, cv2.MORPH_GRADIENT, k) # 进行形态学梯度运算
7. cv2.imshow("dst", dst) # 显示形态学梯度运算结果
8. cv2.waitKey() # 按下任意按键后关闭窗口
9. cv2.destroyAllWindows() # 释放所有窗口
```

实验结果如图5-17所示。

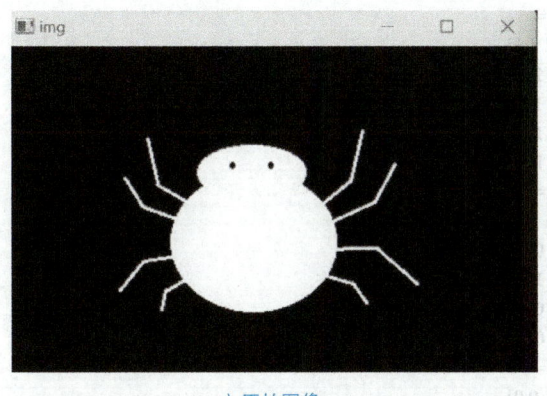

a）原始图像　　　　　　　　　　　　b）形态学梯度运算后的图像

图5-17　形态学梯度运算示例

2. 核

（1）知识介绍

在进行形态学操作时，必须使用一个特定的核（结构元）。该核可以自定义生成，也可以通过函数cv2.getStructuringElement()构造。OpenCV提供了cv2.getStructuringElement()函数来实现构造并返回一个用于形态学处理的指定大小和形状的结构元素。

（2）语法格式

函数cv2.getStructuringElement()的语法格式为：kernel=cv2.getStructuringElement(shape, ksize, anchor)。

shape：形状类型，其可能的取值如下。

cv2.MORPH_RECT：矩形结构元素，所有元素都是1。

cv2.MORPH_CROSS：十字形结构元素，对角线元素值为1。

cv2.MORPH_ELLIPSE：椭圆形结构元素。

ksize：结构元素的大小。

anchor：结构元素中锚点的位置，默认为（-1，-1），是形状的中心。只有十字星形的形状与锚点位置紧密相关，其他情况下，锚点位置仅用于形态学运算结果的调整。

（3）知识运用

使用函数cv2.getStructuringElement()生成不同结构的核。代码如下。

```
1. import cv2
2. kernel1 = cv2.getStructuringElement(cv2.MORPH_RECT, (5,5))
3. kernel2 = cv2.getStructuringElement(cv2.MORPH_CROSS, (5,5))
4. kernel3 = cv2.getStructuringElement(cv2.MORPH_ELLIPSE, (5,5))
5. print("kernel1=\n", kernel1)
6. print("kernel2=\n", kernel2)
7. print("kernel3=\n", kernel3)
```

实验结果如图5-18所示。

```
kernel1=
[[1 1 1 1 1]
 [1 1 1 1 1]
 [1 1 1 1 1]
 [1 1 1 1 1]
 [1 1 1 1 1]]
kernel2=
[[0 0 1 0 0]
 [0 0 1 0 0]
 [1 1 1 1 1]
 [0 0 1 0 0]
 [0 0 1 0 0]]
kernel3=
[[0 0 1 0 0]
 [1 1 1 1 1]
 [1 1 1 1 1]
 [1 1 1 1 1]
 [0 0 1 0 0]]
```

图5-18 不同结构的核

课后习题

1. 单选题

1）黑帽运算需要将cv2.morphologyEx()函数的op参数的值设置为（　　）。

A．cv2.MORPH_CLOSE　　　　　　B．cv2.MORPH_GRADIENT

C．cv2.cv2.MORPH_TOPHAT　　　　D．cv2.MORPH_BLACKHAT

2）闭运算需要将cv2.morphologyEx()函数的op参数的值设置为（　　）。

A．cv2.MORPH_CLOSE　　　　　　B．cv2.MORPH_GRADIENT

C．cv2.cv2.MORPH_TOPHAT　　　　D．cv2.MORPH_BLACKHAT

2. 填空题

1）黑帽运算是用闭运算图像减去_____的操作。

2）顶帽运算是用原始图像减去其_____的操作。

3）_____是最基本的形态学操作之一。

4）_____和腐蚀操作的作用是相反的。

3. 编程题

设计程序，实现通过形态学膨胀和腐蚀来提取物体的边界。

模块 6

图像的平滑处理

图像的平滑处理是数字图像处理中一项至关重要的技术，它对于去除图像中的噪声、提升图像质量以及为后续的图像处理任务（如边缘检测、特征提取等）提供更为清晰的数据基础具有不可替代的作用。

本模块将详细介绍基于OpenCV的图像平滑处理技术，包括常见的图像平滑算法、原理、实现方法以及应用案例等。通过对这些内容的深入学习和实践，读者能够掌握图像平滑处理的基本方法和技巧，为后续的图像处理任务奠定坚实的基础。

图像平滑处理不仅是图像处理的关键技术，更体现了对信息真实性和准确性的追求。通过平滑处理，可以去除图像噪声，还原信息本质，这也是科学精神的体现。在学习和实践中，培养了人们对信息真实性的敬畏之心，为构建信息社会贡献正能量。

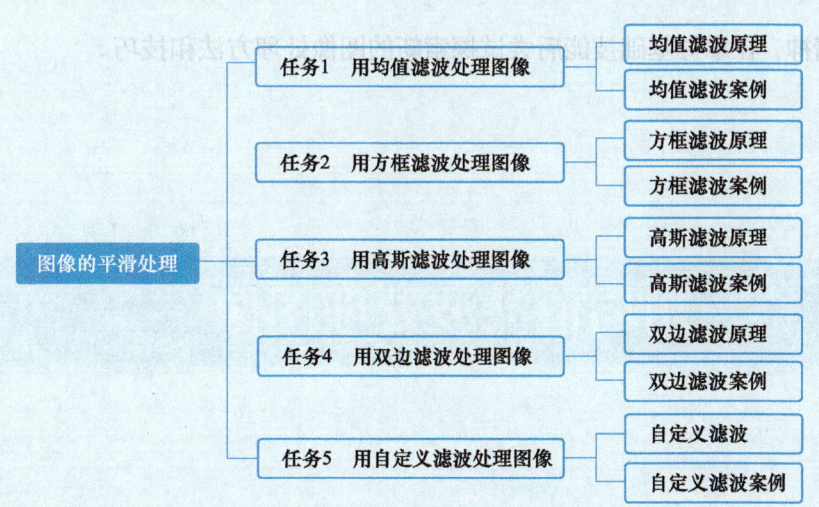

学习目标

知识目标

- 理解滤波的基本概念，了解其在图像处理中的作用。
- 掌握均值滤波的原理和使用方法。
- 了解方框滤波的特点和与均值滤波的关系。
- 掌握高斯滤波的原理和使用方法。
- 了解双边滤波的优势及其在保持边缘信息中的作用。
- 探索自定义滤波的基本概念和设计方法。

能力目标

- 具备使用Python和OpenCV库进行基本图像平滑处理操作的能力。
- 能够编写代码实现均值滤波、高斯滤波等基本滤波算法，并观察其效果。
- 能够对比分析不同滤波的效果，理解它们之间的区别和适用场景。
- 在理解基本滤波原理的基础上，尝试设计简单的自定义滤波。

素质目标

- 培养实践意识，通过动手实践增强对图像处理技术的理解和应用能力。
- 激发学习兴趣，通过对比不同滤波的效果增强对图像处理技术的兴趣。
- 培养探索精神，在掌握基础技能后尝试探索新的图像处理方法和技巧。

任务1　用均值滤波处理图像

任务导入

在实际应用中，图像往往受到各种噪声的干扰，导致图像质量下降。均值滤波是一种简单而有效的去噪方法，通过计算像素邻域内的平均值来替代该像素的值，从而平滑图像，减少噪声。假设有一张包含噪声的灰度图像，如图6-1所示，目标是使用均值滤波去除噪声，使图像变得更加清晰。

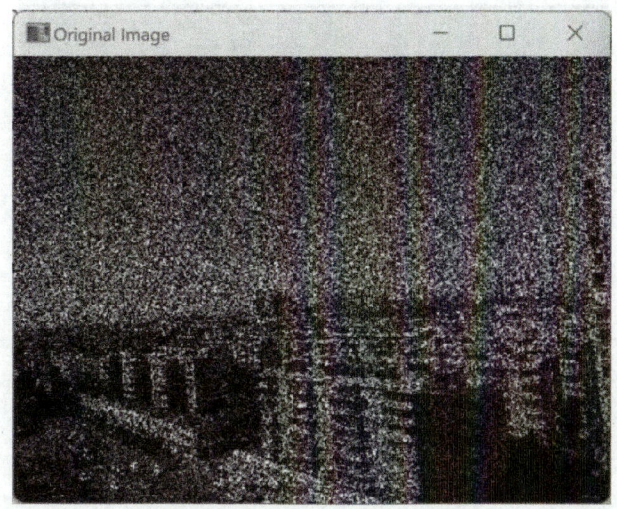

图6-1 原始图像

扫码观看视频

任务实施

1. 案例代码

```
1. import cv2
2. import numpy as np
3. # 第一步，读取图像
4. img = cv2.imread('noisy_image.jpeg')
5. # 转换为灰度图像（如果需要）
6. gray = cv2.cvtColor(img, cv2.COLOR_BGR2GRAY)
7. # 第二步，应用均值滤波
8. # 参数(5, 5)表示滤波器的大小，可以根据需要调整
9. blurred = cv2.blur(gray, (5, 5))
10. # 第三步，显示原始图像和滤波后的图像
11. cv2.namedWindow('Original Image', 0)
12. cv2.imshow('Original Image', gray)
13. cv2.resizeWindow('Original Image',(400,300))
14. cv2.namedWindow('Blurred Image', 0)
15. cv2.imshow('Blurred Image', blurred)
16. cv2.resizeWindow('Blurred Image',(400,300))
17. # 等待按键，然后关闭窗口
18. cv2.waitKey(0)
19. cv2.destroyAllWindows()
```

2. 案例结果

案例运行结果如图6-2所示。

图6-2 均值滤波后的图像

1. 算法介绍

均值滤波算法是一种简单的空间域滤波方法，主要用于去除图像中的噪声。该算法的核心思想是对图像中的每一个像素点，用一个滤波器（通常是一个小的矩形窗口）覆盖，然后计算该滤波器内所有像素的平均值，将这个平均值赋给当前像素点。这样，图像的每一个像素点都被其周围像素的平均值所替代，从而平滑了图像，减少了噪声的影响。然而，均值滤波的一个缺点是它可能会模糊图像的边缘，因为边缘像素的灰度值变化较大，经过平均处理后，边缘信息可能会丢失。

2. OpenCV中的均值滤波函数介绍

OpenCV提供了一个名为blur的函数来实现均值滤波。该函数接受一个源图像和一个滤波器大小作为输入，然后返回经过均值滤波处理后的图像。

3. 函数语法格式

函数blur()的语法格式为：blur(src, ksize, dst=None, anchor=None, borderType=None)。

src：输入图像，即需要进行均值滤波的原始图像。

ksize：滤波器的大小，必须取正奇数，可以是一个整数，表示滤波器的宽度和高度都相等；也可以是一个元组，例如（5，5），表示滤波器的宽度为5，高度也为5。

dst：输出图像，即均值滤波后的图像，是一个可选参数。

anchor：锚点位置，表示滤波器核的锚点位置，该参数默认为滤波器的中心，通常不需要修改。

borderType：像素外推法，决定了当滤波器覆盖到图像边界时，如何处理边界外的像素。通常使用默认值即可。

4. 知识运用

1）使用Python和OpenCV进行均值滤波。代码如下。

```
1. import cv2 as cv
2. import numpy as np
```

3. import matplotlib.pyplot as plt
4. # 第一步，读取图像
5. img = cv.imread('test.jpg')
6. rgb_img = cv.cvtColor(img, cv.COLOR_BGR2RGB)
7. # 第二步，均值滤波
8. blurred = cv.blur(img, (5, 5))
9. #第三步， 显示原图和滤波后的图像
10. titles = ['Original Image', 'Mean Filter']
11. images = [rgb_img, cv.cvtColor(blurred, cv.COLOR_BGR2RGB)]
12. for i in range(2):
13.   plt.subplot(1, 2, i + 1), plt.imshow(images[i], 'gray')
14.   plt.title(titles[i])
15.   plt.xticks([]), plt.yticks([])
16. plt.show()

实验结果如图6-3所示。

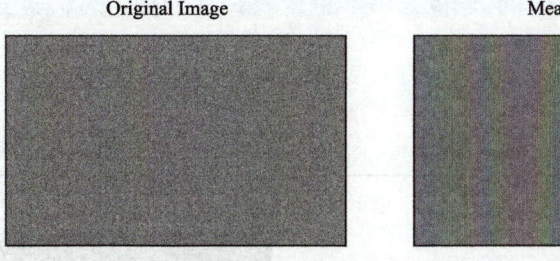

a）原始图像　　　　　　b）均值滤波后的图像

图6-3　图像均值滤波前后对比

2）在均值滤波算法中，可以自行设置滤波器的大小。随着滤波器的增大，均值滤波的平滑效果也变得更加显著。较大的滤波器能够覆盖更多的像素，从而更有效地减少噪声和细节，但同时也可能导致图像的边缘和纹理变得模糊。因此，在选择滤波器大小时，需要根据具体的应用场景和需求来权衡平滑效果和图像细节的保留程度。下面展示滤波器对均值滤波效果的影响。代码如下。

1. import cv2
2. import matplotlib.pyplot as plt
3. #第一步，读取图像
4. img = cv2.imread("hehua2.jpg")
5. #第二步，定义两个不同大小的滤波器
6. r5 = cv2.blur(img, (5, 5))
7. r10 = cv2.blur(img, (10, 10))
8. #第三步，显示图像
9. res = cv2.cvtColor(img, cv2.COLOR_BGR2RGB)
10. r5new = cv2.cvtColor(r5, cv2.COLOR_BGR2RGB)
11. r10new = cv2.cvtColor(r10, cv2.COLOR_BGR2RGB)
12. plt.subplot(131), plt.imshow(res), plt.axis('off'), plt.title('in')
13. plt.subplot(132), plt.imshow(r5new), plt.axis('off'), plt.title('r5')
14. plt.subplot(133), plt.imshow(r10new), plt.axis('off'), plt.title('r10')
15. plt.show()

实验结果如图6-4所示。

a）原始图像

b）滤波器大小为（5，5）

c）滤波器大小为（10，10）

图6-4 不同大小的滤波器对图像均值滤波的效果对比

任务2　用方框滤波处理图像

任务导入

方框滤波（Box Filter）是一种线性滤波方法，它的基本思想是在像素的邻域内取一个方框，并将方框内所有像素的平均值（或加权平均值）作为该像素的新值。与均值滤波相比，方框滤波更加灵活，可以选择是否对平均值进行归一化处理。归一化后的方框滤波等价于均值滤波，而未归一化的方框滤波则常用于计算图像的积分图。本案例将演示如何使用方框滤波对图像进行处理，原始图像如图6-5所示。

图6-5 原始图像

扫码观看视频

任务实施

1. 案例代码

1. import cv2
2. import numpy as np
3. # 第一步，读取图像
4. img = cv2.imread('noisy_image.jpeg')
5. # 转换为灰度图像（如果需要）
6. gray = cv2.cvtColor(img, cv2.COLOR_BGR2GRAY)
7. #第二步，应用方框滤波

8. # 参数(5, 5)表示滤波器的大小
9. # normalize=True表示进行归一化处理，等价于均值滤波
10. # normalize=False表示不进行归一化处理，通常用于计算积分图
11. blurred = cv2.boxFilter(gray, -1, (5, 5), normalize=True)
12. #第三步，显示原始图像和方框滤波后的图像
13. cv2.namedWindow('Original Image', 0)
14. cv2.imshow('Original Image', gray)
15. cv2.resizeWindow('Original Image', (400, 300))
16. cv2.namedWindow('Box Filtered Image', 0)
17. cv2.imshow('Box Filtered Image', blurred)
18. cv2.resizeWindow('Box Filtered Image', (400, 300))
19. # 等待按键，然后关闭窗口
20. cv2.waitKey(0)
21. cv2.destroyAllWindows()

2. 案例结果

案例运行结果如图6-6所示。

图6-6 方框滤波后的图像

知识拆解

1. 算法介绍

方框滤波算法是一种简单但有效的图像滤波方法，其核心思想是对图像中的每一个像素点，用一个矩形滤波器（方框）覆盖，然后计算滤波器内所有像素值的平均值（或求和），并将这个平均值（或求和值）赋给当前像素点。当用于均值滤波时，方框滤波器的所有系数都相等，且和为1；而当用于图像积分时，滤波器的系数都为1，用于快速计算图像区域的像素和。通过调整滤波器的大小，可以控制平滑的程度。较大的滤波器会产生更平滑的图像，但也可能模糊掉更多细节。

2. OpenCV中的方框滤波函数介绍

在OpenCV中，方框滤波是通过boxFilter函数来实现的。这个函数可以根据不同的参数配置，实现

均值滤波或图像积分。

3. 函数语法格式

函数boxFilter()的语法格式为：boxFilter(src, ddepth, ksize, dst=None, anchor=None, normalize=None, borderType=None)。

src：输入图像，即需要进行方框滤波的原始图像。

ddepth：输出图像的深度，-1表示使用与源图像相同的深度。

ksize：滤波器的大小，必须取正奇数，可以是一个整数，表示滤波器的宽度和高度都相等；也可以是一个元组，例如(5, 5)，表示滤波器的宽度为5，高度也为5。

dst：输出图像，即方框滤波后的图像，是一个可选参数。

anchor：锚点位置，表示滤波器核的锚点位置，该参数默认为滤波器的中心，通常不需要修改。

normalize：是否对滤波器内的像素值进行归一化。如果为True，则进行均值滤波；如果为False，则进行求和操作，相当于图像积分。

borderType：像素外推法，决定了当滤波器覆盖到图像边界时，如何处理边界外的像素。通常使用默认值即可。

4. 知识运用

使用Python和OpenCV进行方框滤波。代码如下。

```
1.  import cv2 as cv
2.  import numpy as np
3.  import matplotlib.pyplot as plt
4.  # 第一步，读取图像
5.  img = cv.imread('test.jpeg')
6.  rgb_img = cv.cvtColor(img, cv.COLOR_BGR2RGB)
7.  # 灰度化处理图像
8.  grayImage = cv.cvtColor(img, cv.COLOR_BGR2GRAY)
9.  #第二步，方框滤波（均值滤波）
10. blurred = cv.boxFilter(grayImage, -1, (5, 5), normalize=True)
11. #第三步，显示原图和滤波后的图像
12. titles = ['Original Image', 'Box Filter']
13. images = [rgb_img, cv.cvtColor(blurred, cv.COLOR_BGR2RGB)]
14. for i in range(2):
15.     plt.subplot(1, 2, i + 1), plt.imshow(images[i], 'gray')
16.     plt.title(titles[i])
17.     plt.xticks([]), plt.yticks([])
18. plt.show()
```

实验结果如图6-7所示。

a）原始图像

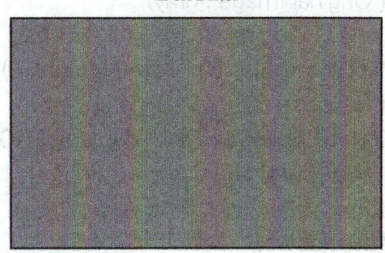
b）方框滤波后的图像

图6-7　图像方框滤波前后对比

任务3　用高斯滤波处理图像

任务导入

图像在采集和传输过程中往往受到各种噪声的干扰，如椒盐噪声、高斯噪声等。高斯滤波器是一种有效的去噪方法，它采用高斯函数对图像进行加权平均，能够有效地抑制噪声并保留图像的边缘信息。与均值滤波相比，高斯滤波在平滑图像的同时，能够更好地保护图像的细节。本案例将演示如何使用高斯滤波对图像进行处理，原始图像如图6-8所示。

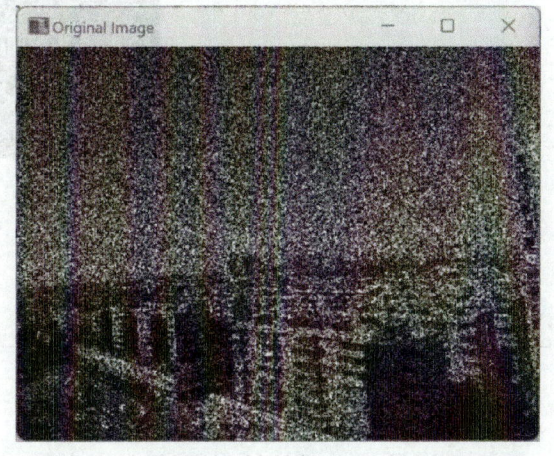

图6-8　原始图像

扫码观看视频

任务实施

1. 案例代码

```
1.  import cv2
2.  import numpy as np
3.  #第一步，读取图像
4.  img = cv2.imread('noisy_image.jpeg')
5.  # 转换为灰度图像（如果需要）
6.  gray = cv2.cvtColor(img, cv2.COLOR_BGR2GRAY)
7.  # 第二步，应用高斯滤波
8.  # 参数(5, 5)表示滤波器的大小，0表示标准差，可以根据需要调整
9.  # 标准差设为0时，OpenCV会根据滤波器大小自动计算其实际取值
10. blurred = cv2.GaussianBlur(gray, (5, 5), 0)
11. #第三步，显示原始图像和高斯滤波后的图像
12. cv2.namedWindow('Original Image', 0)
```

```
13. cv2.imshow('Original Image', gray)
14. cv2.resizeWindow('Original Image', (400, 300))
15. cv2.namedWindow('Gaussian Blurred Image', 0)
16. cv2.imshow('Gaussian Blurred Image', blurred)
17. cv2.resizeWindow('Gaussian Blurred Image', (400, 300))
18. # 等待按键，然后关闭窗口
19. cv2.waitKey(0)
20. cv2.destroyAllWindows()
```

2. 案例结果

案例运行结果如图6-9所示。

图6-9　高斯滤波后的图像

1. 算法介绍

高斯滤波是一种线性平滑滤波，适用于消除高斯噪声，广泛应用于图像处理的减噪过程。其原理是图像的每一个像素点的值，都由其本身和邻域内的其他像素值经过加权平均后得到。高斯滤波的具体操作是：用模板（或称高斯核、滤波器）扫描图像中的每一个像素，用模板确定的邻域内像素点值的加权平均灰度值去替代模板中心像素点的值。

高斯滤波器的核心是高斯函数，它表示的是像素邻域的权重。高斯函数的形状是一个钟形曲线，中心点的权重最高，随着距离中心点的距离增加，权重逐渐减小。这种特性使得高斯滤波器对边缘的模糊程度较小，能够较好地保留图像的边缘信息。

2. OpenCV中的高斯滤波函数介绍

在OpenCV中，高斯滤波是通过GaussianBlur函数实现的。

3. 函数语法格式

函数GaussianBlur()的语法格式为：GaussianBlur(src, ksize, sigmaX, dst=None, sigmaY=None, borderType=None)。

src：输入图像，可以是单通道或多通道图像。

ksize：高斯核的大小，必须取正奇数，可以是一个数，表示一个正方形的高斯核；也可以是一个元组，例如（3，5），表示一个宽度为3、高度为5的长方形高斯核。

sigmaX：x方向上的高斯核函数标准差。

dst：输出图像，即高斯滤波后的图像，是一个可选参数。

sigmaY：y方向上的高斯核函数标准差。如果sigmaY为零，那么它将被设置为与sigmaX相同；如果sigmaX和sigmaY都是0，那么它们将根据ksize计算得出。

borderType：像素外推法，决定了当滤波器覆盖到图像边界时，如何处理边界外的像素。

4. 知识运用

1）使用Python和OpenCV进行高斯滤波。代码如下。

```
1.  import cv2 as cv
2.  import numpy as np
3.  import matplotlib.pyplot as plt
4.  # 第一步，读取图像
5.  img = cv.imread('test.jpeg')
6.  rgb_img = cv.cvtColor(img, cv.COLOR_BGR2RGB)
7.  # 灰度化处理图像
8.  grayImage = cv.cvtColor(img, cv.COLOR_BGR2GRAY)
9.  # 第二步，高斯滤波
10. blurred = cv.GaussianBlur(grayImage, (5, 5), 0)
11. # 第三步，显示原图和高斯滤波后的图像
12. titles = ['Original Image', 'Gaussian Blur']
13. images = [rgb_img, cv.cvtColor(blurred, cv.COLOR_BGR2RGB)]
14. for i in range(2):
15.     plt.subplot(1, 2, i + 1), plt.imshow(images[i], 'gray')
16.     plt.title(titles[i])
17.     plt.xticks([]), plt.yticks([])
18. plt.show()
```

实验结果如图6-10所示。

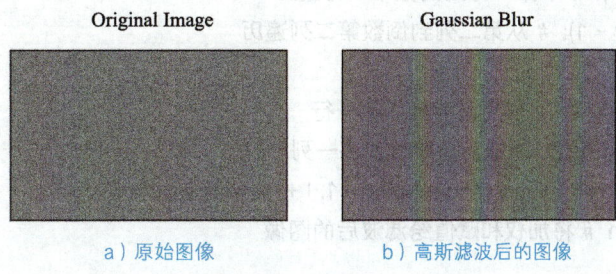

a）原始图像　　　　b）高斯滤波后的图像

图6-10　图像高斯滤波前后的对比

2）定义一个函数gausskernel()来生成高斯核

该函数接受一个参数size，表示高斯核的大小，并返回一个归一化后的高斯核数组。然后定义一个函数gauss()来对灰度图像进行高斯滤波，对图像进行平滑处理。代码如下。

```python
1.  import cv2
2.  import math
3.  import numpy as np
4.  import matplotlib.pyplot as plt
5.  # 第一步，定义一个函数，将RGB图像转换为灰度图像
6.  def rgb2gray(img):
7.      h = img.shape[0]  # 获取图像的高度
8.      w = img.shape[1]  # 获取图像的宽度
9.      img1 = np.zeros((h, w), np.uint8)  # 创建一个与原图大小相同的全零数组，用于存储灰度图像
10.     for i in range(h):
11.         for j in range(w):
12.             # 根据RGB色彩空间到灰度的转换公式计算每个像素的灰度值
13.             img1[i, j] = 0.144 * img[i, j, 0] + 0.587 * img[i, j, 1] + 0.299 * img[i, j, 1]
14.     return img1
15. # 第二步，定义一个函数，生成高斯核
16. def gausskernel(size):
17.     sigma = 1.0  # 高斯函数的标准差
18.     gausskernel = np.zeros((size, size), np.float32)  # 创建高斯核数组
19.     for i in range(size):
20.         for j in range(size):
21.             norm = math.pow(i – (size // 2), 2) + math.pow(j – (size // 2), 2)  # 计算每个点到中心的距离的平方
22.             # 根据高斯函数计算核的值
23.             gausskernel[i, j] = math.exp( – norm / (2 * math.pow(sigma, 2)))
24.     sum = np.sum(gausskernel)  # 计算高斯核的总和
25.     kernel = gausskernel / sum  # 归一化高斯核
26.     return kernel
27. # 第三步，定义一个函数，对灰度图像进行高斯滤波
28. def gauss(img):
29.     h = img.shape[0]  # 获取图像的高度
30.     w = img.shape[1]  # 获取图像的宽度
31.     img1 = np.zeros((h, w), np.uint8)  # 创建一个与原图大小相同的全零数组，用于存储滤波后的图像
32.     kernel = gausskernel(3)  # 生成3×3大小的高斯核
33.     for i in range(1, h – 1):  # 从第二行到倒数第二行遍历
34.         for j in range(1, w – 1):  # 从第二列到倒数第二列遍历
35.             sum = 0
36.             for k in range(-1, 2):  # 遍历高斯核的每一行
37.                 for l in range(-1, 2):  # 遍历高斯核的每一列
38.                     sum += img[i + k, j + l] * kernel[k + 1, l + 1]  # 计算加权和
39.             img1[i, j] = sum  # 将加权和赋值给滤波后的图像
40.     return img1
41. # 第四步，读取图像
42. image = cv2.imread("hehua3.jpg")
43. # 转换为灰度图像
44. grayimg = rgb2gray(image)
45. # 第五步，对灰度图像进行高斯滤波
```

46. gaussimg = gauss(grayimg)
47. #第六步，显示图像
48. # OpenCV默认读取图像为BGR格式，但是matplotlib需要RGB格式，因此需要进行转换
49. img = cv2.cvtColor(image, cv2.COLOR_BGR2RGB)
50. thd = cv2.cvtColor(grayimg, cv2.COLOR_BGR2RGB) # 这里虽然转换为RGB，但grayimg是灰度图，显示还是灰度效果
51. otsu = cv2.cvtColor(gaussimg, cv2.COLOR_BGR2RGB) # 同上，otsu显示也是灰度效果
52. # 使用matplotlib显示图像
53. plt.subplot(131), plt.imshow(img), plt.axis('off'), plt.title('image') # 显示原图像
54. plt.subplot(132), plt.imshow(thd), plt.axis('off'), plt.title('grayimg') # 显示灰度图像
55. plt.subplot(133), plt.imshow(otsu), plt.axis('off'), plt.title('gaussimg') # 显示高斯滤波后的图像
56. plt.show() # 显示整个图像窗口

实验结果如图6-11所示。

a）原始图像　　　　b）灰度图像　　　　c）高斯滤波后的图像

图6-11　自定义高斯核函数处理图像的效果

任务4　用双边滤波处理图像

在图像处理中，为了去除图像中的噪声，常常使用各种滤波器。然而，传统的滤波器（如均值滤波器）在平滑噪声的同时，往往会模糊图像的边缘信息，导致图像细节丢失。双边滤波器则是一种能够在去除噪声的同时保持边缘清晰的有效方法。它通过同时考虑像素的空间邻近度和像素值相似度来确定滤波器的权重，从而在平滑图像的同时保留边缘细节。本任务将演示如何使用双边滤波对图像进行处理，原始图像如图6-12所示。

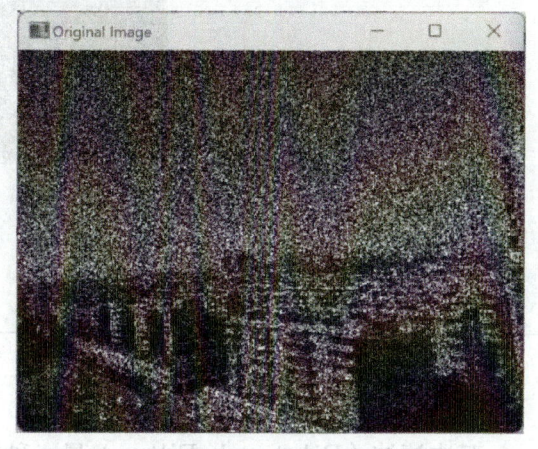

图6-12　原始图像

OpenCV计算机视觉处理

任务实施

扫码观看视频

1. 案例代码

```
1. import cv2
2. import numpy as np
3. # 第一步，读取图像
4. img = cv2.imread('noisy_image.jpeg')
5. # 转换为灰度图像（如果需要）
6. gray = cv2.cvtColor(img, cv2.COLOR_BGR2GRAY)
7. # 第二步，应用双边滤波
8. # 参数d表示滤波时考虑的空间邻域的直径范围
9. # 参数sigmaColor表示色彩空间中滤波器的标准差
10. # 参数sigmaSpace表示坐标空间中滤波器的标准差
11. filtered = cv2.bilateralFilter(gray, d=9, sigmaColor=75, sigmaSpace=75)
12. # 第三步，显示原始图像和双边滤波后的图像
13. cv2.namedWindow('Original Image', 0)
14. cv2.imshow('Original Image', gray)
15. cv2.resizeWindow('Original Image', (400, 300))
16. cv2.namedWindow('Bilateral Filtered Image', 0)
17. cv2.imshow('Bilateral Filtered Image', filtered)
18. cv2.resizeWindow('Bilateral Filtered Image', (400, 300))
19. # 等待按键，然后关闭窗口
20. cv2.waitKey(0)
21. cv2.destroyAllWindows()
```

2. 案例结果

案例运行结果如图6-13所示。

图6-13 双边滤波后的图像

知识拆解

1. 算法介绍

双边滤波（Bilateral Filter）是一种非线性滤波方法，它结合了图像的空间邻近度和像素值相似

度，同时考虑空域信息和灰度相似性，在保持边缘的同时，有效地去除噪声。简单来说，双边滤波的权重不仅考虑了像素的欧氏距离（如高斯滤波），还考虑了像素值之间的差值，因此可以保持边缘清晰。

2. OpenCV中的双边滤波函数介绍

在OpenCV中，双边滤波是通过bilateralFilter函数实现的。

3. 函数语法格式

函数bilateralFilter()的语法格式为：bilateralFilter(src, d, sigmaColor, sigmaSpace, dst=None, borderType=None)。

src：输入图像，可以是单通道或多通道图像。

d：在滤波期间每个像素邻域的直径范围。这个值决定了滤波器的空间域大小。

sigmaColor：色彩空间滤波器的标准差。该值较大表示像素邻域中将有更多的混合颜色，从而使滤波结果更加平滑。

sigmaSpace：坐标空间中滤波器的标准差（以像素为单位）。它决定了在滤波过程中，每个像素如何受到其周围像素的影响。sigmaSpace取值较大时，更远的像素将对当前像素的滤波结果产生更大的影响，从而使滤波结果更加平滑。相反，sigmaSpace取值较小意味着只有较近的像素对当前像素的滤波结果有显著影响，从而保留更多细节。

dst：输出图像，即双边滤波后的图像，是一个可选参数。

borderType：像素外推法，决定了当滤波器覆盖到图像边界时，如何处理边界外的像素。

4. 知识运用

1）使用Python和OpenCV进行双边滤波。代码如下。

```
1.  import cv2 as cv
2.  import numpy as np
3.  import matplotlib.pyplot as plt
4.  # 第一步，读取图像
5.  img = cv.imread('test.jpeg')
6.  rgb_img = img
7.  # 灰度化处理图像（如果需要）
8.  grayImage = cv.cvtColor(img, cv.COLOR_BGR2GRAY)
9.  # 第二步，双边滤波
10. bilateral = cv.bilateralFilter(img, d=9, sigmaColor=75, sigmaSpace=75)
11. # 第三步，显示原图和滤波后的图像
12. titles = ['Original Image', 'Bilateral Filter']
13. images = [rgb_img, bilateral]
14. for i in range(2):
15.     plt.subplot(1, 2, i + 1), plt.imshow(cv.cvtColor(images[i], cv.COLOR_BGR2RGB))
16.     plt.title(titles[i])
17.     plt.xticks([]), plt.yticks([])
18. plt.show()
```

实验结果如图6-14所示。

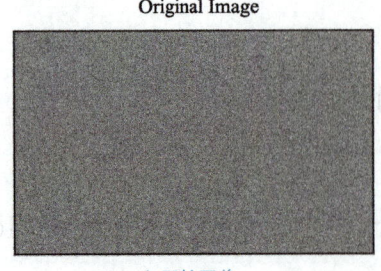
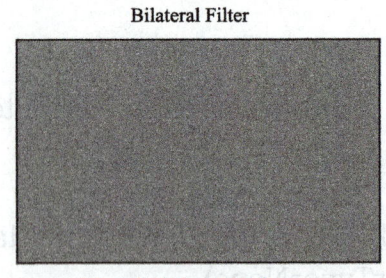

a）原始图像　　　　　　　　b）双边滤波后的图像

图6-14　图像双边滤波前后对比

2）高斯滤波和双边滤波在图像处理中各有特点。高斯滤波是一种线性平滑滤波，主要用于消除高斯噪声，它通过加权平均整个图像的像素值来平滑图像，但可能会模糊边缘。而双边滤波是一种非线性的滤波方法，它结合了图像的空间邻近度和像素值相似度，能够在平滑图像的同时保留边缘信息，对于高频细节的保护效果更佳。因此，在需要保留边缘信息的场合，双边滤波通常比高斯滤波更具优势。对比高斯滤波和双边滤波的效果。代码如下。

```
1. import cv2
2. import matplotlib.pyplot as plt
3. #第一步，读取图像
4. img = cv2.imread("hehua3.jpg")
5. #第二步，对原始图像分别进行高斯滤波和双边滤波
6. g = cv2.GaussianBlur(img, (55, 55), 0, 0)
7. b = cv2.bilateralFilter(img, 55, 100, 100)
8. #第三步，显示图像
9. res = cv2.cvtColor(img, cv2.COLOR_BGR2RGB)
10. out1 = cv2.cvtColor(g, cv2.COLOR_BGR2RGB)
11. out2 = cv2.cvtColor(b, cv2.COLOR_BGR2RGB)
12. plt.subplot(131), plt.imshow(res), plt.axis('off'), plt.title('in')
13. plt.subplot(132), plt.imshow(out1), plt.axis('off'), plt.title('Gaussian')
14. plt.subplot(133), plt.imshow(out2), plt.axis('off'), plt.title('bilateral')
15. plt.show()
```

实验结果如图6-15所示。

a）原始图像　　　　　b）高斯滤波后的图像　　　　c）双边滤波后的图像

图6-15　高斯滤波和双边滤波的效果对比

任务5　用自定义滤波处理图像

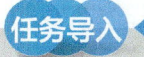

任务导入

在图像处理中，滤波器扮演着非常重要的角色，用于实现各种图像增强和去噪的效果。虽然OpenCV提供了许多内置的滤波器，如均值滤波器、高斯滤波器等，但在某些特定场景下，可能需要根据实际需求自定义滤波器。自定义滤波器可以根据具体的图像特征和噪声类型来设计，从而更精准地处理图像。本案例将演示如何使用Python和OpenCV库实现自定义滤波处理图像，原始图像如图6-16所示。

图6-16　原始图像

任务实施

扫码观看视频

1. 案例代码

```
1.  import cv2
2.  import numpy as np
3.  # 第一步，读取图像
4.  img = cv2.imread('noisy_image.jpeg')
5.  # 转换为灰度图像（如果需要）
6.  gray = cv2.cvtColor(img, cv2.COLOR_BGR2GRAY)
7.  # 第二步，自定义滤波器核
8.  # 这里的核是一个简单的3×3平均滤波器，可以根据需要进行修改
9.  kernel = np.ones((3, 3), np.float32) / 9
10. # 第三步，应用自定义滤波
11. filtered = cv2.filter2D(gray, -1, kernel)
12. # 第四步，显示原始图像和滤波后的图像
13. cv2.namedWindow('Original Image', 0)
```

14. cv2.imshow('Original Image', gray)
15. cv2.resizeWindow('Original Image', (400, 300))
16. cv2.namedWindow('Custom Filtered Image', 0)
17. cv2.imshow('Custom Filtered Image', filtered)
18. cv2.resizeWindow('Custom Filtered Image', (400, 300))
19. # 等待按键，然后关闭窗口
20. cv2.waitKey(0)
21. cv2.destroyAllWindows()

2. 案例结果

案例运行结果如图6-17所示。

图6-17　自定义滤波后的图像

知识拆解

1. 算法介绍

自定义滤波是一种灵活的图像处理技术，允许用户根据特定的应用需求设计自己的滤波器。这通常涉及定义一个滤波器（或称为卷积核），并将其应用于图像的每个像素。通过自定义滤波，可以实现各种图像处理效果，如锐化、模糊、边缘检测等。

2. OpenCV中的自定义滤波函数介绍

在OpenCV中，可以使用filter2D函数来实现自定义滤波。这个函数允许用户指定自己的滤波器，并将其应用于输入图像。通过调整滤波器的值和大小，实现不同的图像处理效果。

3. 函数语法格式

函数filter2D()的语法格式为：filter2D(src, ddepth, kernel, dst=None, anchor=None, delta=None, borderType=None)。

src：输入图像，可以是单通道或多通道图像。

ddepth：输出图像所需的深度，通常用于控制输出图像的位数。

kernel：二维数组，定义了滤波器的大小和值。

dst：输出图像，即滤波后的结果，是一个可选参数。

anchor：滤波器的锚点位置，默认为滤波器的中心，决定了滤波时滤波器与像素的对齐方式。

delta：可选参数，添加到缩放后的卷积结果中的值，默认值为0。

borderType：像素外推法，决定了当滤波器覆盖到图像边界时，如何处理边界外的像素。

4．知识运用

1）定义一个简单的平均滤波器，用于平滑图像。代码如下。

```
1.  import cv2 as cv
2.  import numpy as np
3.  import matplotlib.pyplot as plt
4.  # 第一步，读取图像
5.  img = cv.imread('test.jpeg', cv.IMREAD_GRAYSCALE)
6.  # 第二步，设置自定义滤波器，这里是一个简单的平均滤波器
7.  kernel = np.ones((5, 5), np.float32) / 25.0
8.  # 第三步，应用自定义滤波器
9.  filtered_img = cv.filter2D(img, -1, kernel)
10. # 第四步，显示原图和滤波后的图像
11. titles = ['Original Image', 'Custom Filter']
12. images = [img, filtered_img]
13. for i in range(2):
14.     plt.subplot(1, 2, i + 1), plt.imshow(images[i], 'gray')
15.     plt.title(titles[i])
16.     plt.xticks([]), plt.yticks([])
17. plt.show()
```

实验结果如图6-18所示。

a）原始图像

b）自定义滤波后的图像

图6-18　图像自定义（平均）滤波前后对比

2）设置一个9×9大小的滤波器对图像进行滤波操作，并展示其滤波效果。代码如下。

```
1. import cv2
2. import numpy as np
3. import matplotlib.pyplot as plt
4. # 第一步，读取图像
5. img = cv2.imread("hehua3.jpg")
6. # 第二步，自定义滤波器
7. kernel = np.ones((9, 9), np.float32) / 81
```

8. filter2D = cv2.filter2D(img, -1, kernel)
9. # 第三步，显示图像
10. res = cv2.cvtColor(img, cv2.COLOR_BGR2RGB)
11. out1 = cv2.cvtColor(filter2D, cv2.COLOR_BGR2RGB)
12. plt.subplot(121), plt.imshow(res), plt.axis('off'), plt.title('in')
13. plt.subplot(122), plt.imshow(out1), plt.axis('off'), plt.title('out')
14. plt.show()

实验结果如图6-19所示。

a）原始图像　　　　　　b）自定义滤波后的图像

图6-19　自定义滤波器的核大小

思考

锐化滤波器通常用于增强图像的边缘和细节，使图像看起来更加清晰。请根据自定义滤波的原理，设计一个锐化滤波器，将其应用于一张图像，观察锐化效果。

提示： 要设计一个锐化滤波器，可以使用一种称为拉普拉斯滤波的方法。拉普拉斯滤波器是一种二阶导数滤波器，它可以强调图像中的快速变化区域，从而实现锐化效果。

课后习题

1. 单选题

1）在图像处理中，均值滤波的作用是（　　）。

　　A．增强图像细节　　　　　　　　B．平滑图像并减少噪声

　　C．锐化图像边缘　　　　　　　　D．突出图像中的特定颜色

2）OpenCV中用于均值滤波的函数是（　　）。

　　A．cv2.bilateralFilter()　　　　　B．cv2.blur()

　　C．cv2.filter2D()　　　　　　　　D．cv2.GaussianBlur()

3）双边滤波与均值滤波相比，其主要优势是（　　）。

A．计算速度更快 　　　　　　　　　　B．更好地保留图像边缘

C．对噪声的去除效果更好　　　　　　D．不需要指定滤波器大小

4）自定义滤波器在图像处理中的主要应用场合是（　　）。

A．当标准滤波器无法满足特定需求时　B．仅用于增强图像对比度

C．替代所有内置滤波器　　　　　　　D．仅用于图像去噪

2．填空题

1）均值滤波通过计算像素邻域内的_____来替代该像素的值，从而平滑图像。

2）在OpenCV中，使用cv2.bilateralFilter()函数进行双边滤波时，需要指定_____、_____和_____三个主要参数。

3）自定义滤波器的设计需要根据图像的_____和_____来进行。

3．判断题

1）均值滤波在平滑图像的同时，会模糊图像的边缘信息。　　　　　　　　　（　　）

2）双边滤波只能在灰度图像上使用，不能在彩色图像上使用。　　　　　　　（　　）

3）使用自定义滤波时，滤波器核的大小必须是3×3。　　　　　　　　　　　（　　）

4．编程题

请编写一个Python程序，使用OpenCV库读取一张含噪声的图像，并分别应用均值滤波、双边滤波和自定义滤波（自定义一个3×3大小的滤波器）对图像进行处理。最后，显示原始图像和三种滤波后的图像。

模块 7

直方图与匹配

模块概述

在数字图像处理与计算机视觉领域中，图像直方图与匹配技术扮演着至关重要的角色。这两大技术不仅为图像的统计特性分析提供了有力工具，还在图像检索、目标跟踪、场景识别等多个应用场景中发挥着关键作用。图像直方图与匹配技术是现代科技的重要组成部分，深入学习和应用这些技术，正是推动科技进步、服务社会发展的生动体现，不仅能够提升图像处理与分析的能力，还能够培养创新精神和科学思维，为国家的科技创新和现代化进程贡献一份力量。

图像直方图作为一种统计工具，能够直观地展示图像中像素值的分布情况。通过直方图，可以迅速了解图像的亮度、对比度等基本信息，进而对图像进行预处理或优化。图像匹配技术则是计算机视觉中的另一项核心技术。通过比较不同图像之间的相似度，可以实现图像检索、目标定位等功能。

在本模块中，将深入探讨基于OpenCV的图像直方图与匹配技术。重点讲解图像匹配的基本原理和常用算法，并通过实际案例展示如何在OpenCV中实现这些算法。

学习导航

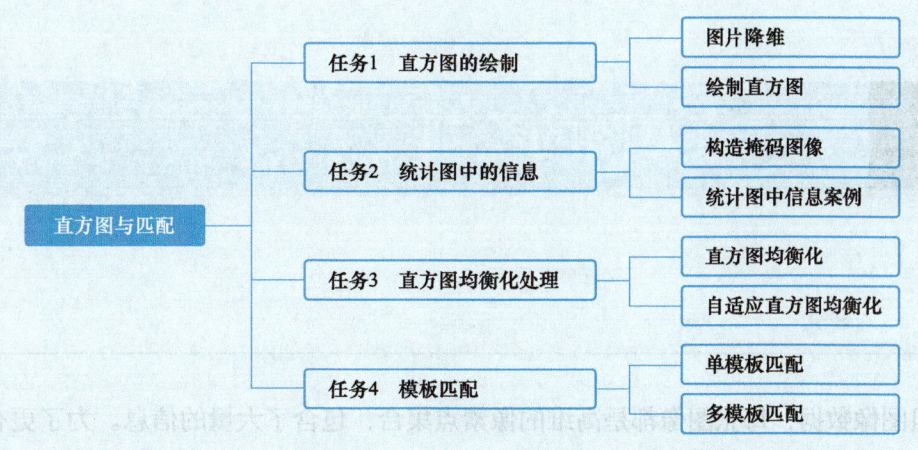

学习目标

知识目标

- 理解直方图的概念及其在图像数据分析和可视化中的作用。
- 掌握直方图的基本绘制方法,并能从直方图中提取和分析数据特征。
- 理解直方图均衡化的原理,并知道其在图像增强中的应用。
- 了解模板匹配的基本原理,以及其在图像处理中的应用场景。
- 掌握单模板匹配与多模板匹配的基本实现方法。

能力目标

- 能够使用编程工具(如Python等)绘制和分析图像的直方图。
- 能够实现直方图均衡化,对图像进行基本的增强处理。
- 能够利用模板匹配技术在目标图像中查找匹配区域。
- 能够根据实际需求选择合适的直方图处理方法和模板匹配策略。
- 能够对图像匹配结果进行简单的分析和评估。

素质目标

- 培养对图像数据分析和可视化的兴趣,提升解决实际问题的能力。
- 增强对图像增强技术的理解,提高图像处理的技能。
- 激发对图像匹配技术的探索精神,培养创新思维。

任务1　直方图的绘制

任务导入

假设有一组图像数据,每张图像都是高维的像素点集合,包含了大量的信息。为了更有效地分析这些图像数据,通常需要对其进行降维处理,将高维的图像数据转换为低维的特征表示。降维不仅有助于减少数据存储和计算的复杂性,还能揭示数据中的潜在结构和关系。

完成降维后,可以进一步利用直方图来展示降维后数据的分布情况。直方图是一种常用的数据可视化工具,通过绘制数据的频数或频率分布,可以直观地了解数据的集中趋势、离散程度以及是否存在异常值等信息。

在本任务中,将以图7-1为例,演示如何进行图像降维和直方图的绘制。通过实际操作掌握这两个技能,并能够在后续的数据分析和可视化工作中灵活运用。

图7-1　原始图像

任务实施

扫码观看视频

1. 案例代码

1. #第一步:导入OpenCV库与matplotlib.pyplot库并读取图像。代码如下:
2. import cv2
3. import matplotlib.pyplot as plt
4. #第二步:读取图像
5. image = cv2.imread("view.jpg")
6. #第三步:将图像的二维数组降维成一维数组,代码如下:
7. r_image = image.ravel()
8. #第四步:使用直方图绘制图像的像素信息并将其显示出来,代码如下:
9. plt.hist(r_image, 256)
10. plt.show()　#运行上述代码后,就可以得到如图7-2所示的直方图。其中,这张图像的灰度级被划分成256组,即将灰度级划分为16个子集

2. 案例结果

案例运行结果如图7-2所示。

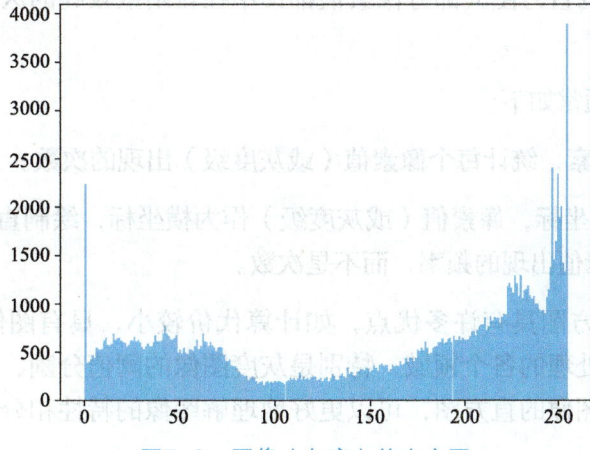

图7-2　图像(灰度)的直方图

— 115 —

知识拆解

1. 图像降维

（1）算法介绍

图像降维是指将高维的图像数据转换到低维空间，以便简化数据处理和分析的过程。在OpenCV中，图像降维通常指的是将彩色图像转换为灰度图像，因为灰度图像只有一个通道，而彩色图像通常有多个通道（如RGB图像有三个通道）。将彩色图像转换为灰度图像通常使用加权平均法。该方法根据人眼对不同颜色的敏感度，为RGB三个通道分配不同的权重，然后计算加权平均值作为灰度值。在OpenCV中，默认的权重是：红色0.299，绿色0.587，蓝色0.114。

（2）函数介绍

OpenCV提供了cv2.cvtColor()函数来实现图像的降维。

（3）函数语法格式

函数cv2.cvtColor()的语法格式为：cv2.cvtColor(src, code[, dst[, dstCn]])。

src：输入图像，可以是彩色图像。

code：转换类型。对于将彩色图像转换为灰度图像，通常使用cv2.COLOR_BGR2GRAY（如果图像是BGR格式）或cv2.COLOR_RGB2GRAY（如果图像是RGB格式）。

dst：输出图像，与src具有相同的大小和深度。

dstCn：目标图像的通道数。这个参数是可选的，通常不需要设置。

2. 直方图绘制

（1）算法介绍

图像的直方图是一种重要的图像处理工具，它表示了图像中像素值的分布。简单来说，图像直方图统计了图像中不同像素值（或灰度级）出现的次数或频率。对于一幅数字图像，其直方图的定义是一个离散函数。在这个函数中，每一个可能的像素值（或灰度级）都对应一个数，这个数表示该像素值在图像中出现的次数或频率。例如，在8位灰度图像中，有256个可能的灰度级（0～255），直方图就会统计这256个灰度级各自在图像中出现的次数。图像的直方图统计有助于人们了解图像的亮度分布、对比度等特性。例如，如果图像的直方图大部分像素值都集中在较暗或较亮的区域，那么图像可能对比度较低，看起来较为模糊。

绘制图像直方图的方法通常如下：

1）遍历图像的每一个像素，统计每个像素值（或灰度级）出现的次数。

2）使用统计结果作为纵坐标，像素值（或灰度级）作为横坐标，绘制直方图。如果采用归一化的直方图，则纵坐标表示的是像素值出现的频率，而不是次数。

在实际应用中，图像直方图具有许多优点，如计算代价较小、具有图像平移、旋转、缩放不变性等。它被广泛地应用于图像处理的各个领域，特别是灰度图像的阈值分割、基于颜色的图像检索以及图像分类等。通过绘制和分析图像的直方图，可以更好地理解图像的特性和分布，从而进行更有效的图像处理和分析。

（2）函数介绍

OpenCV提供了cv2.calcHist()函数来计算图像的直方图，并使用matplotlib库中的plt.hist()、plt.plot()和plt.show()函数来绘制直方图。

（3）函数语法格式及参数介绍

1）cv2.calcHist()函数。

函数语法格式：cv2.calcHist([images]，channels, mask, histSize, ranges, [hist[, accumulate]])。

images：源图像的列表。它是一个图像数组，其中可以使用多个图像，图像具有相同的深度和大小。

channels：用于计算直方图的通道列表。例如，对于灰度图像，它的通道是[0]。对于彩色图像，它可以传递[0]、[1]或[2]分别计算蓝色、绿色或红色通道的直方图。

mask：可选的掩码。如果指定了掩码，则函数仅计算掩码非零元素定义的区域的直方图。

histSize：每个维度的大小。

ranges：表示每个维度的可能值范围的列表。例如，对于8位单通道图像，范围是[0,256]。

hist：输出直方图，是一个数组。

accumulate：可选的布尔值。如果为True，则直方图被累加到hist中，而不是重新计算。

2）plt.hist()函数。

函数语法格式：plt.hist(hist.ravel()，bins=256, range=[0,256])。

hist.ravel()：将直方图数组转换为一维数组，以便绘制。

bins：直方图的条形数。

range：像素值的范围。

3）plt.plot()函数。

函数语法格式：matplotlib.pyplot.plot(*args, **kwargs)。

*args：可变数量的位置参数，定义了y值的数据点。对于x值，可以传递一个与y值长度相同的序列，或者省略它（在这种情况下，x值会被自动设置为[0, 1, 2, …]）。

x, y：分别代表x轴和y轴的数据点序列。x和y是长度相同的序列。

format string（可选）：格式字符串，用于指定线的颜色、线型、标记等属性。例如，'r--'表示红色虚线，'go-'表示带有绿色圆圈的实线。

**kwargs：关键字参数，用于指定各种可选属性。

color或c：线的颜色。可以是预定义的颜色名称（如'red'，'green'），也可以是十六进制颜色代码（如'#FF5733'），RGB元组（如（0.1, 0.2, 0.5））等。

linestyle或ls：线的样式。可以是预定义的线型名称（如'solid','dashed','dashdot','dotted'）或它们的缩写（如'-', '--', '-.', ':'）。

marker：用于标记数据点的符号类型。可以是预定义的符号（如'o'，'.'，','等）或它们的缩写。

markersize或ms：标记的大小。

label：图例的标签。

linewidth或lw：线的宽度。

alpha：透明度，取值范围在0（完全透明）到1（完全不透明）之间。

3. 知识运用

1）使用plt.plot()函数绘制直方图。代码如下。

```
1.  import cv2
2.  import matplotlib.pyplot as plt
3.  # 第一步，读取图像
4.  img = cv2.imread('sea.jpg', cv2.IMREAD_GRAYSCALE)
5.  # 第二步，计算灰度图像的直方图
6.  hist = cv2.calcHist([img], [0], None, [256], [0, 256])
7.  # 第三步，设置两个画布区域，左侧绘制灰度图像，右侧绘制图像直方图
8.  fig, axes = plt.subplots(1, 2, figsize=(12, 4))
9.  axes[0].imshow(img, 'gray')
10. axes[0].set_xticks([])
11. axes[0].set_yticks([])
12. # 第四步，使用plot函数进行直方图绘制，并调用fill函数填充颜色
13. axes[1].plot(hist, color='#888888')
14. axes[1].fill(hist, '#888888')
15. # 第五步，显示画布
16. plt.show()
```

实验结果如图7-3所示。

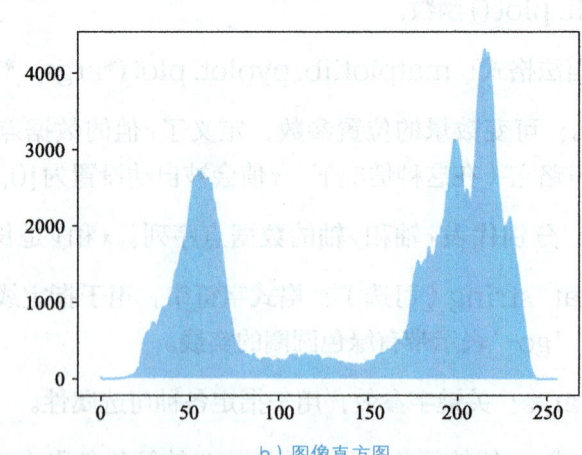

a）灰度图像　　　　　　　　　　　　　b）图像直方图

图7-3　使用plt.plot()函数绘制图像直方图

2）计算并绘制彩色图像中B、G、R各通道的直方图，以便直观了解图像中不同颜色分量的分布情况。代码如下。

```
1.  import numpy as np
2.  import cv2
3.  import matplotlib.pyplot as plt
4.  #第一步，读取图像
5.  img = cv2.imread('sea.jpg')
6.  #第二步，设置两个画布区域，左侧绘制彩色图像，右侧绘制各通道直方图
7.  fig, axes = plt.subplots(1, 2, figsize=(12, 4))
8.  axes[0].imshow(cv2.cvtColor(img, cv2.COLOR_BGR2RGB))
9.  axes[0].set_xticks([])
10. axes[0].set_yticks([])
11. # 第三步，绘制B、G、R通道的直方图
12. colors = ('blue', 'red', 'green')
13. for i, color in enumerate(colors):
14.     hist = cv2.calcHist([img], [i], None, [256], [0, 256])
15.     axes[1].plot(hist, color=color)
16. # 第四步，显示画布
17. plt.show()
```

实验结果如图7-4所示。

a）彩色图像

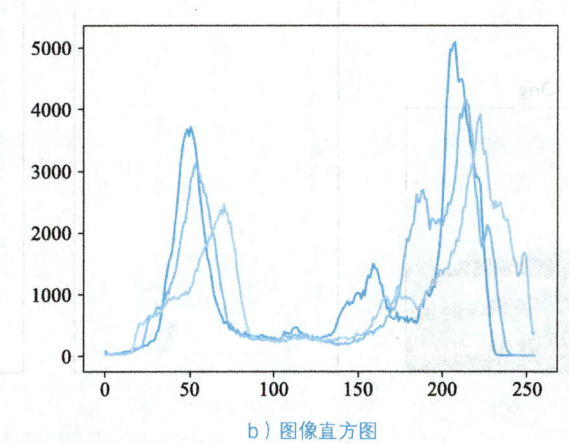
b）图像直方图

图7-4 彩色图像直方图

3）HSV模式图像的直方图能够展现图像在色调、饱和度和亮度三个维度上的分布特性。编写程序读取图像并将其转换至HSV色彩空间，然后分别计算并可视化H、S、V三个维度的直方图。代码如下。

```
1.  import cv2
2.  import matplotlib.pyplot as plt
3.  """
4.  Hue色调: 0～180
5.  Saturation饱和度: 0～255
6.  Value亮度: 0～255
7.  """
8.  # 第一步，读取图像，并从BGR色彩空间转换至HSV色彩空间
9.  img = cv2.imread('sea.jpg')
10. hsv = cv2.cvtColor(img, cv2.COLOR_BGR2HSV)
11. # 第二步，生成画布
```

```
12. fig, axes = plt.subplots(1, 4, figsize=(12, 4))
13. # 第三步，显示原始图像
14. axes[0].imshow(cv2.cvtColor(img, cv2.COLOR_BGR2RGB))
15. axes[0].set_title("Orig")
16. axes[0].set_xticks([])
17. axes[0].set_yticks([])
18. # 第四步，分别计算H、S、V三个维度的直方图，并进行显示
19. names = ['Hue', 'Saturation', 'Value']
20. values = [180, 256, 256]
21. for i, name in enumerate(names):
22.     hist = cv2.calcHist([hsv], [i], None, [values[i]], [0, values[i]])
23.     axes[i+1].plot(hist)
24.     axes[i+1].set_title(name)
25.     axes[i+1].set_xticks([])
26.     axes[i+1].set_yticks([])
27. plt.show()
```

实验结果如图7-5所示。

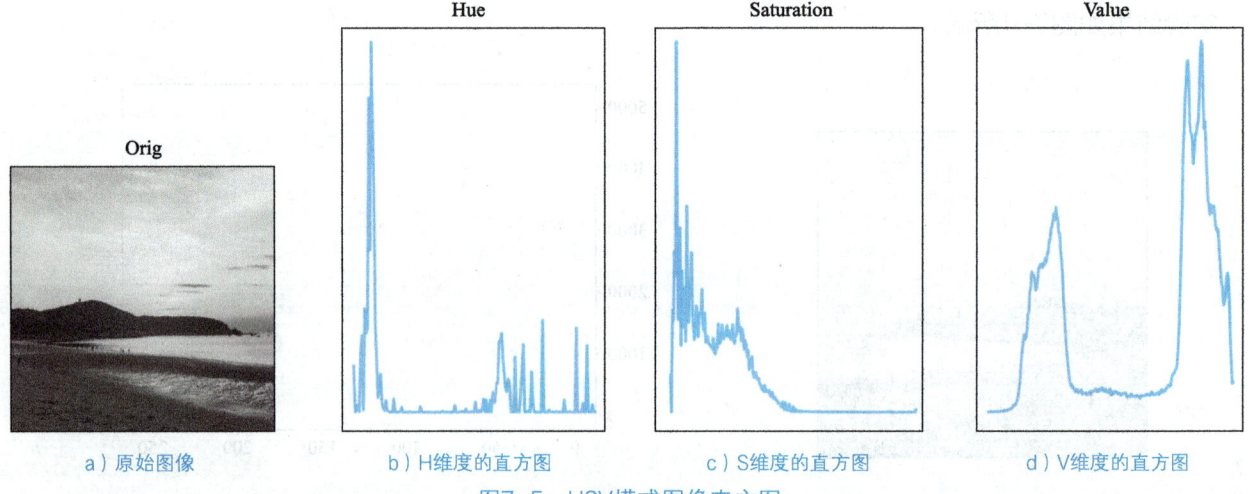

图7-5　HSV模式图像直方图

4）2D直方图是一种用于描述图像中像素值分布的统计工具，能够同时展示两个维度（如色调和饱和度）的信息。编写程序，先读取图像并转换至HSV颜色空间，然后计算并可视化H和S维度的2D直方图。代码如下。

```
1. import cv2
2. import matplotlib.pyplot as plt
3. # 第一步，读取图像，并从BGR色彩空间转换至HSV色彩空间
4. img = cv2.imread('sea.jpg')
5. hsv = cv2.cvtColor(img, cv2.COLOR_BGR2HSV)
6. # 第二步，生成画布
7. fig, axes = plt.subplots(1, 2, figsize=(8, 4))
8. axes[0].imshow(cv2.cvtColor(img, cv2.COLOR_BGR2RGB))
9. axes[0].set_title("Orig")
10. axes[0].set_xticks([])
11. axes[0].set_yticks([])
```

```
12. # 第三步,计算H、S维度的直方图,第二个参数channels设置为[0, 1]
13. # 结果是2D直方图数组,大小为(180,256)
14. hist = cv2.calcHist([hsv], [0, 1], None, [180, 256], [0, 180, 0, 256])
15. axes[1].imshow(hist)  # 设置插值方式为邻近点插值
16. axes[1].set_title("Hue-Saturation")
17. # 第四步,显示2D直方图
18. plt.show()
```

实验结果如图7-6所示。

a)原始图像

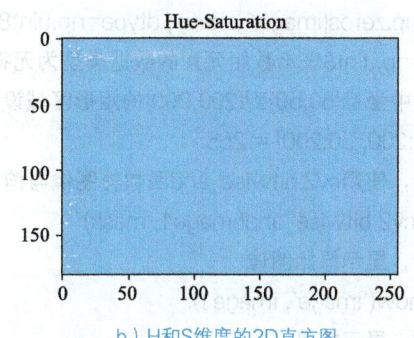
b)H和S维度的2D直方图

图7-6　图像的2D直方图

任务2　统计图中的信息

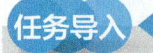任务导入

在图像处理和数据分析中,经常需要关注图像中的特定区域或特征。为了提取这些区域或特征的信息,可以使用掩码图像过滤掉不感兴趣的部分,只保留关心的部分。掩码图像是一个与原图大小相同的二值图像,用于指示哪些像素应该被保留,哪些像素应该被忽略。

同时,统计图作为一种重要的数据可视化工具,能够直观地展示数据的分布情况、变化趋势等信息。通过统计图,可以快速地获取数据的基本信息,进而进行深入的分析。

本任务将对图7-7中的图像进行掩码处理并生成统计图。

图7-7　原始图像

任务实施

1. 案例代码

1）掩码图像。

```
1. import cv2  # 导入 OpenCV 库，用于图像处理
2. import numpy as np  # 导入NumPy库，用于数组操作
3. # 第一步，读取图像文件，0表示以灰度模式读取图像
4. image1 = cv2.imread('clothes.jpg', 0)
5. #第二步，创建一个与图像大小相同的全零数组作为掩码
6. mask = np.zeros(image1.shape, dtype=np.uint8)
7. # dtype=np.uint8表示数组元素的数据类型为无符号8位整数
8. # 将掩码中坐标(50,50)到(200,200)的矩形区域设置为255（白色）
9. mask[50:200, 50:200] = 255
10. # 第三步，使用cv2.bitwise_and函数将图像与掩码进行按位与运算，保留掩码为白色的图像区域
11. result = cv2.bitwise_and(image1, mask)
12. # 第四步，显示原始图像
13. cv2.imshow('image', image1)
14. # 第五步，显示掩码
15. cv2.imshow('mask', mask)
16. # 第六步，显示按位与运算后的结果图像
17. cv2.imshow('result', result)
18. # 等待用户按键，参数0表示无限等待
19. cv2.waitKey(0)
20. # 销毁所有创建的窗口
21. cv2.destroyAllWindows()
```

2）统计图中的信息。

```
1. import cv2  # 导入 OpenCV 库，用于图像处理
2. import matplotlib.pyplot as plt  # 导入matplotlib库，用于绘图
3. # 第一步，读取图像文件
4. clothes = cv2.imread("clothes.jpg")
5. #第二步，设置需要统计的信息
6. mask = None
7. histSize = [256]
8. ranges = [0,255]
9. # 第三步，初始化channels列表，用于存储统计色彩通道的索引
10. # channels 代表统计的色彩通道，这里初始化为只统计蓝色通道
11. channels = [0]
12. # 第四步，计算蓝色通道的直方图
13. # cv2.calcHist()函数用于计算图像的直方图
14. blue_hist = cv2.calcHist([clothes], channels, mask, histSize, ranges)
15. # 第五步，绘制蓝色通道的直方图，用蓝色表示
```

16. plt.plot(blue_hist, 'b')
17. # 第六步，修改channels列表以统计绿色通道
18. channels = [1]
19. # 第七步，计算绿色通道的直方图
20. green_hist = cv2.calcHist([clothes], channels, mask, histSize, ranges)
21. # 第八步，绘制绿色通道的直方图，用绿色表示
22. plt.plot(green_hist, 'g')
23. # 第九步，修改channels列表以统计红色通道
24. channels = [2]
25. # 第十步，计算红色通道的直方图
26. red_hist = cv2.calcHist([clothes], channels, mask, histSize, ranges)
27. # 第十一步，绘制红色通道的直方图，用红色表示
28. plt.plot(red_hist, 'r')
29. # 第十二步，显示直方图
30. plt.show()

2. 案例结果

1）图像掩码效果如图7-8所示。

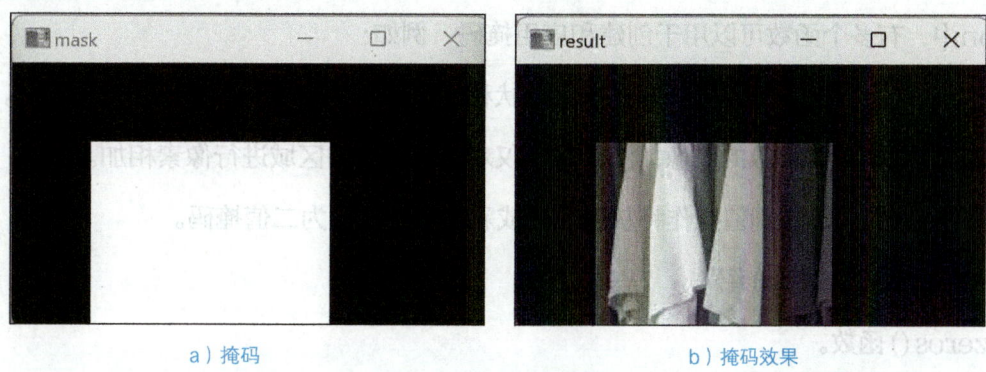

a）掩码　　　　　　　　　　　　b）掩码效果

图7-8　图像掩码效果

2）统计图中的信息，结果如图7-9所示。

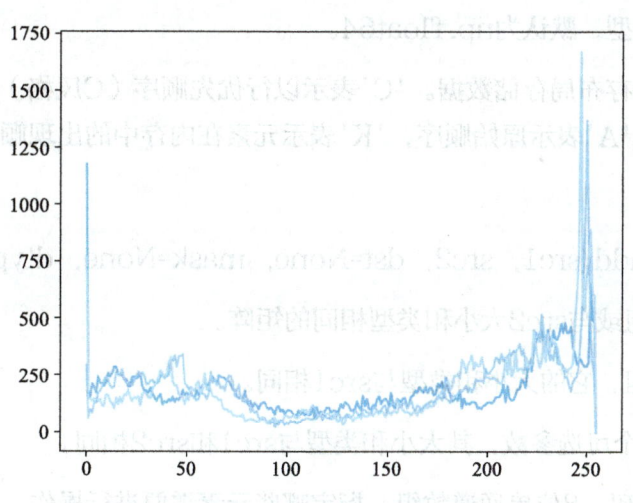

图7-9　图像直方图

> 知识拆解

1. 掩码图像

（1）算法介绍

掩码图像（Mask Image）是一种特殊的二值图像，其中每个像素只有两种可能的值（通常是0或255），用于指示在图像处理中哪些像素应该被处理或保留，哪些应该被忽略。掩码图像常用于图像分割、特征提取、图像合成等任务中。

使用掩码进行图像处理通常涉及以下几个步骤：

1）创建掩码：根据任务需求，创建一个二值图像作为掩码。掩码中的每个像素值通常通过条件判断或计算得出。

2）应用掩码：在图像处理操作中，将掩码作为参数传入。掩码决定了哪些像素会被处理，哪些会被忽略。

3）执行操作：根据掩码指示，对图像中的特定区域执行特定的操作，如像素值相加、替换等。

（2）函数介绍

在Python中，有多个函数可以用于创建和应用掩码，例如：

np.zeros()：NumPy函数，用于创建指定形状和类型的全零数组，常用于初始化掩码。

cv2.add()：带有掩码参数的图像加法函数，仅对掩码指示的区域进行像素相加。

cv2.threshold()：通过阈值操作将灰度图像或彩色图像转换为二值掩码。

（3）函数语法格式及参数介绍

1）np.zeros()函数。

函数语法格式：numpy.zeros(shape, dtype=float, order='C')。

shape：输出的数组形状。

dtype：输出的数据类型，默认为np.float64。

order：指定以何种内存布局存储数据。'C'表示以行优先顺序（C风格）存储，'F'表示以列优先顺序（Fortran风格）存储，'A'表示原始顺序，'K'表示元素在内存中的出现顺序。

2）cv2.add()函数。

函数语法格式：cv2.add(src1, src2, dst=None, mask=None, dtype=None)。

src1：第一个输入数组或与src2大小和类型相同的矩阵。

src2：第二个输入数组，它的大小和类型与src1相同。

dst：输出数组，是一个可选参数，其大小和类型与src1和src2相同。

mask：可选的操作掩码，8位单通道数组，指定哪些元素需要进行操作。

dtype：可选的输出数组的深度。当两个输入数组具有相同的深度时，这个参数也是可选的。

3）cv2.threshold()函数。

函数语法格式：ret, dst = cv2.threshold(src, thresh, maxval, type[, dst])。

src：输入图像（多通道图像将被转换为灰度图像）。

thresh：阈值。

maxval：当像素值超过（或有时小于，取决于阈值类型）阈值时赋予的像素值。

type：阈值类型，如cv2.THRESH_BINARY、cv2.THRESH_BINARY_INV等。

dst：输出图像，与源图像具有相同大小和类型。

（4）知识运用

对掩码处理后的有效区域进行加权操作。代码如下。

```
1.  import cv2  # 导入OpenCV库，用于图像处理
2.  import numpy as np  # 导入NumPy库，用于数组操作
3.  # 第一步，读取两张图像文件，分别是lena.png和heart.jpg
4.  image1 = cv2.imread('lena.png')
5.  image2 = cv2.imread('heart.jpg')
6.  # 第二步，创建一个与image1大小相同的全零数组作为掩码，dtype=np.uint8表示数组元素的数据类型为无符号8位整数
7.  mask = np.zeros((image1.shape[0], image1.shape[1]), dtype=np.uint8)
8.  # 将掩码中坐标(50,50)到(200,200)的矩形区域设置为255（白色）
9.  mask[50:200, 50:200] = 255
10. # 第三步，使用cv2.add()函数将image1和image2进行加权相加，其中mask参数指定了哪些区域的像素值会被相加
11. # 在mask为白色的区域，image1和image2的像素值会相加；在mask为黑色的区域，保持image1的像素值不变
12. result = cv2.add(image1, image2, mask=mask)
13. # 第四步，使用掩码将image2的内容复制到image1的对应区域
14. image1[mask == 255] = result[mask == 255]
15. # 第五步，显示掩码部位改变后的初始图像lena.png
16. cv2.imshow('Modified lena.png', image1)
17. # 第六步，显示掩码
18. cv2.imshow('mask', mask)
19. # 第七步，显示加权相加后的结果图像
20. cv2.imshow('result', result)
21. # 等待用户按键，参数0表示无限等待
22. cv2.waitKey(0)
23. # 销毁所有创建的窗口
24. cv2.destroyAllWindows()
```

实验结果如图7-10所示。

OpenCV计算机视觉处理

a）掩码部位改变后的初始图像

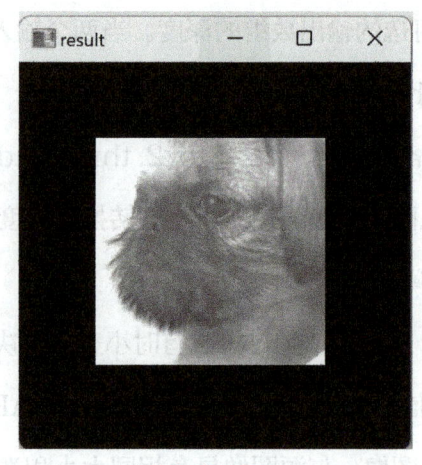
b）加权掩码效果

图7-10　图像加权掩码效果

2．统计图像信息

（1）算法介绍

OpenCV为图像分析提供了丰富的统计工具。通过计算图像的均值、标准差等像素值统计，可以了解图像的整体亮度分布和对比度情况。同时，直方图能够展示图像中不同像素值的频率分布，为图像处理和增强提供重要依据。此外，连通区域统计、边缘与角点检测等功能，则有助于识别图像中的形状、纹理等特征，进一步加深对图像内容的理解。

OpenCV不仅支持基本的像素和形状统计，还能进行更高级的图像分析。例如，利用图像矩可以计算形状的几何特征，如面积、方向等；颜色特征统计能够揭示图像中不同颜色分量的比例和分布。这些统计信息在目标识别、场景分割等应用中发挥着关键作用，使得图像处理任务更加精准和高效。

（2）函数介绍

OpenCV提供了多个函数用于统计图像信息，如直方图计算、像素值统计等。

直方图计算：使用cv2.calcHist()函数计算图像的直方图，可以统计不同通道的像素值分布情况。

像素值统计：可以通过遍历图像像素或使用NumPy的聚合函数（如np.mean()、np.std()等）来统计图像的均值、标准差等。

（3）知识运用

对掩码处理后的有效区域进行图像信息统计。代码如下。

```
1.  import cv2  # 导入 OpenCV 库，用于图像处理
2.  import matplotlib.pyplot as plt  # 导入Matplotlib库，用于绘图
3.  import numpy as np  # 导入NumPy库，用于数组操作
4.  # 第一步，读取图像文件，'0'参数表示以灰度模式读取图像
5.  img = cv2.imread('sea.jpg', 0)
6.  # 第二步，创建一个与图像形状相同、数据类型为uint8的全零数组作为掩码
7.  mask = np.zeros(img.shape, np.uint8)
8.  # 255代表白色，在掩码中用于标识需要保留的区域
9.  # 第三步，将掩码中指定区域的像素值设为255，形成一个矩形框的掩码
10. mask[200:360, 200:400] = 255
11. # 第四步，使用cv2.bitwise_and()函数将掩码应用到原始图像上
```

```
12. # 掩码为白色的区域保留原始图像的像素值，黑色区域则变为0（黑色）
13. img_mask = cv2.bitwise_and(img, img, mask=mask)
14. # 第五步，分别计算没有掩码和有掩码的图像直方图
15. # 直方图用于展示图像中像素值的分布情况
16. hist1 = cv2.calcHist([img], [0], None, [256], [0, 256])  # 不使用掩码
17. hist2 = cv2.calcHist([img], [0], mask, [256], [0, 256])  # 使用掩码
18. # 第六步，创建一个2×2的画布用于展示图像和直方图
19. fig, axes = plt.subplots(2, 2, figsize=(8, 6))
20. # 第七步，在左上角展示完整图像
21. axes[0][0].imshow(img, 'gray')
22. axes[0][0].set_title('Original Image')  # 设置标题
23. # 第八步，在右上角展示掩码
24. axes[0][1].imshow(mask, 'gray')
25. axes[0][1].set_title('Mask')  # 设置标题
26. # 第九步，在左下角展示掩码处理后的局部图像
27. axes[1][0].imshow(img_mask, 'gray')
28. axes[1][0].set_title('Masked Image')  # 设置标题
29. # 第十步，在右下角绘制直方图，红色表示原始图像的直方图，绿色表示使用掩码后的直方图
30. axes[1][1].plot(hist1, color='red', label='Original Histogram')
31. axes[1][1].plot(hist2, color='green', label='Masked Histogram')
32. axes[1][1].set_title('Histograms')  # 设置标题
33. axes[1][1].legend()  # 显示图例
34. # 第十一步，显示整个画布
35. plt.show()
```

实验结果如图7-11所示。

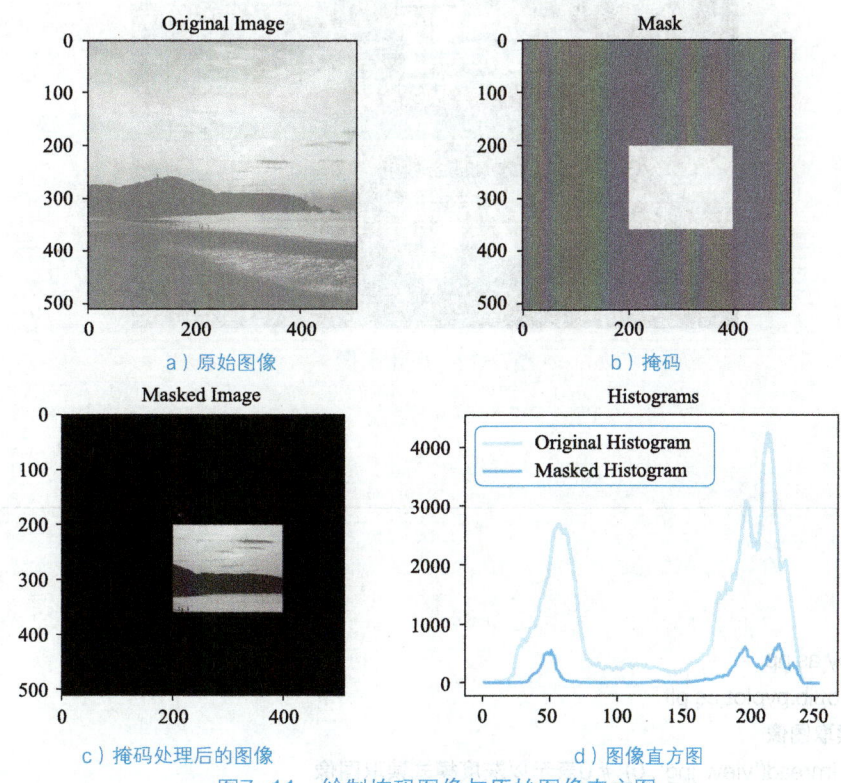

a）原始图像　　　　　　　　　　b）掩码

c）掩码处理后的图像　　　　　　d）图像直方图

图7-11　绘制掩码图像与原始图像直方图

任务3　直方图均衡化处理

任务导入

在图像处理中，常常遇到一些对比度低、细节不清晰的图像，这些图像往往难以直接用于分析和识别。为了提高图像的对比度和清晰度，可以采用直方图均衡化技术。

直方图均衡化是一种常用的图像增强方法，它通过拉伸图像的像素强度分布范围，使得图像的对比度得到增强。具体来说，直方图均衡化会根据图像的直方图分布，对像素值进行非线性变换，使得变换后的图像的直方图分布更加均匀。

然而，传统的直方图均衡化方法在处理一些复杂场景或细节丰富的图像时，可能会出现过度增强或噪声放大等问题。为了解决这些问题，引入了自适应直方图均衡化（Adaptive Histogram Equalization，AHE）方法。自适应直方图均衡化通过对图像的局部区域进行直方图均衡化，可以更好地保留图像的细节和纹理信息，同时减少噪声的影响。

在本案例中，将演示如何对图像进行直方图均衡化和自适应直方图均衡化处理，并比较两者的处理效果，原始图像如图7-12所示。

图7-12　原始图像

任务实施

1. 案例代码

1. import cv2
2. import numpy as np
3. import matplotlib.pyplot as plt
4. # 第一步，读取图像
5. image = cv2.imread('view.jpg', 0) # 0表示以灰度模式读取图像

6. # 第二步，直方图均衡化
7. equ_image = cv2.equalizeHist(image)
8. # 第三步，自适应直方图均衡化
9. clahe = cv2.createCLAHE(clipLimit=2.0, tileGridSize=(8, 8))
10. clahe_image = clahe.apply(image)
11. # 第四步，显示原图和处理后的图像
12. titles = ['Original Image', 'Histogram Equalization', 'Adaptive']
13. images = [image, equ_image, clahe_image]
14. for i in range(3):
15.   plt.subplot(1, 3, i + 1), plt.imshow(images[i], 'gray')
16.   plt.title(titles[i])
17.   plt.xticks([]), plt.yticks([])
18. plt.show()

2. 案例结果

案例运行结果如图7-13所示。

a）原始图像　　　　　b）直方图均衡化　　　　c）自适应直方图均衡化

图7-13　图像的直方图均衡化与自适应直方图均衡化

1. 直方图均衡化

（1）算法介绍

直方图均衡化（Histogram Equalization）是一种用于增强图像对比度的技术。它通过拉伸图像的直方图，使像素强度分布更加均匀，从而改善图像的视觉效果。具体来说，直方图均衡化会重新分配图像的像素值，使得在原始图像中像素值较少的区域在均衡化后的图像中拥有更广泛的像素值分布。这种方法对于背景和前景都太亮或者太暗的图像非常有用，可以有效提升图像的对比度，使细节更加清晰。

（2）函数介绍

OpenCV提供了多个函数来实现直方图均衡化，包括cv2.split()、cv2.equalizeHist()和cv2.merge()。这些函数通常用于对彩色图像进行处理，其中cv2.split()用于将图像拆分为单个通道（如B、G、R），cv2.equalizeHist()用于对每个通道进行直方图均衡化，cv2.merge()则用于将均衡化后的通道合并成一张图像。

此外，matplotlib.pyplot.hist()和matplotlib.pyplot.figure()函数可用于绘制和显示图像的直方图，帮助用户直观地了解图像的像素强度分布。

（3）函数语法格式及参数介绍

1）cv2.split()函数。

语法格式：b, g, r = cv2.split(img)。

img：输入的彩色图像。

b、g、r：分别代表图像的蓝色、绿色和红色通道。

2）cv2.equalizeHist()函数。

语法格式：equ=cv2.equalizeHist(src)。

src：输入的灰度图像或单个通道的图像。

equ：均衡化后的图像。

3）cv2.merge()函数。

语法格式：merged_img=cv2.merge((b, g, r))。

(b, g, r)：一个包含三个通道的元组，每个通道都是一个二维数组。

merged_img：合并后的彩色图像。

4）matplotlib.pyplot.hist()函数。

语法格式：plt.hist(x, bins, range, density)。

x：输入数据，通常是一维数组。

bins：直方图的箱数，即数据的分段数。

range：数据的范围。

density：是否归一化直方图。

该函数用于绘制直方图，展示数据的分布情况。

5）matplotlib.pyplot.figure()函数。

语法格式：plt.figure(num=None, figsize=None, dpi=None, facecolor=None, edgecolor=None, frameon=True)

num：图像编号或名称。

figsize：图像的尺寸，以英寸为单位。

dpi：图像的分辨率。

facecolor：图像的背景色。

edgecolor：图像的边框色。

frameon：是否显示图像边框。

该函数用于创建一个新的图像窗口，显示图形或图像。

（4）知识运用

全局直方图均衡化。代码如下。

```
1. import numpy as np
2. import cv2
3. import matplotlib.pyplot as plt
4. """一副效果好的图像通常在直方图上的分布比较均匀，直方图均衡化就是用来改善图像的全局亮度和对比度。OpenCV中用cv2.equalizeHist()实现均衡化。"""
5. # 导入图片
6. img = cv2.imread('sea_gray.jpg', cv2.IMREAD_GRAYSCALE)
7. # 调用cv2.equalizeHist()实现全局均衡化
8. img_equal = cv2.equalizeHist(img)
9. # 分别计算原始图像直方图和均衡化图像直方图
10. hist1 = cv2.calcHist([img], [0], None, [256], [0, 256])
11. hist2 = cv2.calcHist([img_equal], [0], None, [256], [0, 256])
12. # 使用Matplotlib进行展示，设置2×2的画布
13. # 展示原始图像、直方图均衡化图像、原始图像直方图、直方图均衡化图像的直方图
14. fig, axes = plt.subplots(2, 2, figsize=(8, 6))
15. axes[0][0].imshow(img, 'gray')
16. axes[0][1].imshow(img_equal, 'gray')
17. axes[1][0].plot(hist1)
18. axes[1][1].plot(hist2)
19. plt.show()
```

实验结果如图7-14所示。

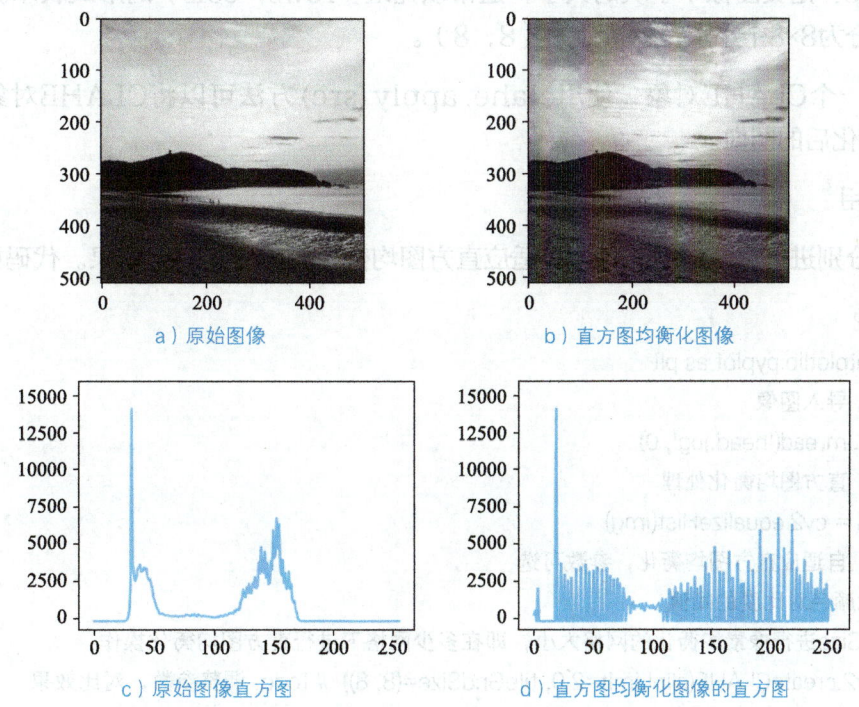

a）原始图像　　　　　　b）直方图均衡化图像

c）原始图像直方图　　　　d）直方图均衡化图像的直方图

图7-14　图像全局直方图均衡化前后对比

2. 自适应直方图均衡化

（1）算法介绍

在OpenCV中，自适应直方图均衡化是一种改进的图像增强技术，特别是针对那些局部对比度较低或亮度不均匀的图像。传统的直方图均衡化虽然能够全局地提升图像的对比度，但在某些情况下，它可能会导致图像的某些区域过度增强，从而引入噪声或失真。自适应直方图均衡化则通过局部地调整图像的对比度来解决这个问题。

自适应直方图均衡化通过计算图像的局部直方图，并据此调整每个像素的亮度值，从而增强图像的局部对比度。具体来说，算法会将图像划分为多个小块（通常称为tiles或blocks），然后对每个小块分别进行直方图均衡化。这样，每个小块内的像素值分布都会被拉伸，从而增强该区域的对比度。

然而，自适应直方图均衡化有时可能会放大图像的噪声，因为局部均衡化可能使噪声的幅度增加。为了避免这个问题，对比度限制自适应直方图均衡化（Contrast Limited Adaptive Histogram Equalization，CLAHE）被提出。CLAHE在自适应直方图均衡化的基础上，通过限制每个小块中直方图的高度来防止噪声的过度放大。这通常是通过设置一个对比度限制参数来实现的。

（2）OpenCV函数介绍

在OpenCV中，可以使用cv2.createCLAHE()函数来创建CLAHE对象，并通过这个对象来对图像进行自适应均衡化。这个函数提供了一种简单且有效的方式来执行CLAHE算法。

（3）函数语法格式

函数语法格式：cv2.createCLAHE(clipLimit=2.0, tileGridSize=(8, 8))。

clipLimit：对比度限制参数，用于控制直方图的高度。较高的值可能会导致对比度增强更多，但也可能增加噪声。通常设定这个参数为1.0或2.0。

tileGridSize：定义图像中小块的大小，通常以元组（rows，cols）的形式表示。例如，（8，8）表示图像将被划分为8×8个小块。默认值为（8，8）。

该函数返回一个CLAHE对象，使用clahe.apply(src)方法可以将CLAHE对象应用于输入图像src，并返回均衡化后的图像。

（4）知识运用

对原始图像分别进行直方图均衡化和自适应直方图均衡化处理，并对比效果。代码如下。

```
1.  import cv2
2.  import matplotlib.pyplot as plt
3.  # 第一步，导入图像
4.  img = cv2.imread('head.jpg', 0)
5.  # 第二步，直方图均衡化处理
6.  img_equal = cv2.equalizeHist(img)
7.  # 第三步，自适应直方图均衡化，参数可选
8.  # clipLimit颜色对比度的阈值
9.  # titleGridSize进行像素均衡化的网格大小，即在多少网格下进行直方图均衡化操作
10. clahe = cv2.createCLAHE(clipLimit=2.0, tileGridSize=(8, 8))  # todo: 调整参数，对比效果
11. img_clahe = clahe.apply(img)
```

```
12. hist1 = cv2.calcHist([img_equal], [0], None, [256], [0, 256])
13. hist2 = cv2.calcHist([img_clahe], [0], None, [256], [0, 256])
14. # 第四步，使用Matplotlib进行展示，设置2×2的画布
15. # 展示直方图均衡化图像、自适应直方图均衡化图像、直方图均衡化图像的直方图、自适应直方图均衡化图像的直方图
16. fig, axes = plt.subplots(2, 2, figsize=(8, 6))
17. axes[0][0].imshow(img_equal, 'gray')
18. axes[0][1].imshow(img_clahe, 'gray')
19. axes[1][0].plot(hist1)
20. axes[1][1].plot(hist2)
21. plt.show()
```

实验结果如图7-15所示。

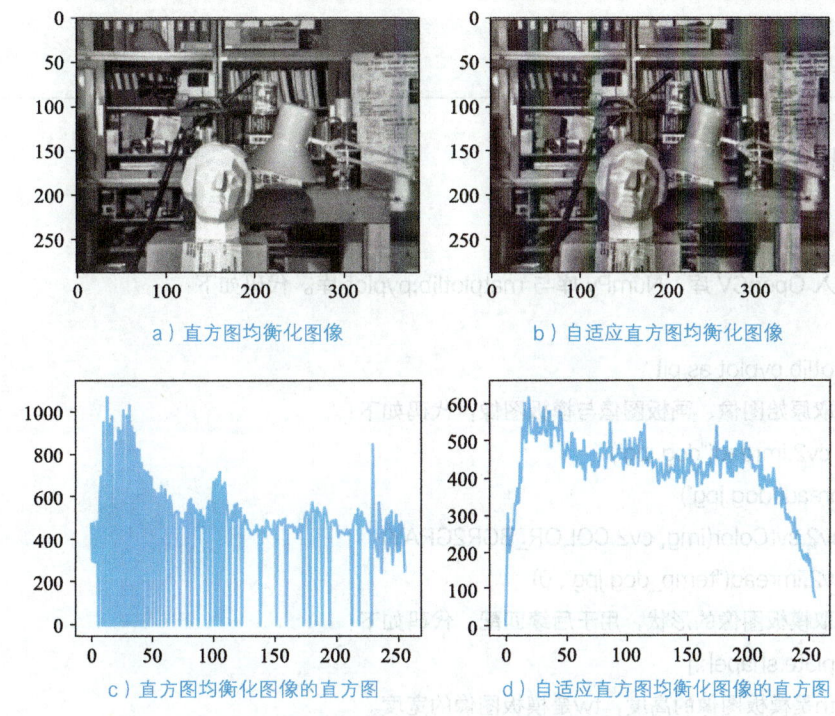

a）直方图均衡化图像　　　　　　b）自适应直方图均衡化图像

c）直方图均衡化图像的直方图　　　d）自适应直方图均衡化图像的直方图

图7-15　直方图均衡化与自适应直方图均衡化的对比

任务4　模板匹配

模板匹配是一种在图像处理中广泛应用的技术，它通过在目标图像中搜索与给定模板最相似的区域，实现目标的定位或识别。在本任务中，对图7-16进行处理，演示单模板匹配和多模板匹配的实现过程，通过任务实践，掌握模板匹配的核心算法，并将其应用于实际场景中。

图7-16 原始图像

任务实施

案例一 实现单模板匹配。

1. 案例代码

```
1.  #第一步：导入OpenCV库、NumPy库与matplotlib.pyplot库。代码如下：
2.  import cv2
3.  import matplotlib.pyplot as plt
4.  #第二步：读取原始图像、画板图像与模板图像，代码如下：
5.  origin_img = cv2.imread("dog.jpg")
6.  img = cv2.imread("dog.jpg")
7.  img_gray = cv2.cvtColor(img, cv2.COLOR_BGR2GRAY)
8.  template = cv2.imread("temp_dog.jpg", 0)
9.  #第三步：获取模板图像的形状，用于后续匹配。代码如下：
10. th, tw = template.shape[::]
11. #返回值中的th是模板图像的高度，tw是模板图像的宽度。
12. #第四步：使用cv2.matchTemplate()匹配图像。代码如下：
13. rv = cv2.matchTemplate(img_gray, template, cv2.TM_SQDIFF)
14. #第五步：将匹配的坐标记录下来，用于后续的显示。代码如下：
15. minVal, maxVal, minLoc, maxLoc = cv2.minMaxLoc(rv)
16. topLeft = minLoc
17. bottomRight = (topLeft[0] + tw, topLeft[1] + th)
18. #第六步：将原图像与匹配的位置显示出来，代码如下：
19. cv2.imshow("origin_img", origin_img)
20. cv2.waitKey()
21. cv2.rectangle(img, topLeft, bottomRight, 255, 2)
22. plt.imshow(img, cmap='gray')
23. plt.title('Detected Point')
24. plt.show()
```

2. 案例结果

案例一实现单模板匹配的结果如图7-17所示。

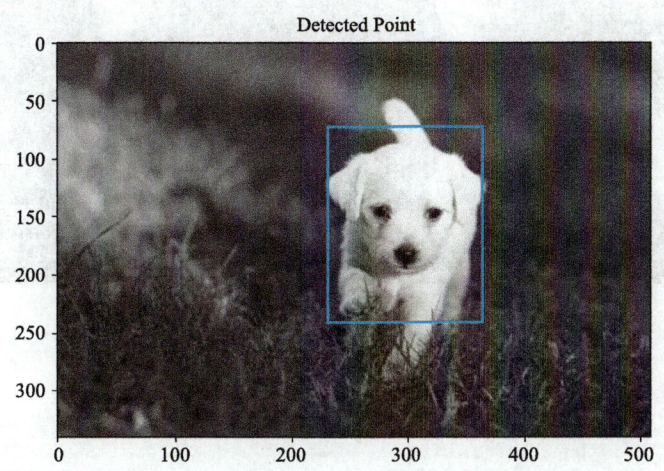

图7-17 单模板匹配

案例二 实现多模板匹配。

1. 案例代码

```
1. #第一步：导入OpenCV库、NumPy库与matplotlib.pyplot库。代码如下：
2. import cv2
3. import numpy as np
4. import matplotlib.pyplot as plt
5. #第二步：读取原始图像与模板图像。代码如下：
6. img = cv2.imread("dogs.jpg", 0)
7. template = cv2.imread("temp_dog.jpg", 0)
8. #第三步：获取模板图像的形状，用于后续匹配。代码如下：
9. w, h = template.shape[::-1]
10. #第四步：使用cv2.matchTemplate()与np.where()函数匹配图像。代码如下：
11. res = cv2.matchTemplate(img, template, cv2.TM_CCOEFF_NORMED)
12. threshold = 0.9
13. loc = np.where(res >= threshold)
14. for pt in zip(*loc[::-1]):
15.     cv2.rectangle(img, pt, (pt[0] + w, pt[1] + h), 255, 1)
16. #第五步：将匹配成功的图像显示出来，代码如下：
17. plt.imshow(img, cmap='gray')
18. plt.xticks([])
19. plt.yticks([])
20. plt.show()
```

2. 案例结果

案例二实现多模板匹配的结果如图7-18所示。

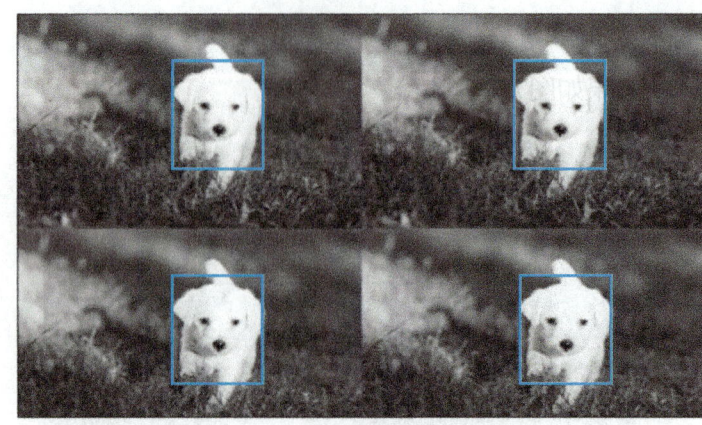

图7-18 多模板匹配

知识拆解

1. 算法介绍

模板匹配算法的核心是将模板图像与原始图像中的每个部分进行比较,通过逐像素滑动模板图像,计算模板与原始图像中每个位置的相似度。相似度的计算通常基于像素值的差异或其他度量标准。最终,算法会生成一个相似度图,其中每个像素值反映了模板与原始图像中该位置的相似程度。

OpenCV中使用模板匹配的基本步骤如下。

第一步:加载目标图像和要匹配的模板图像。

第二步:选择匹配方法。OpenCV支持多种模板匹配方法,如平方差匹配(TM_SQDIFF)、归一化平方差匹配(TM_SQDIFF_NORMED)、相关性匹配(TM_CCORR)、归一化相关性匹配(TM_CCORR_NORMED)、相关系数匹配(TM_CCOEFF)以及归一化相关系数匹配(TM_CCOEFF_NORMED)。这些方法在匹配过程中采用了不同的相似度度量标准,以适应不同的应用场景。

第三步:使用cv2.matchTemplate()函数来进行模板匹配,该函数将模板图像在原始图像上进行滑动,并计算每个位置的相似度。调用函数后,将得到一个灰度图像作为匹配结果,其中的每个像素值表示了对应位置与模板的匹配程度。

第四步:使用OpenCV的minMaxLoc()函数来找到匹配结果图像中的最小值和最大值的位置。对于平方差匹配方法,找到最小值的位置;对于相关系数匹配方法,找到最大值的位置。这个位置就是目标图像中与模板最匹配的区域。此时可以使用cv2.rectangle()函数根据坐标值绘制矩阵进行标注。

进行目标检测时,与模板匹配的目标通常有多个,比如在一张工厂流水线照片中有多个相同的零件,这时就需要找出多个匹配结果。而函数cv2.minMaxLoc()仅能够找出一个匹配结果,无法给出所有匹配区域的位置信息。所以,要想匹配多个结果,使用函数cv2.minMaxLoc()是无法实现的,需要利用numpy.where()函数获取模板匹配位置的集合。

2. 函数语法格式

1)cv2.matchTemplate()函数。

语法格式:cv2.matchTemplate(image, template, method[, result[, mask]])。

image：原始图像，可以是灰度图像或彩色图像。

template：要在原始图像中查找的模板图像。

method：使用的匹配方法。

result：可选参数，输出的匹配结果矩阵。如果提供此参数，函数会将结果保存在该矩阵中。

mask：可选参数，掩码图像，用于指定在模板匹配过程中哪些像素应该被考虑。

2）cv2.minMaxLoc()函数。

语法格式：min_val, max_val, min_loc, max_loc = cv2.minMaxLoc(src)。

src：输入的数组或图像。

min_val：数组或图像中的最小值。

max_val：数组或图像中的最大值。

min_loc：最小值的位置（坐标）。

max_loc：最大值的位置（坐标）。

3）cv2.rectangle()函数。

语法格式：cv2.rectangle(image, pt1, pt2[[, color], thickness])。

image：8位或32位原始图像。

pt1：图像的左上角坐标。

pt2：图像的右下角坐标。

color：线条颜色。

thickness：线条粗细。

4）numpy.where()函数。

语法格式：numpy.where(condition)。

condition：判断条件。

3. 知识运用

1）使用多个不同的模板匹配图像中不同的目标是一种高效的图像处理方法。通过加载多个模板图像，并在待检测图像中逐一进行匹配操作，可以准确地识别和定位出图像中的不同目标。编程实现这一方式。代码如下。

```
1. import cv2
2. import numpy as np
3. # 第一步，读取输入图像
4. image = cv2.imread('f4.jpg', 0)  # 假设输入图像是灰度图
5. # 第二步，读取模板图像列表
6. templates = [cv2.imread('tang.jpg', 0), cv2.imread('sun.jpg', 0), cv2.imread('sha.jpg', 0), cv2.imread('zhu.jpg', 0)]
7. # 存储匹配结果的列表
```

```
8.  matches = []
9.  # 第三步，对于每个模板执行模板匹配
10. for i, templ in enumerate(templates):
11.     # 获取模板的高度和宽度
12.     w, h = templ.shape[::-1]
13.     # 执行模板匹配
14.     res = cv2.matchTemplate(image, templ, cv2.TM_CCOEFF_NORMED)
15.     threshold = 0.8  # 设置阈值
16.     # 找到匹配位置
17.     loc = np.where(res >= threshold)
18.     for pt in zip(*loc[::-1]):
19.         cv2.rectangle(image, pt, (pt[0] + w, pt[1] + h), (0, 0, 255), 2)
20.         matches.append((pt, i))  # 存储匹配位置和模板索引
21. # 第四步，显示结果图像
22. cv2.imshow('Detected', image)
23. cv2.waitKey(0)
24. cv2.destroyAllWindows()
25. # 第五步，输出匹配结果
26. for match, template_idx in matches:
27.     print(f"Match found at position {match} using template {template_idx}")
```

实验结果如图7-19所示。

图7-19　使用多个模板匹配图像中不同的目标

2）多模板匹配技术在日常生活中具有广泛的应用价值。以收费停车场为例，假设停车场设有四个车位，随着车辆的陆续驶入，每个车位都有可能停放一辆车。这时，可以利用多模板匹配技术来解决一个实际问题，即准确判断四辆车分别停放在哪个车位上。代码如下。

```
1. import cv2
2. # 第一步，读取原始图像
3. image = cv2.imread("image.png")
4. # 第二步，制作模板列表
5. templs = []  # 模板列表
6. templs.append(cv2.imread("car1.png"))  # 添加模板图像1
```

```
7.  templs.append(cv2.imread("car2.png"))  # 添加模板图像2
8.  templs.append(cv2.imread("car3.png"))  # 添加模板图像3
9.  templs.append(cv2.imread("car4.png"))  # 添加模板图像4
10. # 第三步，遍历所有图像，进行模板匹配并输出结果
11. for car in templs:
12.     # 按照标准相关系数匹配
13.     results = cv2.matchTemplate(image, car, cv2.TM_CCOEFF_NORMED)
14.     for i in range(len(results)):  # 遍历结果数组的行
15.         for j in range(len(results[i])):  # 遍历结果数组的列
16.             # print(results[i][j])
17.             if results[i][j] > 0.99:  # 如果相关系数大于0.99则认为匹配成功
18.                 if 0 < j <= 250:
19.                     print("车位编号:", 1)
20.                 elif j <= 550:
21.                     print("车位编号:", 2)
22.                 elif j <= 800:
23.                     print("车位编号:", 3)
24.                 else:
25.                     print("车位编号:", 4)
26.                 break
```

实验结果如图7-20所示。

绿色车车位编号：1

红色车车位编号：2

蓝色车车位编号：3

橘色车车位编号：4

图7-20　通过多模板匹配定位目标

思考

如何改进上面的实验代码，使实验结果显示为原始彩色图像，并使用不同颜色的矩形框标注每个模板的匹配结果（如图7-21所示）？

图7-21　彩色图像模板匹配结果

课后习题

1. 单选题

1）在图像处理中,直方图主要用于展示图像的（　　）。

　　A. 亮度分布　　　　B. 色彩分布　　　　C. 边缘信息　　　　D. 纹理信息

2）在使用直方图进行数据分布可视化时,直方图的峰值通常表示（　　）。

　　A. 数据中的异常值　　　　　　　　B. 数据中最常见的值

　　C. 数据的平均值　　　　　　　　　D. 数据的标准差

3）关于掩码图像,以下哪项描述是错误的?（　　）

　　A. 掩码图像通常用于在特定区域进行图像处理

　　B. 掩码图像是一个二值图像,只包含0和1两种像素值

　　C. 掩码图像可以用于提取图像中的特定对象

　　D. 掩码图像可以直接替换原图像中的颜色信息

4）直方图均衡化的主要作用是（　　）。

　　A. 增强图像的对比度　　　　　　　B. 减少图像的噪声

　　C. 改变图像的色彩　　　　　　　　D. 模糊图像的细节

2. 填空题

1）在图像处理中,降维的主要作用是将高维数据转化为_____维数据,以便于数据处理和可视化。

2）构造掩码图像时,通常使用_____运算来确定哪些像素应该被包含在掩码中。

3）模板匹配的基本原理是通过在目标图像中滑动模板,并计算模板与每个位置的_____来确定最佳匹配位置。

3. 判断题

1）直方图只能用于展示灰度图像的亮度分布,不能用于彩色图像。　　　　　　　　（　　）

2）掩码图像是一种特殊的图像,它通常用于保护图像的某些区域,防止在后续处理中被修改。

（　　）

3）自适应直方图均衡化相比传统直方图均衡化,在处理不同区域的亮度变化时具有更好的效果。

（　　）

4. 编程题

编写一个Python函数,该函数接受一个灰度图像作为输入,并使用OpenCV库来实现直方图均衡化,展示原始图像和均衡化后的图像。

模块 8

绘图和交互

模块概述

OpenCV作为一项领先的计算机视觉库，不仅为图像处理和计算机视觉任务提供了强大的功能，还在图形绘制领域展现了其卓越的能力，为计算机视觉应用提供了丰富的视觉表达手段。通过利用OpenCV的各种绘图函数，可以轻松地在图像上标记感兴趣区域、绘制几何形状或文本。同时，OpenCV的鼠标交互操作、键盘交互操作和窗口交互操作等功能，进一步增强了用户与计算机视觉系统之间的交互体验。这些功能不仅提高了系统的灵活性和便捷性，也促进了人机交互技术的创新发展。

本模块将介绍利用OpenCV进行图形绘制，主要包括各种绘图函数、鼠标交互操作、键盘交互操作和窗口交互操作等。

学习导航

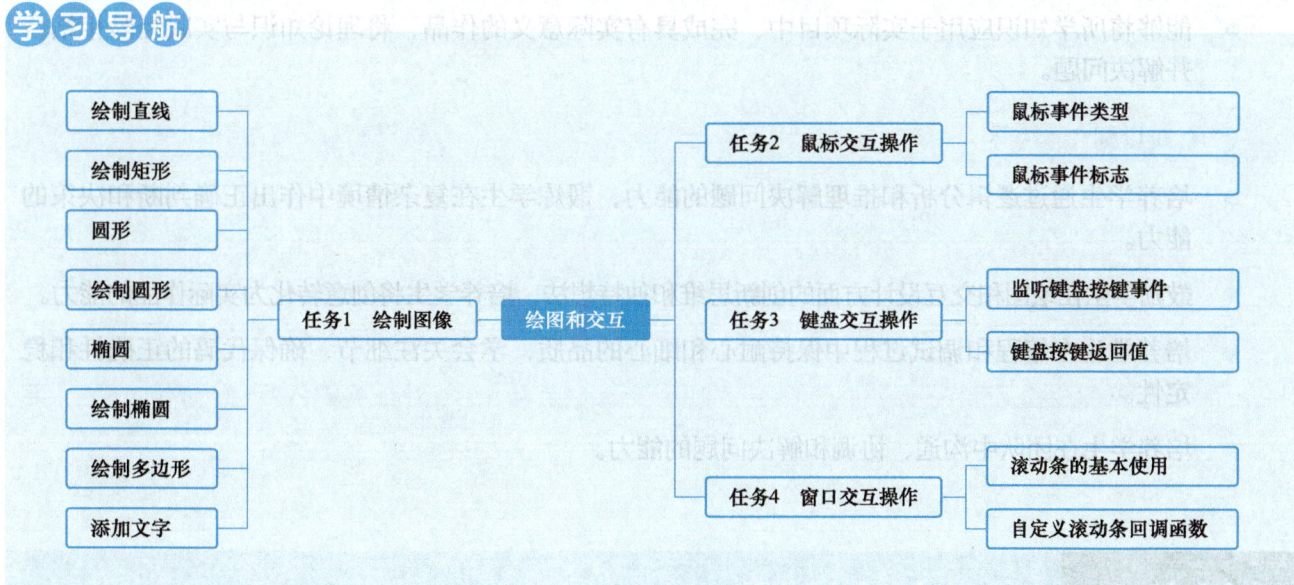

学习目标

知识目标

- 掌握创建画布的方法。
- 掌握使用绘图函数绘制直线、矩形、圆、椭圆、多边形等多种几何图形的方法。
- 掌握在图像的指定位置添加文字说明的方法。
- 熟悉鼠标交互功能的类型。
- 掌握使用不同的鼠标事件类型和标准进行不同的鼠标交互操作的方法。
- 掌握通过键盘来控制图像的显示和处理的方法。
- 掌握waitKey的相关操作以及等待方法的使用。
- 掌握创建滚动条的方法。
- 掌握使用滚动条的值调节图像的外观显示方法。

能力目标

- 能够完成基本绘图和交互功能代码的编写，使用相关库和框架来简化开发工作。
- 能够独立分析和解决在编程过程中遇到的问题，提高查阅文档和在线资源来寻求帮助和解决方案的能力。
- 能够持续学习，适应新技术和新工具的发展变化。
- 能够将所学知识应用于实际项目中，完成具有实际意义的作品，将理论知识与实践经验相结合并解决问题。

素质目标

- 培养学生通过逻辑分析和推理解决问题的能力，锻炼学生在复杂情境中作出正确判断和决策的能力。
- 鼓励学生在绘图和交互设计方面的创新思维和独特想法，培养学生将创意转化为实际作品的能力。
- 培养学生在编程和调试过程中保持耐心和细心的品质，学会关注细节，确保代码的正确性和稳定性。
- 培养学生在团队中沟通、协调和解决问题的能力。

任务1　绘制图像

OpenCV提供了丰富的绘图函数，可以实现绘制直线、矩形、圆、椭圆、多边形等多种几何图形。

使用OpenCV绘制图像包括创建画布、绘制图形、展示图形和保存图像四个步骤。在OpenCV中，可以使用cv2.line()函数绘制三角形并将绘制的图像保存。

任务实施

扫码观看视频　扫码观看视频　扫码观看视频

1. 案例代码

```
1.  #任务1 案例实现代码
2.  import cv2
3.  import numpy as np
4.  # 第一步：创建画布
5.  # 创建空白画布，大小为480×640，但是img的真实大小是640×480
6.  img =np.zeros((480, 640, 3), dtype=np.uint8)
7.  # 第二步：绘制图形
8.  # 绘制三角形左上角斜线
9.  cv2.line(img,(200, 0),(100,100),(0,0,255),3)
10. # 绘制三角形右上角斜线
11. cv2.line(img,(200,0),(300, 100),(0, 0, 255),3)
12. # 绘制三角形下方斜线
13. cv2.line(img,(100,100),(300,100),(0,0,255),3)
14. #第三步：显示图像
15. cv2.imshow('line', img)
16. cv2.waitKey()
17. # 第四步：保存图像
18. cv2.imwrite('triangle.jpg', img)
```

2. 案例结果

案例运行结果如图8-1所示。

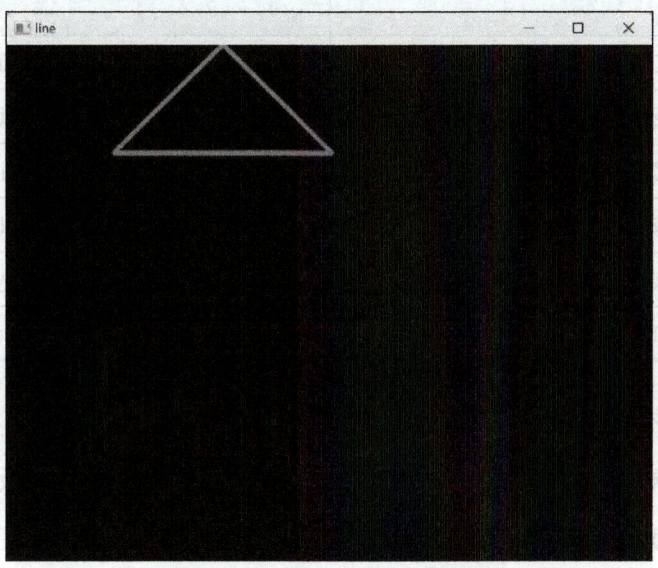

图8-1　绘制三角形案例结果

知识拆解

1. 创建画布

在开始图形绘制之前，首先需要创建一个空白的画布。在OpenCV中，可以使用np.zeros()创建一个空白的图像作为画布。

（1）创建方法

img = np.zeros((480, 600, 3), dtype=np.uint8)，其中400、600、3分别表示画布的宽度、高度和通道数。

（2）知识运用

创建一个空白的、宽度为400、高度为600的白色图像作为画布。代码如下。

```
1. #任务一 创建画布知识运用案例实现代码
2. import cv2
3. import numpy as np
4. # 创建空白白色画布
5. img =np.ones((400, 600, 3), dtype=np.uint8)
6. img=img*255
7. cv2.imshow('img', img)
8. cv2.waitKey()
```

2. 绘制图形函数

OpenCV提供了多个绘图函数，这些绘图函数有一些共有的参数，主要用于设置源图像、颜色、线条属性等。OpenCV绘图函数见表8-1。

表8-1　OpenCV绘图函数

绘 制 图 形	相 关 函 数
直线	cv2.line()
矩形	cv2.rectangle()
圆形	cv2.circle()
椭圆	cv2.ellipse()
多边形	cv2.polylines()
添加文字	cv2.purText()

（1）各个函数式中共有的参数

img：在其上面绘制图形的载体图像（绘图的容器载体，也称为画布、画板）。

color：绘制形状的颜色。通常使用BGR模型表示颜色，例如，(0,255,0)表示绿色。对于灰度图像，只能传入灰度值。需要注意，颜色通道的顺序是BGR，而不是RGB。

thickness：线条的粗细。默认值是1，如果设置为-1，表示填充图形。

shift：数据精度。该参数用来控制数值精度（例如圆心坐标等），一般情况下不需要设置。

lineType：线条的类型，默认是8连接类型。lineType参数的值及说明见表8-2。

表8-2 lineType参数的值及说明

参　　数	说　　明
cv2.FILLED	填充
cv2.LINE 4	4连接类型
cv2.LINE 8	8连接类型
cv2.LINEAA	抗锯齿，该参数会让线条更平滑

（2）绘制直线函数：cv2.line()

1）语法格式：cv2.line(img, pt1, pt2, color[, thickness[, lineType]])。

pt1：线段的第1个点（起点）的坐标。

pt2：线段的第2个点（终点）的坐标。

代码示例：

cv2.line(img,(0,0),(500,500),(0, 0, 255),3)

表示绘制起点为（0,0），终点为（500,500）的红色线段，线条的粗细为3。

2）知识运用：使用cv2.line()函数绘制田字。代码如下。

```
1. #绘制直线函数知识运用案例实现代码
2. import cv2
3. import numpy as np
4. # 第一步：创建画布
5. image = np.zeros((600, 600, 3), np.uint8)
6. # 第二步：绘制三条水平线段
7. cv2.line(image, (200, 200), (400,200), (255, 255, 255), 4)
8. cv2.line(image, (200, 300), (400,300), (255, 255, 255), 4)
9. cv2.line(image, (200, 400), (400,400), (255, 255, 255), 4)
10. # 第三步：绘制三条垂直线段
11. cv2.line(image, (200, 200), (200,400), (255, 255, 255), 4)
12. cv2.line(image, (300, 200), (300,400), (255, 255, 255), 4)
13. cv2.line(image, (400, 200), (400,400), (255, 255, 255), 4)
14. # 第四步：显示图像
15. cv2.imshow("Image", image)
16. cv2.waitKey(0)
17. cv2.destroyAllWindows()
```

实验结果如图8-2所示。

(3)绘制矩形函数：cv2.rectangle()

1)语法格式：cv2.rectangle(img,pt1,pt2,color[,thickness[,lineType]])。

pt1：矩形顶点坐标。

pt2：矩形中与pt1对角的顶点坐标。

代码示例：

cv2.rectangle(image, (80, 80), (120, 120), (255, 0, 0), thickness=5)

表示绘制左上角坐标为（80,80），右下角坐标为（120,120），线条为蓝色，线条粗细为5的矩形。

2)知识运用：使用cv2.rectangle()函数绘制领奖台造型。代码如下。

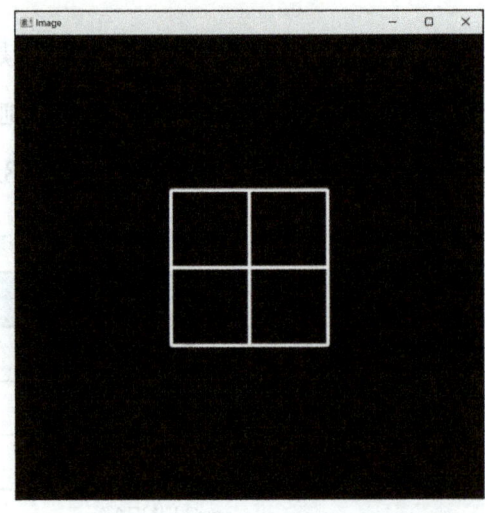

图8-2 绘制田字案例运行结果

```
1. #绘制矩形函数知识运用案例实现代码
2. import cv2
3. import numpy as np
4. # 第一步：创建空白白色画布
5. image =np.ones((500, 550, 3), dtype=np.uint8)
6. image=image*255
7. # 第二步：绘制三个不等高、等宽的填充矩形，构造出领奖台造型
8. cv2.rectangle(image, (50, 200), (200, 400),(0,255,255), thickness=-1)
9. cv2.rectangle(image, (200, 100), (350, 400),(0,0,255), thickness=-1)
10. cv2.rectangle(image, (350, 250), (500, 400),(255,0,0), thickness=-1)
11. # 第三步：显示图像
12. cv2.imshow("Image", image)
13. cv2.waitKey(0)
14. cv2.destroyAllWindows()
```

实验结果如图8-3所示。

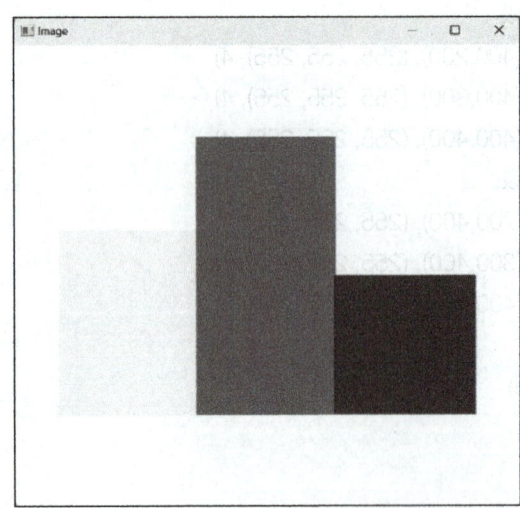

图8-3 绘制领奖台造型案例结果

（4）绘制圆形函数：cv2.circle()

1）语法格式：cv2.circle(img, center, radius, color[, thickness[, lineType]])。

center：圆心坐标。

radius：半径。

代码示例：

cv2.circle(img, (256, 256), 100, (0, 0, 255), 5)

表示绘制以（256,256）为圆心，半径为100，线宽为5的红色圆形。

2）知识运用：飞镖靶子由多个同心圆组成，每个环的颜色不同。使用cv2.circle函数绘制彩色飞镖靶子。代码如下。

1. #绘制圆形函数知识运用案例实现代码
2. import numpy as np
3. import cv2
4. # 第一步：创建空白白色画布
5. d=300
6. img=np.ones((d,d,3),dtype="uint8")*255
7. #第二步：使用for循环由外向内绘制10个彩色的同心圆，半径依次递减10
8. for r in range(100,10,-10):
9. 　　#第三步：生成随机颜色，3个[0,256]的随机数
10. 　　color=np.random.randint(0,high=256,size=(3,)).tolist()
11. 　　#第四步：绘制圆
12. 　　img=cv2.circle(img,(150,150),r,color,-1)
13. 　　cv2.imshow("circle",img)
14. cv2.waitKey()
15. cv2.destroyAllWindows()

实验结果如图8-4所示。

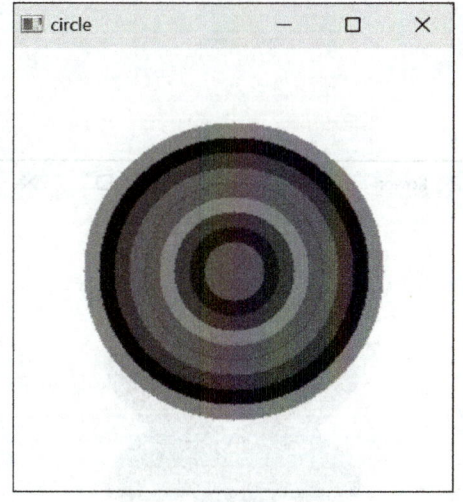

图8-4　绘制彩色飞镖靶子实验结果

（5）绘制椭圆函数：cv2.ellipse()

1）语法格式：cv2.ellipse(img, center, axes, angle, startAngle, endAngle, color[, thickness[, lineType]])。

center：椭圆的圆心坐标。

axes：轴的长度。

angle：偏转的角度。

startAngle：圆弧起始角的角度。

endAngle：圆弧终结角的角度。

代码示例：

cv2.ellipse(img, (200,200), (100,50),60, 0,360, (0,0,255), 4)

表示绘制圆心为（200,200），水平方向轴长为100，垂直方向轴长为50，偏转角度为60度，圆弧起始角的角度为0度，圆弧终结角的角度为360度，颜色为红色，线宽为4的椭圆。

2）知识运用：使用cv2.ellipse()函数绘制花朵，6片红色花瓣，6根黄色花蕊。代码如下。

```
1.  #绘制椭圆函数知识运用案例实现代码
2.  import cv2 as cv
3.  import numpy as np
4.  # 第一步：创建一张画布
5.  img = np.zeros((1000, 1000, 3), np.uint8)
6.  # 第二步：给画布填充颜色
7.  img.fill(255)
8.  #第三步：使用椭圆绘制红色花瓣，6个半椭圆，依次旋转60度
9.  for angle in range(0,360,60):
10.     cv.ellipse(img, (500, 500), (100, 300), angle, 0, 180, (0, 0, 255), -1)
11. #第四步：使用椭圆绘制黄色花蕊，6个半椭圆，依次旋转60度
12. for angle in range(0,360,60):
13.     cv.ellipse(img, (500, 500), (5, 70), angle, 0, 180, (0, 255, 255),-1)
14. cv.namedWindow('flower', cv.WINDOW_NORMAL)
15. #第五步：显示图像
16. cv.imshow('flower', img)
17. cv.imwrite('flower.png', img)
18. cv.waitKey(0)
19. cv.destroyAllWindows()
```

实验结果如图8-5所示。

图8-5 绘制花朵案例结果

（6）绘制多边形函数：cv2.polylines()

1）语法格式：cv2.polylines(img, pts, isClosed, color [, thickness [, lineType [, shift]]])。

pts：包含一个三元组元素的列表，包含了多边形的各个顶点。

isClosed：闭合标记，用来指示多边形是否是封闭的。若该值为True，则将最后一个点与第一个点连接，让多边形闭合；否则，仅仅将各个点依次连接起来，构成一条曲线。

在使用函数cv2.polylines()绘制多边形时，需要给出每个顶点的坐标。这些点的坐标构建了一个大小等于"顶点个数×1×2"的数组，这个数组的数据类型必须为numpy.int32。

代码示例：

```
pts = np.array([[10,50],[100,50],[100,100],[10,100]])
pts = pts.reshape((-1,1,2))
cv2.polylines(img,[pts],True, (0,255,0),3)
```

上述代码表示绘制一个闭合的四边形，颜色为绿色，线条粗细为3。

2）知识运用：使用cv2.polylines()函数绘制五角星。代码如下。

```
1. #绘制多边形函数知识运用案例实现代码
2. import cv2
3. import numpy as np
4. #第一步：创建白色画布
5. img = np.ones((512,512,3))
6. #第二步：设置图形颜色
7. color=(0,0,255)
8. #第三步：设置五角星的十个顶点
9. pts = np.array([[70,190],[222,190],[280,61],[330,190],[467,190],
10.     [358,260],[392,380],[280,308],[138,380],[195,260]])
11. #第四步：使用reshape函数，将顶点数组转换为10×1×2的ndarray
12. pts = pts.reshape((-1,1,2))
13. #第五步：绘制五角星
14. cv2.polylines(img,[pts],True,color,5)
15. cv2.imshow('star',img)
16. cv2.waitKey()
```

实验结果如图8-6所示。

图8-6　绘制五角星案例结果

> **思考**
>
> 如何确定五角星的各顶点坐标？

（7）添加文字函数：cv2.putText()

1）语法格式：cv2.putText (img, text, org, fontFace, fontScale, color[, thickness[, lineType[, bottomLeftOrigin]]])。

text：要绘制的字体。

org：绘制字体的位置，以文字的左下角为起点。

fontScale：字体大小。

bottom Left Origin：文字的方向。默认值为False，当设置为True时，文字是垂直镜像的效果。

fontFace：字体类型、取值及含义见表8-3。

表8-3　字体类型、取值及含义

取　　值	含　　义
cv2.FONT_HERSHEY_SIMPLEX	正常大小的sans-serif字体
cv2.FONT_HERSHEY_PLAIN	小号的sans-serif字体
cv2.FONT_HERSHEY_DUPLEX	正常大小的sans-serif字体（比cv2.FONT_HERSHEY_SIMPLEX更复杂）
cv2.FONT_HERSHEY_COMPLEX	正常大小的serif字体
cv2.FONT_HERSHEY_TRIPLEX	正常大小的serif字体（比cv2.FONT_HERSHEY_COMPLEX更复杂）
cv2.FONT_HERSHEY_COMPLEX_SMALL	cv2.FONT_HERSHEY_COMPLEX字体的简化版
cv2.FONT_HERSHEY_SCRIPT_SIMPLEX	手写风格的字体

代码示例：

　　cv2.putText(img, 'I LOVE CHINA', (300, 40), cv2.FONT_HERSHEY_COMPLEX, 3, (128, 128, 128), 2,　cv2.LINE_AA)

表示在img图像上添加文字，文字内容为"I LOVE CHINA"，文字左上角位置为（300,40），字体为正常大小的serif字体，字体大小为3，颜色为（128，128，128），字体线条粗细为2，线条的类型是抗锯齿型。

2）知识运用：在给定的图像上添加文字"I LOVE CHINA"，自定义字体、字号、文字颜色、字体线条粗细等参数。代码如下。

```
1. #任务一 绘制文字案例实现
2. import cv2
3. #第一步：定义添加的文字内容
4. text="I LOVE CHINA"
5. #第二步：加载地图
6. img=cv2.imread("sea.png")
7. #第三步：在图像上添加文字
8. cv2.putText(img,text,(500,300),cv2.FONT_HERSHEY_SIMPLEX,0.75,(0,0,255),2)
9. #第四步：显示图像
10. cv2.namedWindow("img")
```

```
11. cv2.imshow("img",img)
12. while True:
13.     cv2.imshow("img",img)
14.     if cv2.waitKey(1) & 0xFF == ord('q'):  # 按<q>键退出
15.         break
16. cv2.destroyAllWindows()
```

实验结果如图8-7所示。

图8-7 添加文字案例结果

任务2　鼠标交互操作

任务导入

在OpenCV中，可以使用cv2.setMouseCallback()函数来设置鼠标回调函数，监听鼠标的各种事件，实现鼠标与图像交互。编写代码，实现单击鼠标时输出鼠标对应的操作和坐标信息。

任务实施

扫码观看视频

1. 案例代码

```
1.  #案例导入代码实现
2.  import cv2
3.  import numpy as np
4.  cv2.namedWindow('show')
5.  # 第一步：定义函数
6.  def mouse_event(event,x,y,flags,para,):
7.      if  event == cv2.EVENT_LBUTTONDOWN:
8.          print("鼠标左键按下,坐标为：%s %s"%(x,y))
```

```
9.     if event == cv2.EVENT_LBUTTONUP:
10.         print("鼠标左键抬起,坐标为：%s %s" % (x, y))
11.     if event == cv2.EVENT_LBUTTONDBLCLK:
12.         print("鼠标左键双击,坐标为：%s %s" % (x, y))
13.     if event == cv2.EVENT_FLAG_LBUTTON:
14.         print("鼠标左键拖拽,坐标为：%s %s" % (x, y))
15. img = np.zeros((600,600,4),np.uint8)
16. cv2.imshow('show',img)
17. #第二步：回调函数
18. cv2.setMouseCallback('show',mouse_event)
19. cv2.waitKey()
20. cv2.destroyAllWindows()
```

2. 案例结果

案例运行结果如图8-8所示。

```
鼠标左键按下,坐标为：250  73
鼠标左键拖拽,坐标为：250  73
鼠标左键抬起,坐标为：250  73
鼠标左键按下,坐标为：173 179
鼠标左键拖拽,坐标为：173 179
鼠标左键抬起,坐标为：298 365
鼠标左键按下,坐标为：325 281
鼠标左键拖拽,坐标为：325 281
鼠标左键抬起,坐标为：201 401
```

图8-8 鼠标交互案例结果

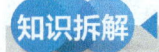

1. 鼠标事件类型

在OpenCV中，通过设置鼠标回调函数可以处理各种鼠标事件，常用鼠标事件见表8-4。

表8-4 常用鼠标事件

取　　值	含　　义	值
cv2.EVENT_LBUTTONDBLCLK	双击左键	7
cv2.EVENT_LBUTTONDOWN	单击鼠标	1
cv2.EVEN_LBUTTONUP	抬起左键	4
cv2.EVENT_MBUTTONDBLCLK	双击中间键	9
cv2.EVENT_MBUTTONDOWN	按下中间键	3
cv2.EVENT_MBUTTONUP	抬起中间键	6
cv2.EVENT_MOUSEWHEEL	滚动鼠标滚轮	10
cv2.EVENT_MOUSEHWHEEL	横向滚动鼠标滚轮	11
cv2.EVENT_MOUSEMOVE	移动鼠标	0
cv2.EVENT_RBUTTONDOWN	右击鼠标	2
cv2.EVENT_RBUTTONDBLCLK	双击右键	8
cv2.EVENT_RBUTTONUP	抬起右键	5

2. 鼠标事件标志

通过设置鼠标回调函数，可以根据事件类型和标志来执行相应的操作，常见的鼠标标志及含义见表8-5。

表8-5 常见的鼠标标志及含义

取 值	含 义	值
cv2.EVENT_FLAG_ALTKEY	按<Alt>键	32
cv2.EVENT_FLAG_CTRLKEY	按<Ctrl>键	8
cv2.EVENT_FLAG_LBUTTON	按左键	1
cv2.EVENT_FLAG_MBUTTON	按中间键	4
cv2.EVENT_FLAG_RBUTTON	按右键	2
cv2.EVENT_FLAG_SHIFTKEY	按<Shift>键	16

3. 鼠标交互函数

（1）响应函数：OnMouseAction()

当用户触发鼠标事件时，希望对该事件作出响应。例如，用户单击鼠标，就画一个圆。可以创建一个OnMouseAction()响应函数，将要实现的操作写在该响应函数内。响应函数是按照固定的格式创建的，其格式为：def OnMouseAction (event, x, y, flags, param)。

event：触发了何种事件。

x, y：触发鼠标事件时，鼠标在窗口中的坐标(x, y)。

flags：鼠标的拖拽事件，以及键盘鼠标联合事件。

param：函数ID，标识所响应的事件函数。

备注：OnMouseAction为响应函数的名称，该名称可以自定义，例如draw_circle(event, x, y, flags, param)表示创建一个名为draw_circle的响应函数。

（2）回调函数：cv2.setMouseCallback()

定义响应函数以后，要将该函数与一个特定的窗口建立联系（绑定），让该窗口内的鼠标触发事件时，能够找到该响应函数并执行。要将函数与窗口绑定，可以通过回调函数cv2.setMouseCallback()实现。

语法格式：cv2.setMouseCallback (winname, onMouse)。

winname：绑定的窗口名。

onMouse：绑定的响应函数名。

代码示例：

cv.setMouseCallback('img', draw_circle)

表示调用名为draw_circle的函数。

4. 知识运用

1）编写代码，实现单击鼠标绘制随机大小和颜色的圆。代码如下。

```
1. #单击鼠标绘制随机大小和颜色的圆案例代码实现
2. import cv2
3. import numpy as np
4. import random
5. # 第一步：定义绘制圆形函数
6. def draw_circle(event, x, y, flags, param):
7.     # 双击鼠标左键
8.     if event == cv2.EVENT_LBUTTONDOWN:
9.         # 每次单击，都是一种新颜色
10.        size=random.randint(10, 100)
11.        r = random.randint(0, 255)
12.        g = random.randint(0, 255)
13.        b = random.randint(0, 255)
14.        cv2.circle(img, (x, y), size, (b, g, r), -1)
15. img = np.zeros((600, 1000, 3), np.uint8)
16. cv2.namedWindow('draw circles')
17. # 第二步：回调绘制圆形函数
18. cv2.setMouseCallback('draw circles', draw_circle)
19. while True:
20.     # 每次单击鼠标都会触发draw_circle，而函数体内会改变img
21.     cv2.imshow('draw circles', img)
22.     if cv2.waitKey(1) & 0xFF == ord('q'):  # 按<q>键退出
23.         break
24. cv2.destroyAllWindows()
```

实验结果如图8-9所示。

图8-9　单击鼠标绘制随机大小和颜色的圆案例结果

如何实现单击鼠标时，绘制随机大小和颜色的同心圆？

2）编写代码，实现单击鼠标输出文字"I LOVE CHINA"，右击鼠标输出文字"come on"。代码如下。

```
1.  #任务二 知识运用 单击鼠标输出文字"I LOVE CHINA"，右击鼠标输出文字"come on"案例代码实现
2.  import cv2
3.  #第一步：定义onMouse函数，实现输出文字
4.  def onMouse(event,x,y,flag,params):
5.      text="I LOVE CHINA"
6.      text1="come on"
7.      #单击鼠标，输出"I LOVE CHINA"
8.      if event==cv2.EVENT_LBUTTONDOWN:
9.          cv2.circle(img,(x,y),radius=5,color=(255,255,0),thickness=-1)
10.         #设置文字属性
11.         cv2.putText(img,text,(x,y),cv2.FONT_HERSHEY_SIMPLEX,0.75,(0,0,255),2)
12.     #右击鼠标，输出"come on"
13.     if event==cv2.EVENT_RBUTTONDOWN:
14.         cv2.circle(img,(x,y),radius=5,color=(0,0,255),thickness=-1)
15.         #设置文字属性
16.         cv2.putText(img,text1,(x,y),cv2.FONT_HERSHEY_SIMPLEX,0.75,(255,0,255),2)
17. img=cv2.imread("hill.png")
18. cv2.namedWindow("img")
19. #第二步：定义回调函数
20. cv2.setMouseCallback('img',onMouse)
21. cv2.imshow("img",img)
22. while True:
23.     cv2.imshow("img",img)
24.     if cv2.waitKey(1) & 0xFF == ord('q'): # 按<q>键退出
25.         break
26. cv2.destroyAllWindows()
```

实验结果如图8-10所示。

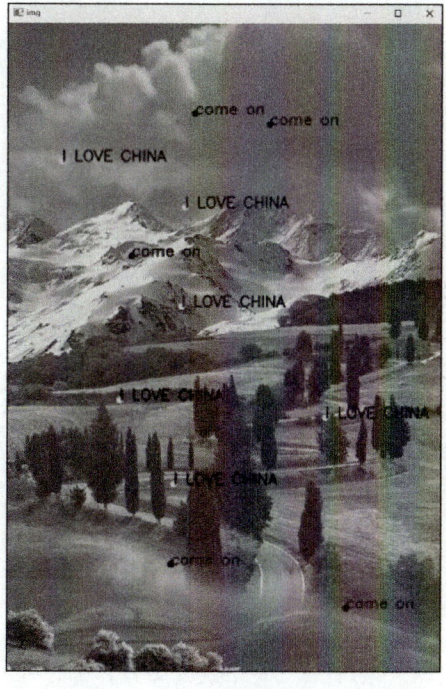

图8-10 鼠标交互案例结果

任务3　键盘交互操作

任务导入

OpenCV不仅支持强大的图像处理功能，还提供了灵活的键盘交互功能，使用户能够通过键盘来控制图像的显示和处理。编写代码，通过键盘交互操作来实现图像的放大和缩小。

任务实施

扫码观看视频

1. 案例代码

```
1. #任务3 案例导入代码实现
2. import cv2
3. #第一步：编写实现图像放大和缩小的函数img_resize
4. def img_resize(factor):
5.     global image
6.     height, width = image.shape[:2]
7.     new_height = int(height * factor)
8.     new_width = int(width * factor)
9.     image = cv2.resize(image, (new_width, new_height))
10.    cv2.imshow("Image", image)
11. # 第二步：读取图像
12. image = cv2.imread("horse.png")
13. # 第三步：创建图像窗口
14. cv2.namedWindow("Image")
15. cv2.imshow("Image", image)
16. while True:
17.     key = cv2.waitKey(0)
18.     if key == ord('q'):  # 按<q>键退出循环
19.         break
20.     elif key == ord('+'):  # 按<+>键放大图像
21.         img_resize(1.1)
22.     elif key == ord('-'):  # 按<->键缩小图像
23.         img_resize(0.9)
24. # 第四步：关闭窗口
25. cv2.destroyAllWindows()
```

2. 案例结果

案例运行结果如图8-11所示。

图8-11 键盘交互案例结果

每按一次<+>键图像放大0.1倍，每按一次<->键，图像缩小为原来的90%。

1. waitKey()函数

waitKey()函数的功能是不断刷新图像，频率时间为delay，单位为ms，该函数通常用在显示图像函数之后，返回值为当前键盘按键值（ASCII码）。

语法格式：waitKey(delay)。

delay：等待时间，单位是ms。

代码示例：

cv2.waitKey(0)

表示程序会无限制地等待用户的按键事件。

key=cv2.waitKey(1000)

表示设置延时时间为1000ms，每隔1000ms便读取键盘按键的值，返回给cv2.waitKey()。

2. ord()函数

语法格式：ord(char)。

作用：返回char所对应的十进制整数ASCII码，如ord('a')返回97，ord('A')返回65。

3. 知识运用

编写代码，实现按<ESC>键退出程序、按<1>键显示图像HSV模式、按<2>键显示图像YCrCb模式、按<3>键显示图像RGB模式、按<0>键恢复原图BGR显示。代码如下。

```
1.  #任务3 知识运用代码实现
2.  import cv2 as cv
3.  #第一步：读入图像
4.  image = cv.imread("sea.png")
5.  cv.namedWindow("keyboard_sea", cv.WINDOW_AUTOSIZE)
6.  #第二步：显示图像
7.  cv.imshow("keyboard_sea", image)
8.  while True:
9.      # 等待10ms
10.     c = cv.waitKey(10)
11.     # 按<ESC>键退出程序
12.     if c == 27:
13.         break
14.     #按<0>键恢复原图BGR显示
15.     elif c == 48:
16.         cv.imshow("keyboard_sea", image)
17.     # 按<1>键显示图像HSV模式
18.     elif c == 49:
19.         hsv = cv.cvtColor(image, cv.COLOR_BGR2HSV)
20.         cv.imshow("keyboard_sea", hsv)
21.     # 按<2>键显示图像YCrCb模式
22.     elif c == 50:
23.         ycrcb = cv.cvtColor(image, cv.COLOR_BGR2YCrCb)
24.         cv.imshow("keyboard_sea", ycrcb)
25.     # 按<3>键显示图像RGB模式
26.     elif c == 51:
27.         rgb = cv.cvtColor(image, cv.COLOR_BGR2RGB)
28.         cv.imshow("keyboard_sea", rgb)
29.     else:
30.         if c != -1:
31.             print("Key: ", c, "is not define.")
32. cv.waitKey(0)
33. cv.destroyAllWindows()
```

实验结果如图8-12所示。

  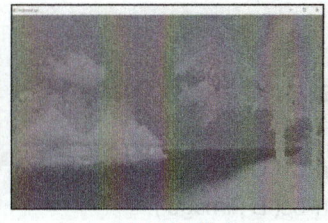 

　　a）BGR模式　　　　　b）HSV模式　　　　　c）YCrCb模式　　　　d）RGB模式

图8-12　图像的显示模式案例结果1

如果按没有定义的键值，则返回结果如图8-13所示。

```
Key: 52 is not define.
Key: 54 is not define.
```

图8-13　图像的显示模式案例结果2

任务4　窗口交互操作

任务导入

滚动条依附于特定的窗口而存在。在OpenCV中，通过调节滚动条能够设置、获取指定范围内的特定值。编写代码用滚动条实现调色板。

扫码观看视频

任务实施

1. 案例代码

```
1.  #任务4 案例导入代码实现
2.  import numpy as np
3.  import cv2 as cv
4.  def nothing(x):
5.      pass
6.  # 第一步：创建画布
7.  img = np.zeros((300,512,3), np.uint8)
8.  cv.namedWindow('image')
9.  #第二步：创建滚动条
10. cv.createTrackbar('R','image',0,255,nothing)
11. cv.createTrackbar('G','image',0,255,nothing)
12. cv.createTrackbar('B','image',0,255,nothing)
13. while(1):
14.     cv.imshow('image',img)
15.     k = cv.waitKey(1)
```

```
16.    if k == ord('q'):
17.        break
18.    # 第三步：获取滚动条值
19.    r = cv.getTrackbarPos('R','image')
20.    g = cv.getTrackbarPos('G','image')
21.    b = cv.getTrackbarPos('B','image')
22.    #第四步：使用滚动条的值设置画布背景颜色
23.    img[:] = [b,g,r]
24. cv.destroyAllWindows()
```

2. 案例结果

案例运行结果如图8-14所示。

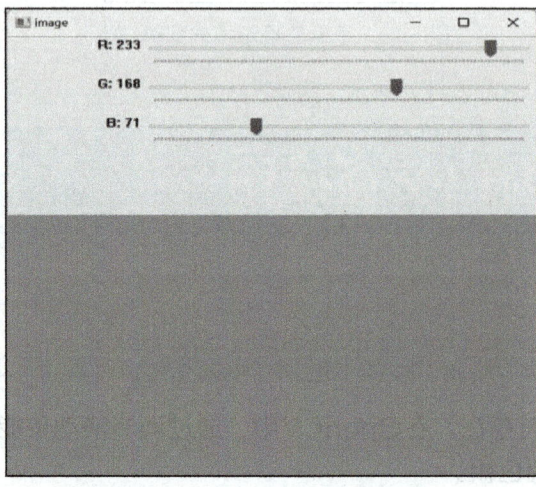

图8-14　滚动条案例运行结果

知识拆解

1. cv2.createTrackbar()函数

在OpenCV中，函数cv2.createTrackbar()用来定义滚动条，其语法格式为：cv2.creareTrackbar(trackbarname, winname, value, count, onChange)。

trackbarname：滚动条的名称。

winname：滚动条所依附窗口的名称。

value：初始值，该值决定滚动条中滑块的位置。

count：滚动条的最大值。通常情况下，其最小值是0。

onChange：回调函数。一般情况下，将改变滚动条后要实现的操作写在回调函数内。

代码示例：

```
cv.createTrackbar('Trackbar','image',0,255,nothing)
```

表示在名为image的窗口中创建一个名为Trackbar、初始值为0、最大值为255、响应函数为nothing的滚动条。

2. cv.getTrackbarPos()函数

在OpenCV中，通过函数cv2.getTrackbarPos()获取滚动条的值，其语法格式为：retval=getTrackbarPos(trackbarname，winname)。

retval：返回值，获取函数cv2.createTrackbar()生成的滚动条的值。

trackbarmame：滚动条的名称。

winname：滚动条所依附的窗口的名称。

代码示例：

a = cv.getTrackbarPos('Trackbar','image')

表示获取窗口image中名为Trackbar的滚动条的值。

3. 知识运用

编写代码，实现使用滚动条改变图像的对比度和亮度。代码如下。

```
1.  #任务4 知识运行代码实现
2.  import cv2 as cv
3.  import numpy as np
4.  alpha=0.3
5.  beta=80
6.  #第一步：读入图像
7.  img=cv.imread("hand.png")
8.  img2=cv.imread("hand.png")
9.  #第二步：定义改变图像对比度的函数
10. def updateAlpha(x):
11.     global alpha ,img,img2
12.     alpha=cv.getTrackbarPos('Alpha','image')
13.     alpha=alpha*0.01
14.     img=np.uint8(np.clip((alpha * img2+beta),0,255))
15. #第三步：定义改变图像亮度的函数
16. def updateBeta(x):
17.     global beta, img, img2
18.     beta= cv.getTrackbarPos('Beta', 'image')
19.     img = np.uint8(np.clip((alpha * img2 + beta), 0, 255))
20. cv.namedWindow('image')
21. cv.createTrackbar('Alpha','image',0,300,updateAlpha)
22. cv.createTrackbar('Beta','image',0,255,updateBeta)
23. cv.setTrackbarPos('Alpha','image',100)
24. cv.setTrackbarPos('Beta','image',10)
25. while (True):
26.     cv.imshow('image',img)
27.     if cv.waitKey(1)==ord('q'):
28.         break
29. cv.destroyAllWindows()
```

实验结果如图8-15所示。

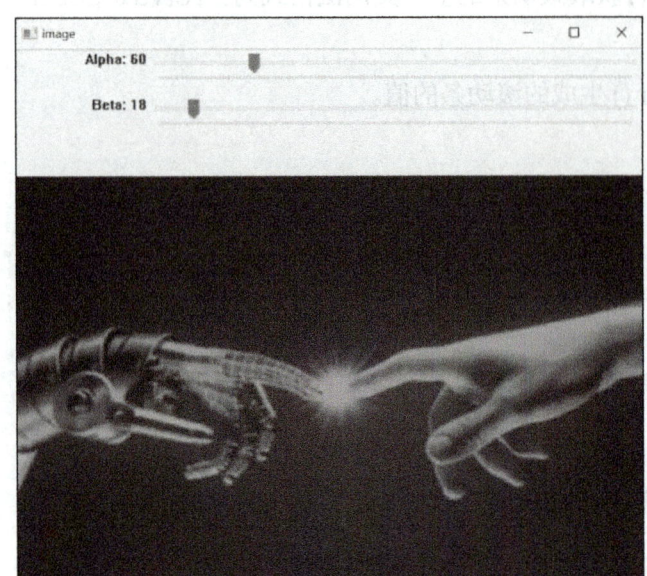 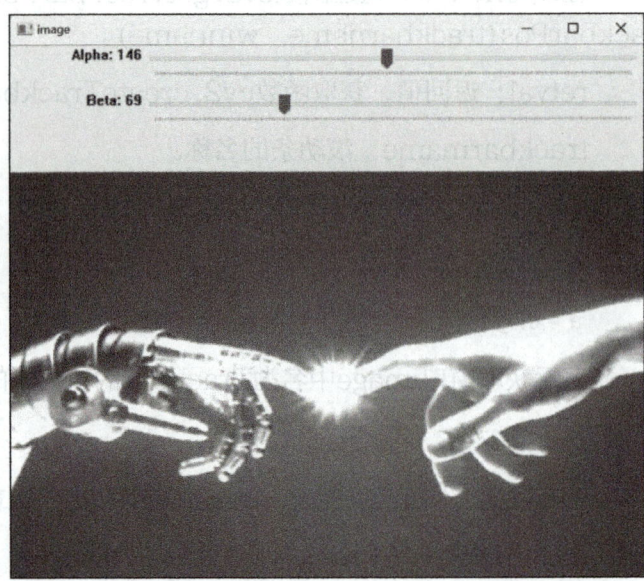

图8-15　条件图像的对比度和亮度案例结果

1. 单选题

1）使用OpenCV读取的图像默认为（　　）色彩空间。

　　A．BGR　　　　　　B．RGB　　　　　　C．HSV　　　　　　D．GRAY

2）通常使用OpenCV中的（　　）读取图像。

　　A．imread()　　　　　　　　　　　　B．namedWindow()

　　C．imshow()　　　　　　　　　　　　D．waitKey()

3）在OpenCV中，通常使用（　　）写入图像。

　　A．imshow()　　　　　　　　　　　　B．imwrite()

　　C．waitKey()　　　　　　　　　　　　D．destoryAllWindows()

4）通常使用OpenCV中的（　　）读取视频。

　　A．waitKey()　　　　　　　　　　　　B．imshow()

　　C．VideoCapture()　　　　　　　　　D．imwrite()

2. 判断题

1）OpenCV绘图函数中，参数thickness表示线条的粗细，默认值是1，如果设置为−1，表示填充图形。　　　　　　　　　　　　　　　　　　　　　　　　　　　　　　　　　　　　　（　　）

2）在OpenCV中，可以使用cv2.line()函数来绘制直线，其中参数包括直线的起点和终点坐标、颜色、线宽等。（　　）

3）OpenCV提供了交互功能，允许用户通过鼠标操作与绘制的图形进行交互。（　　）

4）在OpenCV中，可以使用cv2.imshow()函数来显示绘制的图像，但它并不支持缩放或平移等交互操作。（　　）

5）OpenCV的绘图函数（如cv2.circle()）可以直接在图像上绘制图形，并且这些图形是永久性的，不能被撤销或修改。（　　）

3. 编程题

1）以灰度方式读取磁盘上的图像并显示，按<ESC>键时，退出图像显示，释放窗口。

2）读取本地视频，按<s>键时，将当前视频界面保存成jpg格式的图像，按<q>键时退出。

模块 9

图像边缘检测及轮廓检测

> **模块概述**
>
> 在图像处理与分析的众多领域中，边缘检测和轮廓检测是两项至关重要的技术。它们不仅提供了图像中物体边界的详细信息，还为人们理解图像内容、提取特征以及实现目标识别等任务提供了关键线索。
>
> 本模块将详细介绍基于OpenCV的图像边缘检测及轮廓检测的基本原理、实现方法以及深层技术，从OpenCV的基本操作开始，逐步深入到各种边缘检测和轮廓提取算法的实现细节。通过本模块的学习，读者能够掌握这些核心技术，并将其应用到实际的图像处理和分析任务中。
>
> 图像处理与分析不仅是技术层面的操作，更是对现实世界的认知和理解的体现。边缘检测和轮廓检测作为图像处理的关键环节，其背后蕴含着对事物边界、形态和结构的深刻洞察。这种对世界的细致观察和精确分析，正是科学精神和严谨态度的体现。同时，将这些技术应用于实际问题的解决中，如医学影像分析、智能交通等领域，更是服务人民、推动社会进步的使命和责任。因此，在学习图像边缘检测及轮廓检测的过程中，应当始终保持对技术的敬畏和热爱，不断提升自己的专业素养和实践能力，为实现科技强国和民族复兴贡献自己的力量。

> **学习导航**

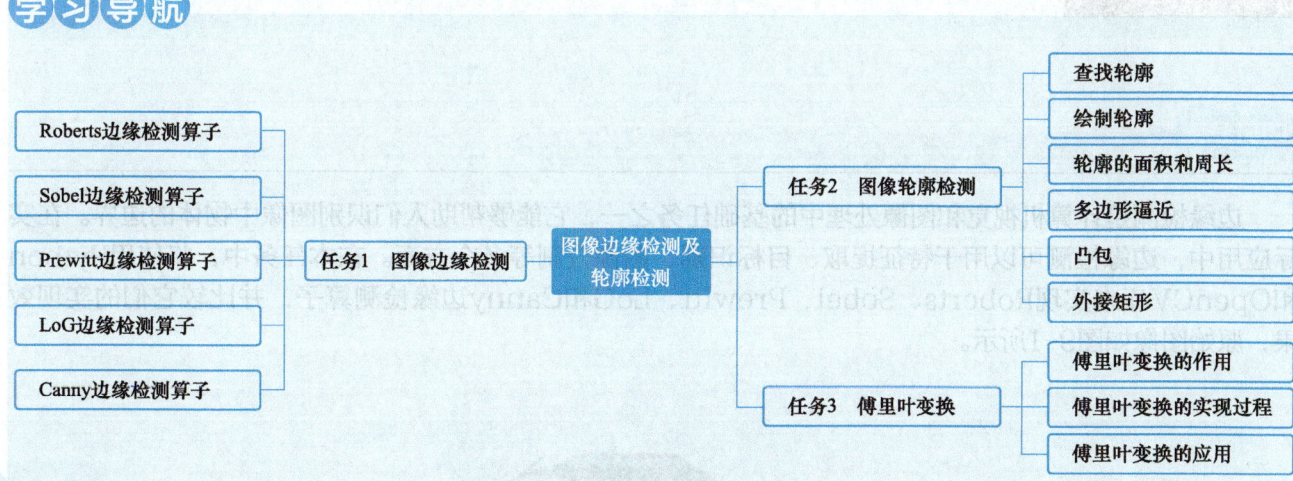

学习目标

知识目标

- 能够使用Python和OpenCV库实现Roberts、Sobel、Prewitt、LoG和Canny边缘检测算子。
- 能够应用OpenCV库进行图像轮廓的查找、绘制，并计算轮廓的面积和周长。
- 掌握多边形逼近和凸包算法在轮廓处理中的应用方法。
- 学会使用OpenCV库进行傅里叶变换操作，包括正向和反向变换。

能力目标

- 通过实际编程操作，能够将理论知识转化为实践能力，独立完成图像边缘检测和轮廓检测的任务。
- 在掌握基本技术的基础上，进行创新性尝试，探索新的图像处理方法和算法。
- 通过案例分析和项目实践，培养解决实际图像处理问题的能力，提高在图像处理领域的竞争力。
- 培养自主学习和终身学习的习惯，不断更新知识体系，跟上图像处理技术的最新发展。

素质目标

- 培养对图像边缘检测和轮廓检测技术的兴趣和热情，激发深入学习和研究的动力。
- 培养分析问题和解决问题的能力，在面对实际图像处理问题时能够灵活应用所学知识。
- 培养团队合作精神和沟通能力，在项目中与他人协作，共同完成任务。

任务1　图像边缘检测

边缘检测是计算机视觉和图像处理中的基础任务之一，它能够帮助人们识别图像中物体的边界。在实际应用中，边缘检测可以用于特征提取、目标识别、图像分割等多个方面。在本任务中，将使用Python和OpenCV库来实现Roberts、Sobel、Prewitt、LoG和Canny边缘检测算子，并比较它们的实现效果，原始图像如图9-1所示。

图9-1　原始图像

任务实施

1. 案例代码

```
1.  import cv2
2.  import numpy as np
3.  import matplotlib.pyplot as plt
4.  # 第一步，读取图像
5.  image = cv2.imread('car.jpg', cv2.IMREAD_GRAYSCALE)
6.  #第二步，分别使用不同的算法进行边缘检测
7.  # Roberts边缘检测算子
8.  kernel_x = np.array([[1, 0], [0, -1]], dtype=np.float32)
9.  kernel_y = np.array([[0, 1], [-1, 0]], dtype=np.float32)
10. roberts_x = cv2.filter2D(image, -1, kernel_x)
11. roberts_y = cv2.filter2D(image, -1, kernel_y)
12. roberts_output = cv2.addWeighted(roberts_x, 0.5, roberts_y, 0.5, 0)
13. # Sobel边缘检测算子
14. sobel_x = cv2.Sobel(image, cv2.CV_64F, 1, 0, ksize=3)
15. sobel_y = cv2.Sobel(image, cv2.CV_64F, 0, 1, ksize=3)
16. sobel_output = cv2.addWeighted(np.absolute(sobel_x), 0.5, np.absolute(sobel_y), 0.5, 0)
17. # Prewitt边缘检测算子
18. prewitt_x = cv2.filter2D(image, -1, np.array([[1, 0, -1], [1, 0, -1], [1, 0, -1]], dtype=np.float32))
19. prewitt_y = cv2.filter2D(image, -1, np.array([[1, 1, 1], [0, 0, 0], [-1, -1, -1]], dtype=np.float32))
20. prewitt_output = cv2.addWeighted(np.absolute(prewitt_x), 0.5, np.absolute(prewitt_y), 0.5, 0)
21. # LoG边缘检测算子
22. gaussian = cv2.GaussianBlur(image, (5, 5), 0)
23. log = cv2.Laplacian(gaussian, cv2.CV_64F)
24. log_output = cv2.convertScaleAbs(log)
25. # Canny边缘检测算子
26. canny_output = cv2.Canny(image, 100, 200)
27. #第三步，显示结果
28. titles = ['Original Image', 'Roberts', 'Sobel', 'Prewitt', 'LoG', 'Canny']
29. images = [image, roberts_output, sobel_output, prewitt_output, log_output, canny_output]
30. for i in range(6):
31.     plt.subplot(2, 3, i + 1), plt.imshow(images[i], 'gray')
32.     plt.title(titles[i]), plt.xticks([]), plt.yticks([])
33. plt.show()
```

2. 案例结果

案例运行结果如图9-2所示。

a）原始图像

b）Roberts边缘检测结果

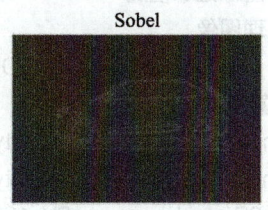
c）Sobel边缘检测结果

图9-2 采用不同的边缘检测算子处理图像

d）Prewitt边缘检测结果　　　　e）LoG边缘检测结果　　　　f）Canny边缘检测结果

图9-2　采用不同的边缘检测算子处理图像（续）

知识拆解

1. Roberts边缘检测算子

（1）算法介绍

Roberts算子又称为交叉微分算法，是基于交叉差分的梯度算法，通过局部差分计算检测边缘线条。常用来处理具有陡峭的低噪声图像，当图像边缘接近45°或-45°时，该算法的处理效果更理想。其缺点是对边缘的定位不太准确，提取的边缘线条较粗。

（2）OpenCV中的函数介绍

实现Roberts算子主要通过OpenCV中的cv2.filter2D()函数来完成。这个函数的主要功能是通过卷积核实现对图像的卷积运算。

函数语法格式：cv2.filter2D(src, ddepth, kernel, dst=None, anchor=None, delta=None, orderType=None)。

src：输入图像。

ddepth：目标图像的深度。

kernel：卷积核。

（3）知识运用

使用Roberts算子实现图像的边缘检测。代码如下。

```
1.  import cv2 as cv
2.  import numpy as np
3.  import matplotlib.pyplot as plt
4.  # 第一步，读取图像
5.  img = cv.imread('car.jpg', cv.COLOR_BGR2GRAY)
6.  rgb_img = cv.cvtColor(img, cv.COLOR_BGR2RGB)
7.  # 第二步，图像边缘检测
8.  # 灰度化处理图像
9.  grayImage = cv.cvtColor(img, cv.COLOR_BGR2GRAY)
10. # Roberts 算子
11. kernelx = np.array([[-1, 0], [0, 1]], dtype=int)
12. kernely = np.array([[0, -1], [1, 0]], dtype=int)
13. x = cv.filter2D(grayImage, cv.CV_16S, kernelx)
14. y = cv.filter2D(grayImage, cv.CV_16S, kernely)
```

15. # 转回uint8形式，图像融合
16. absX = cv.convertScaleAbs(x)
17. absY = cv.convertScaleAbs(y)
18. Roberts = cv.addWeighted(absX, 0.5, absY, 0.5, 0)
19. # 第三步，显示图形
20. titles = ['src', 'Roberts operator']
21. images = [rgb_img, Roberts]
22. for i in range(2):
23. 　　plt.subplot(1, 2, i + 1), plt.imshow(images[i], 'gray')
24. 　　plt.title(titles[i])
25. 　　plt.xticks([]), plt.yticks([])
26. plt.show()

实验结果如图9-3所示。

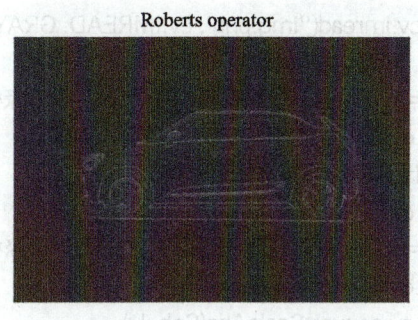

a）原始图像　　　　　　　　　　b）Roberts边缘检测结果

图9-3　使用Roberts算子进行图像边缘检测

2. Sobel边缘检测算子

（1）算法介绍

Sobel算子是一种离散微分算子，它结合了高斯平滑和微分求导。Sobel算子利用局部像素点灰度加权差，在边缘处达到极值这一现象检测边缘。因为Sobel算子对噪声具有平滑作用，所以能很好地消除噪声的影响。同时，Sobel算子在水平和垂直两个方向上求导，因此可以很好地检测图像在这两个方向上的边缘变化。

Sobel算子有两个3×3的卷积核，一个对应水平方向，一个对应垂直方向。通过将这两个卷积核与图像进行卷积运算，可以得到每个像素点水平方向和垂直方向的梯度强度。然后，通过计算这两个梯度强度的平方和的平方根，可以得到该像素点的边缘强度。

（2）OpenCV中的函数介绍

在OpenCV中，可以使用cv2.Sobel()函数来实现Sobel边缘检测算子。这个函数可以对输入图像进行卷积运算，得到边缘检测结果。

函数语法格式：cv2.Sobel(src, ddepth, dx, dy, ksize=None, scale=None, delta=None, borderType=None)。

src：输入图像，必须是8位单通道图像。

ddepth：输出图像的深度，常见的取值有cv2.CV_8U、cv2.CV_16U、cv2.CV_16S、cv2.CV_32F、cv2.CV_64F。

dx和dy：分别表示沿x方向和y方向求导的阶数。

ksize：Sobel核的大小，必须是1、3、5或7。

scale：可选缩放因子，默认为1，表示将计算出的梯度值乘以该因子。

delta：可选的添加到输出图像的值，默认为0。

borderType：像素外推法的类型，决定如何处理图像边界。

（3）知识运用

使用Sobel算子实现图像的边缘检测。首先，分别计算图像在水平和垂直方向上的边缘信息；接着，将两个方向的信息进行加权求和，得到更为全面的边缘检测结果；最后，通过可视化展示原始图像及边缘检测方法的处理效果。代码如下。

```
1.  import cv2 as cv
2.  import matplotlib.pyplot as plt
3.  # 第一步，采用灰度图的方式读取源图像文件
4.  image = cv.imread("img.png', cv.IMREAD_GRAYSCALE)
5.  #第二步，图像边缘检测
6.  # 参数dx=1、dy=0，获取图像水平方向上的边缘检测信息
7.  Sobelx = cv.Sobel(image, cv.CV_64F, 1, 0)
8.  # 缩放、计算绝对值并将结果转换为8位
9.  Sobelx = cv.convertScaleAbs(Sobelx)
10. # 参数dx=0、dy=1，获取图像垂直方向上的边缘检测信息
11. Sobely = cv.Sobel(image, cv.CV_64F, 0, 1)
12. Sobely = cv.convertScaleAbs(Sobely)
13. # 计算两个方向数据数组的加权和
14. Sobelxy = cv.addWeighted(Sobelx, 0.5, Sobely, 0.5, 0)
15. # 参数dx=1、dy=1，获取图像水平和垂直方向上的边缘检测信息
16. Sobelxy11 = cv.Sobel(image, cv.CV_64F, 1, 1)
17. Sobelxy11 = cv.convertScaleAbs(Sobelxy11)
18. # 第三步，显示图形
19. titles = ['image', 'Sobelxy','Sobelxy11']
20. images = [image, Sobelxy,Sobelxy11]
21. for i in range(3):
22.     plt.subplot(1, 3, i + 1), plt.imshow(images[i], 'gray')
23.     plt.title(titles[i])
24.     plt.xticks([]), plt.yticks([])
25. plt.show()
```

实验结果如图9-4所示。

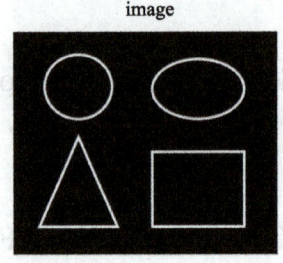
a）原始图像

b）图像分别在水平和垂直方向上的边缘检测信息的叠加

c）图像在水平和垂直方向上的边缘检测信息

图9-4　使用Sobel算子进行图像边缘检测

3. Prewitt边缘检测算子

（1）算法介绍

Prewitt算子是一种离散微分算子，它利用像素点邻域灰度差，在边缘处达到极值的现象来检测边缘。Prewitt算子通过计算图像中每个像素点邻域像素值的差分来近似梯度，从而确定边缘的位置。Prewitt算子对噪声有一定的平滑作用，因此在处理包含噪声的图像时通常能够得到较好的边缘检测结果。

Prewitt算子包含两组3×3的卷积核，一个用于检测水平方向的边缘，另一个用于检测垂直方向的边缘。通过将这两个卷积核与图像进行卷积运算，可以得到每个像素点在水平和垂直方向上的梯度强度。然后，通过计算这两个梯度强度的最大值或者它们的平方和的平方根来确定该像素点是否为边缘点。

（2）OpenCV中的函数介绍

在OpenCV中，可以使用cv2.filter2D()函数来实现Prewitt边缘检测算子。这个函数可以对输入图像进行卷积运算，通过自定义的卷积核来提取图像的特征。

函数语法格式：cv2.filter2D(src, ddepth, kernel, dst=None, anchor=None, delta=None, borderType=None)。

src：输入图像，可以是多通道图像。

ddepth：输出图像的深度，常见的取值有cv2.CV_8U、cv2.CV_16U、cv2.CV_16S、cv2.CV_32F、cv2.CV_64F等。

kernel：卷积核，一个单通道数组，其大小定义了邻域的大小。

dst：输出图像，可选参数，默认为None。

anchor：卷积核的锚点位置，决定了卷积核覆盖像素点的位置，默认为卷积核的中心。

delta：可选的添加到输出图像的值，默认为0。

borderType：像素外推法的类型，决定如何处理图像边界，常见的取值有cv2.BORDER_DEFAULT、cv2.BORDER_CONSTANT等。

（3）知识运用

使用Prewitt算子进行图像边缘检测，通过卷积运算提取图像特征，并展示边缘检测效果。代码如下。

```
1.  import cv2
2.  import numpy as np
3.  import matplotlib.pyplot as plt
4.  #第一步，读取图像并转换为灰度图
5.  image = cv2.imread('car.jpg', cv2.IMREAD_GRAYSCALE)
6.  if image is None:
7.      print("Error: Could not open or find the image.")
8.      exit()
9.  # 第二步，定义Prewitt算子的卷积核
10. kernelx = np.array([[1, 0, -1],
11.                     [1, 0, -1],
12.                     [1, 0, -1]], dtype=np.float32)  # 水平边缘检测
13. kernely = np.array([[ 1,  1,  1],
14.                     [ 0,  0,  0],
```

```
15.             [-1, -1, -1]], dtype=np.float32) # 垂直边缘检测
16. #第三步，应用Prewitt算子
17. grad_x = cv2.filter2D(image, -1, kernelx)
18. grad_y = cv2.filter2D(image, -1, kernely)
19. # 第四步，计算梯度强度（只显示水平方向的梯度）
20. gradient_x_8u = cv2.convertScaleAbs(grad_x)
21. # 第五步，显示结果
22. plt.figure(figsize=(10, 5))
23. plt.subplot(1, 2, 1)
24. plt.title('Original Image')
25. plt.imshow(image, cmap='gray')
26. plt.subplot(1, 2, 2)
27. plt.title('Gradient X (Prewitt)')
28. plt.imshow(gradient_x_8u, cmap='gray')
29. plt.show()
```

实验结果如图9-5所示。

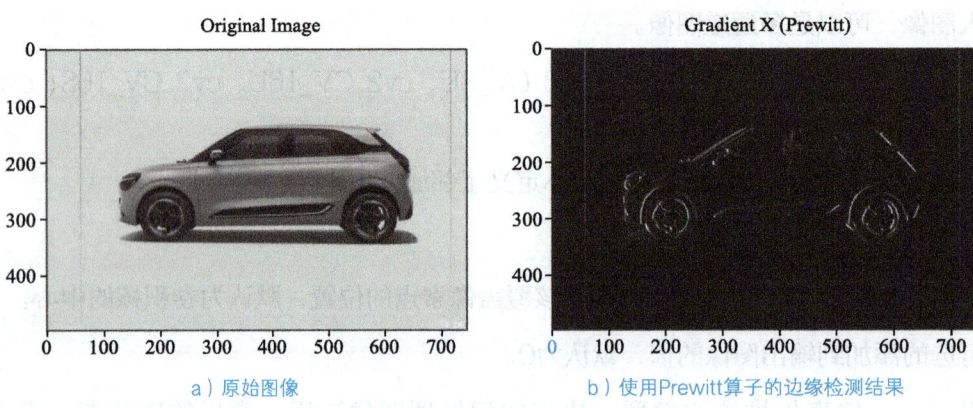

a）原始图像　　　　　　　　　　　　b）使用Prewitt算子的边缘检测结果

图9-5　使用Prewitt算子进行图像边缘检测

4．LoG边缘检测算子

（1）算法介绍

LoG（Laplacian of Gaussian）算子，也称为高斯拉普拉斯算子，是一种用于边缘检测的算法。它首先对图像进行高斯滤波，以平滑噪声并减少高频分量；然后，对滤波后的图像应用拉普拉斯算子，通过计算二阶导数来检测边缘。LoG算子的特点是能够检测到不同尺度的边缘，并具有较好的抗噪性能。由于LoG算子结合了高斯滤波和拉普拉斯算子，因此它在边缘定位上通常比Roberts算子更准确，且提取的边缘线条更细。

（2）OpenCV中的函数介绍

在OpenCV中，可以使用cv2.Laplacian()函数来实现拉普拉斯算子。这个函数会对输入图像进行拉普拉斯变换，并返回变换后的图像。然而，为了获得LoG算子的效果，通常需要首先使用cv2.GaussianBlur()函数对图像进行高斯滤波。

1）cv2.GaussianBlur()函数。

语法格式：cv2.GaussianBlur(src, ksize, sigmaX[, dst[, sigmaY[, borderType]]])。

src：输入图像。

ksize：高斯核的大小，必须是奇数且可以有两个值，分别是高斯核的宽和高，如果宽和高都为0，则它们会根据sigma值自动计算。

sigmaX：x方向上的高斯核标准差。

sigmaY：y方向上的高斯核标准差，如果为0，则与sigmaX相同；如果sigmaX和sigmaY都是0，则它们根据ksize计算得出。

borderType：像素外推法的类型。

2）cv2.Laplacian()函数。

语法格式：cv2.Laplacian(src, ddepth [, dst [, ksize [, scale [, delta [, borderType]]]])。

src：输入图像。

ddepth：输出图像的深度。

ksize：拉普拉斯算子的核大小，必须是正奇数。

scale：可选的比例因子。

delta：可选的添加到输出图像的值。

borderType：像素外推法的类型。

（3）知识运用

使用拉普拉斯算子实现图像的边缘检测。首先，对原始图像进行高斯滤波以减少噪声干扰；然后分别应用拉普拉斯算子于原始图像和高斯滤波后的图像，得到不同的边缘检测结果；最后，可视化展示原始图像、直接应用拉普拉斯算子的结果以及先应用高斯滤波再应用拉普拉斯算子的结果，对比分析不同方法的边缘检测效果。代码如下。

```
1.  import cv2 as cv
2.  import matplotlib.pyplot as plt
3.  # 第一步，采用灰度图的方式读取源图像文件
4.  image = cv.imread('img_1.png', cv.IMREAD_GRAYSCALE)
5.  # 第二步，图像边缘检测
6.  # 高斯过滤
7.  result_g = cv.GaussianBlur(image, (3, 3), 5, 0)
8.  # 调用拉普拉斯方法
9.  Laplacian = cv.Laplacian(image, cv.CV_64F)
10. # 缩放、计算绝对值并将结果转换为8位
11. Laplacian = cv.convertScaleAbs(Laplacian)
12. # 调用拉普拉斯方法
13. gaussLap = cv.Laplacian(result_g, cv.CV_64F)
14. # 缩放、计算绝对值并将结果转换为8位
15. gaussLap = cv.convertScaleAbs(gaussLap)
16. # 第三步，显示图形
17. titles = ['image', 'Laplacian','gaussLap']
18. images = [image, Laplacian,gaussLap]
19. for i in range(3):
```

20.   plt.subplot(1, 3, i + 1), plt.imshow(images[i], 'gray')
21.   plt.title(titles[i])
22.   plt.xticks([]), plt.yticks([])
23. plt.show()

实验结果如图9-6所示。

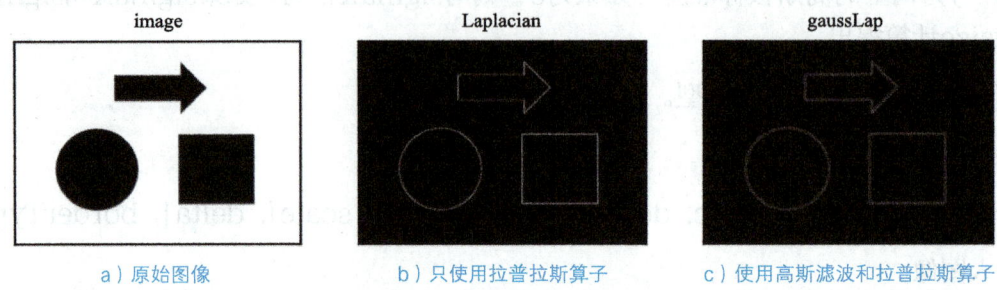

a）原始图像   b）只使用拉普拉斯算子   c）使用高斯滤波和拉普拉斯算子

图9-6　使用拉普拉斯算子进行图像边缘检测

5．Canny边缘检测算子

（1）算法介绍

Canny算子是一种流行的边缘检测算法，由John F. Canny在1986年提出。它旨在实现一个性能优良的边缘检测算法，满足以下三个准则：好的信噪比，好的定位性能，以及对单一边缘仅有一次响应。Canny算子主要分为以下五个步骤。

1）使用高斯滤波平滑图像。

这一步的目的是去除图像中的噪声，因为噪声会影响后续的边缘检测。高斯滤波是一种线性平滑滤波，它使用一个高斯函数作为权重，对图像中的每个像素点进行加权平均，从而得到平滑后的图像。通过高斯滤波，可以将图像中的高频噪声去除，使图像变得更加平滑。

2）计算梯度。

在平滑后的图像上，使用Sobel算子计算每个像素点的梯度。Sobel算子是一种离散微分算子，它可以计算图像在水平方向和垂直方向上的梯度。通过计算梯度，可以得到图像中每个像素点的边缘强度（即梯度的幅值）和边缘方向（即梯度的方向）。

3）非极大值抑制。

非极大值抑制是一种边缘稀疏技术，它的目的是将局部最大值之外的所有梯度值抑制为0，从而保留最可能的边缘点。对于每个像素点，沿着其梯度方向比较它与相邻像素点的梯度值。如果当前像素点的梯度值大于其相邻像素点的梯度值，则保留该像素点为边缘点；否则，将该像素点的梯度值置为0。通过非极大值抑制，可以剔除掉大部分不是边缘的点，使边缘变得更加清晰。

4）双阈值处理。

双阈值处理是Canny算法中的一个重要步骤，它使用两个阈值（高阈值和低阈值）来进一步筛选边缘点。如果某个像素点的梯度值大于高阈值，则该像素点被保留为强边缘点；如果梯度值小于低阈值，则该像素点被排除为非边缘点；如果梯度值介于两者之间，则该像素点被标记为弱边缘点。这一步的目的是去除一些不重要的边缘点，同时保留强边缘点和可能的弱边缘点。

5)滞后阈值处理。

滞后阈值处理是对双阈值处理结果的进一步优化。在这一步中,算法会遍历所有弱边缘点,并检查它们是否连接到强边缘点。如果某个弱边缘点连接到强边缘点,则保留该弱边缘点;否则,将其排除。通过滞后阈值处理,可以连接一些被双阈值处理断开的边缘,使边缘更加完整和连续。

(2)OpenCV中的函数介绍

OpenCV提供了cv2.Canny()函数来实现Canny边缘检测。这个函数集成了上述五个步骤,方便用户直接应用。

函数语法格式:cv2.Canny(image, threshold1, threshold2[, edges[, apertureSize[, L2gradient]]])。

image:输入图像,必须是8位单通道图像。

threshold1:较小的阈值,用于滞后阈值处理。

threshold2:较大的阈值,用于滞后阈值处理。

edges:输出的边缘图像,与输入图像大小相同。

apertureSize:用于计算图像梯度的Sobel核的大小,默认值为3。

L2gradient:指定用于计算图像梯度的方程,如果为True,则使用更精确的L2范数;如果为False,则使用L1范数。默认值为False。

(3)知识运用

使用Python和OpenCV库编写一个函数,该函数接受一张图像作为输入,并返回该图像的Canny边缘检测结果。函数应允许用户指定Canny边缘检测的两个阈值参数。代码如下。

```
1.  import cv2
2.  # 第一步,定义函数实现自由变换阈值的Canny边缘检测
3.  def canny_edge_detection(image_path, low_threshold, high_threshold):
4.      # 第二步,读取图像
5.      image = cv2.imread(image_path, cv2.IMREAD_GRAYSCALE)
6.      # 检查图像是否成功读取
7.      if image is None:
8.          raise ValueError("Failed to load image at path: {}".format(image_path))
9.      # 第三步,进行Canny边缘检测
10.     edges = cv2.Canny(image, low_threshold, high_threshold)
11.     return edges
12. # 使用示例
13. a = input("请输入低阈值:")
14. b = input("请输入高阈值:")
15. edges = canny_edge_detection('car.jpg', float(a), float(b))
16. cv2.imshow('Canny Edges', edges)
17. cv2.waitKey(0)
18. cv2.destroyAllWindows()
```

实验结果如图9-7所示。

请输入低阈值：50
请输入高阈值：150

请输入低阈值：30
请输入高阈值：130

图9-7　使用Canny算子进行图像边缘检测

> **思考**
>
> 在上面的案例中，使用了输入阈值实现Canny边缘检测。请思考并实现一个方法，该方法能够自动确定合适的阈值，以便在不同的图像上都能获得较好的边缘检测结果。可以考虑使用图像直方图分析或其他自适应阈值确定方法。

任务2　图像轮廓检测

任务导入

认识事物从外形开始，是直观感知世界的重要方式。通过外形分析，能把握事物的特点，锻炼观察与逻辑思维能力。这种由外及内的认知方式，不仅助力人们深入理解世界，也是个人成长和进步的基石。假设有一张包含多个形状的二值化图像，如图9-8所示，想要识别并标记出每个物体的轮廓，同时计算每个轮廓的面积、周长，以及使用多边形逼近和凸包进行简化处理，最后绘制出每个轮廓的外接矩形。通过这个任务，可以对图像中的物体进行基本的形状分析。

图9-8　原始图片

任务实施

1. 案例代码

```
1.  import cv2
2.  # 第一步，读取图像
3.  image = cv2.imread('contours.png')
4.  # 第二步，图像处理
5.  # 将原图像转换为灰度图像
6.  gray = cv2.cvtColor(image, cv2.COLOR_BGR2GRAY)
7.  # 二值化处理
8.  _, thresholded = cv2.threshold(gray, 127, 255, cv2.THRESH_BINARY)
9.  # 查找轮廓
10. contours, _ = cv2.findContours(thresholded, cv2.RETR_TREE, cv2.CHAIN_APPROX_SIMPLE)
11. # 绘制轮廓
12. cv2.drawContours(image, contours, -1, (0, 0, 255), 5)
13. # 遍历每个轮廓
14. for contour in contours:
15.     # 计算轮廓面积
16.     area = cv2.contourArea(contour)
17.     # 计算轮廓周长
18.     perimeter = cv2.arcLength(contour, True)
19.     # 多边形逼近
20.     approx = cv2.approxPolyDP(contour, 0.02 * perimeter, True)
21.     # 凸包
22.     hull = cv2.convexHull(contour)
23.     # 外接矩形
24.     x, y, w, h = cv2.boundingRect(contour)
25.     cv2.rectangle(image, (x, y), (x + w, y + h), (255, 0, 0), 2)
26. # 第三步，显示信息
27.     print(f"Area: {area}, Perimeter: {perimeter}")
28. # 第四步，显示结果图像
29. cv2.imshow('Contours', image)
30. cv2.waitKey(0)
31. cv2.destroyAllWindows()
```

2. 案例结果

案例运行结果如图9-9所示。

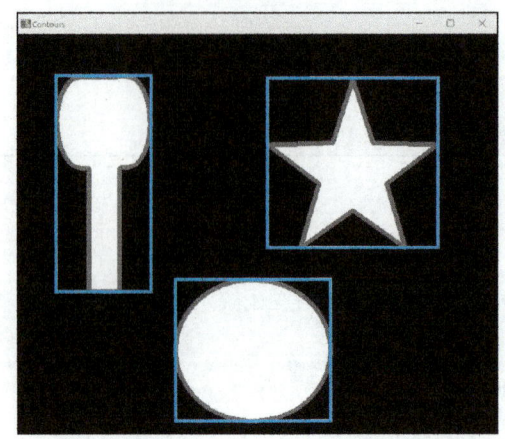

图9-9 图像轮廓检测

1. 查找轮廓算法

（1）算法介绍

查找轮廓是图像处理中的一个重要步骤，常用于对象识别、形状分析等场景。OpenCV提供了findContours()函数来查找图像中的轮廓。该函数基于图像的二值化结果，通过遍历图像像素，将连续的相同值像素点（通常是非零值）连接成轮廓。轮廓通常表示图像中物体的边界，对于后续的形状分析、特征提取等非常有用。

（2）OpenCV中的函数介绍

OpenCV中用于查找轮廓的函数是cv2.findContours()。这个函数接受一个二值图像作为输入，并返回图像中的轮廓。

函数语法格式：cv2.findContours(image, mode, method[, contours[, hierarchy[, offset]]])。

image：输入图像，必须是单通道8位图像。通常，这是通过阈值化或Canny边缘检测等预处理步骤得到的二值图像。

mode：轮廓检索模式。这个参数决定了函数如何检索轮廓。常见的模式如下。

cv2.RETR_EXTERNAL：只检索最外层的轮廓。

cv2.RETR_TREE：检索所有轮廓并重建嵌套轮廓的完整层次结构。

cv2.RETR_LIST：检索所有轮廓但不建立任何层次结构。

cv2.RETR_CCOMP：检索所有轮廓并建立两个层次的轮廓结构。

method：轮廓近似方法。这个参数决定了轮廓的近似程度。常见的方法如下。

cv2.CHAIN_APPROX_NONE：存储轮廓的每个点。

cv2.CHAIN_APPROX_SIMPLE：压缩水平、垂直和对角线段，并只保留它们的端点。

cv2.CHAIN_APPROX_TC89_L1和cv2.CHAIN_APPROX_TC89_KCOS：使用Teh-Chinin链近似算法。

contours：输出参数，表示检测到的所有轮廓，以Python列表的形式返回，列表中每个元素代表一个轮廓。

hierarchy：可选的输出参数，包含有关图像拓扑的信息，例如哪些轮廓是内嵌的、哪些轮廓在最外层等。

offset：可选参数，用于在查找轮廓时移动整个图像。

（3）知识运用

通过二值化处理和轮廓检测算法实现图像轮廓的提取与可视化，方便用户观察和分析图像的轮廓特征。代码如下。

```
1.  import cv2 as cv
2.  import numpy as np
3.  import matplotlib.pyplot as plt
4.  # 第一步，读取图像
5.  img = cv.imread('su7.jpg', cv.IMREAD_GRAYSCALE)
6.  #第二步，图像轮廓查找与绘制
7.  # 二值化处理图像
8.  _, thresh = cv.threshold(img, 127, 255, cv.THRESH_BINARY)
9.  # 查找轮廓
10. contours, hierarchy = cv.findContours(thresh, cv.RETR_TREE, cv.CHAIN_APPROX_SIMPLE)
11. # 绘制轮廓
12. contour_img = cv.drawContours(img, contours, -1, (0, 255, 0), 2)
13. #第三步，显示原始图像和带有轮廓的图像
14. img = cv.imread('su7.jpg')
15. titles = ['Original Image', 'Image with contours']
16. images = [img, contour_img]
17. for i in range(2):
18.     plt.subplot(1, 2, i + 1), plt.imshow(images[i], 'gray')
19.     plt.title(titles[i])
20.     plt.xticks([]), plt.yticks([])
21. plt.show()
```

实验结果如图9-10所示。

a）原始图像

b）带有轮廓的图像

图9-10　图像轮廓分析

2. 绘制轮廓算法

（1）算法介绍

绘制轮廓的算法通常指的是将检测到的轮廓绘制在原始图像上，以便进行可视化或进一步的分析。这个算法通常用于展示轮廓检测的结果，帮助用户更好地理解图像中的物体边界。

（2）函数介绍

OpenCV提供了cv2.drawContours()函数绘制轮廓。这个函数接受原始图像、检测到的轮廓、轮廓的索引（如果要绘制特定的轮廓）、轮廓的颜色、线条厚度等参数，并将轮廓绘制在原始图像上。

函数语法格式：cv2.drawContours(image, contours, contourIdx, color[, thickness[, lineType[, hierarchy[, maxLevel[, offset]]]]])。

image：源图像，要求是8位单通道或3通道图像。

contours：检测到的轮廓，通常是一个Python列表，其中每个轮廓是一个点集（NumPy数组）。

contourIdx：指定要绘制的轮廓的索引。如果是-1，则绘制所有轮廓。

color：轮廓的颜色。对于BGR图像，它是一个包含三个整数值的元组。

thickness：线条的厚度。如果是负数（通常是-1），则轮廓内部将被填充。

lineType：线条类型，例如cv2.LINE_8、cv2.LINE_AA等。默认为cv2.LINE_8。

hierarchy：轮廓的层次结构信息，是一个可选参数。

maxLevel：绘制轮廓的最大层级，只在有层次结构时有效。

offset：可选参数，用于在绘制轮廓时移动整个图像。

（3）知识运用

读取图像，利用Canny算法检测边缘并绘制轮廓，展示原始图像与轮廓图像。代码如下。

```
1.  import cv2 as cv
2.  import numpy as np
3.  import matplotlib.pyplot as plt
4.  # 第一步，读取图像并转换为灰度图
5.  img = cv.imread('su7.jpg')
6.  gray = cv.cvtColor(img, cv.COLOR_BGR2GRAY)
7.  #第二步，图像轮廓查找与绘制
8.  # 应用Canny边缘检测算法来检测轮廓
9.  edges = cv.Canny(gray, 100, 200)
10. # 查找轮廓
11. contours, hierarchy = cv.findContours(edges, cv.RETR_TREE, cv.CHAIN_APPROX_SIMPLE)
12. # 绘制所有轮廓在原始图像上
13. drawn_img = cv.drawContours(img, contours, -1, (0, 255, 0), 2)
14. #第三步，显示原始图像和带有轮廓的图像
15. img = cv.imread('su7.jpg')
16. titles = ['Original Image', 'Image with contours']
17. images = [img, drawn_img]
18. for i in range(2):
```

```
19.    plt.subplot(1, 2, i + 1), plt.imshow(cv.cvtColor(images[i], cv.COLOR_BGR2RGB))
20.    plt.title(titles[i])
21.    plt.xticks([]), plt.yticks([])
22. plt.show()
```

实验结果如图9-11所示。

a）原始图像

b）带有轮廓的图像

图9-11　图像轮廓绘制

3．求轮廓的面积和周长算法

（1）算法介绍

在图像处理中，轮廓的面积和周长是两个重要的特征，可以用于分析图像中物体的形状和大小。OpenCV提供了一组函数，用于计算轮廓的面积和周长。这些函数基于轮廓的点集进行计算，可以快速准确地获取轮廓的几何特性。

（2）函数介绍

OpenCV中，计算轮廓面积的函数是cv2.contourArea()，计算轮廓周长的函数是cv2.arcLength()。

1）函数cv2.contourArea()。

函数语法格式：cv2.contourArea(contour, oriented=False)。

contour：输入的轮廓，通常是一个NumPy数组。

oriented：可选参数，用于指定计算有向面积（对于轮廓方向敏感）还是无向面积（对于轮廓方向不敏感）。默认为False，表示计算无向面积。

2）函数cv2.arcLength()。

函数语法格式：cv2.arcLength(curve, closed)。

curve：输入的曲线或轮廓，可以是一个点集或线段集。

closed：指定曲线是否闭合。如果为True，则函数假定曲线是闭合的，并计算闭合曲线的周长。如果为False，则计算开放曲线的长度。

（3）知识运用

1）提取图形轮廓，并计算每个轮廓的面积和周长。代码如下。

```
1. import cv2
2. import numpy as np
3. # 第一步，读取文件图像数据
```

```
4.  o = cv2.imread('img.png')
5.  gray = cv2.cvtColor(o, cv2.COLOR_BGR2GRAY)
6.  ret, binary = cv2.threshold(gray, 127, 255, cv2.THRESH_BINARY)
7.  contours, hierarchy = cv2.findContours(binary, cv2.RETR_EXTERNAL, cv2.CHAIN_APPROX_SIMPLE)
8.  # 第二步，遍历所有轮廓
9.  n = len(contours)
10. for i in range(n):
11.     # 第三步，绘制轮廓
12.     temp = np.zeros(o.shape, np.uint8)
13.     temp = cv2.drawContours(temp, contours, i, (255, 255, 255), 5)
14.     # 第四步，计算轮廓面积和周长
15.     area = cv2.contourArea(contours[i])
16.     perimeter = cv2.arcLength(contours[i], True)
17.     print("轮廓" + str(i) + "面积：" + str(area))
18.     print("轮廓" + str(i) + "周长：" + str(perimeter))
```

实验结果如图9-12所示。

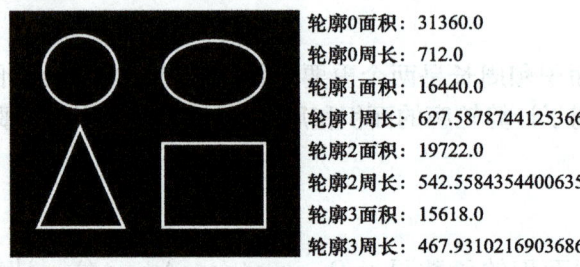

图9-12 计算图形的面积和周长

2）绘制图9-11中的各图形轮廓及其质心。代码如下。

```
1.  import cv2
2.  import numpy as np
3.  import matplotlib.pyplot as plt
4.  # 第一步，读取文件图像数据
5.  o = cv2.imread('img.png')
6.  cv2.imshow("image", o)
7.  gray = cv2.cvtColor(o, cv2.COLOR_BGR2GRAY)
8.  #第二步，图像轮廓绘制
9.  # 图像二值化处理
10. ret, binary = cv2.threshold(gray, 127, 255, cv2.THRESH_BINARY)
11. # 查找图像轮廓，只检索外部轮廓，压缩水平、垂直和对角线段，只留下端点
12. contours, hierarchy = cv2.findContours(binary, cv2.RETR_EXTERNAL, cv2.CHAIN_APPROX_SIMPLE)
13. #第三步，获取轮廓的数量
14. n = len(contours)
15. # 第四步，遍历所有轮廓
16. for i in range(n):
17.     temp = np.zeros(o.shape, np.uint8)
18.     temp = cv2.drawContours(temp, contours, i, (255, 255, 255), 5)
19.     # 第五步，获取轮廓矩特征，计算轮廓质心
20.     m = cv2.moments(contours[i])
```

```
21.     cx = int(m['m10'] / m['m00'])
22.     cy = int(m['m01'] / m['m00'])
23.     # 第六步,绘制质心圆点
24.     cv2.circle(temp, (cx, cy), 2, (255, 255, 255), −1)
25.     plt.subplot(1, 4, i + 1), plt.imshow(temp, 'gray')
26.     plt.title("contours" + str(i)), plt.xticks([]), plt.yticks([])
27. plt.show()
```

实验结果如图9-13所示。

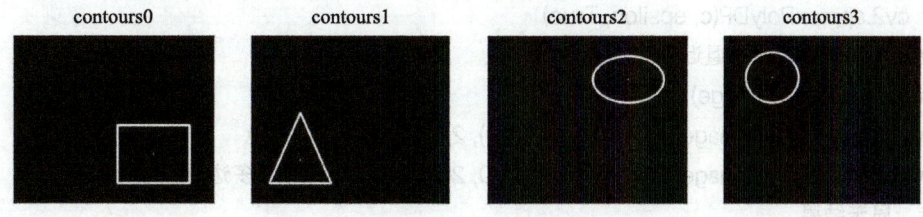

图9-13　绘制各图形轮廓及其质心

4.多边形逼近算法

（1）算法介绍

多边形逼近算法是一种用于减少图像中形状表示复杂度的技术。该算法通过迭代地去除形状边界上的非极值点,将形状简化为由较少点组成的多边形。这种逼近可以减少存储空间、提高处理速度,使得形状更易于分析。在OpenCV中,多边形逼近算法通常用于轮廓分析,将复杂的轮廓简化为一个包含较少顶点的多边形表示。

（2）函数介绍

OpenCV提供了cv2.approxPolyDP()函数来实现多边形逼近算法。

函数语法格式: cv2.approxPolyDP(curve, epsilon, approxPoly=None, closed=None)。

curve: 输入的轮廓,通常是一个二维点集,表示形状或轮廓的边界。

epsilon: 逼近精度参数,表示原始轮廓与逼近多边形之间的最大距离。较小的epsilon值会产生更精确但顶点更多的多边形,而较大的epsilon值会产生更粗糙但顶点较少的多边形。

approxPoly: 输出参数,用于存储逼近后的多边形顶点。如果未指定,则会创建一个新的数组来存储结果。

closed: 指定轮廓是否闭合的标志。如果为True,则函数假定轮廓是闭合的,并生成一个闭合的多边形逼近。如果为False,则生成一个开放的多边形逼近。如果未指定此参数,则根据轮廓是否是闭合的来自动推断。

（3）知识运用

编程用多边形代替图像中的目标。代码如下。

```
1. import cv2
2. import numpy as np
3. #第一步,读取图像
4. image = cv2.imread('img_2.png')
```

```
5.  gray = cv2.cvtColor(image, cv2.COLOR_BGR2GRAY)
6.  # 第二步,进行边缘检测
7.  edges = cv2.Canny(gray, 50, 150)
8.  # 第三步,查找轮廓
9.  contours, _ = cv2.findContours(edges, cv2.RETR_TREE, cv2.CHAIN_APPROX_SIMPLE)
10. # 第四步,选择最大的轮廓
11. c = max(contours, key=cv2.contourArea)
12. # 第五步,多边形逼近
13. epsilon = 0.02 * cv2.arcLength(c, True)
14. approx = cv2.approxPolyDP(c, epsilon, True)
15. # 第六步,绘制原始轮廓和逼近后的多边形
16. draw_image = np.copy(image)
17. cv2.drawContours(draw_image, [c], -1, (0, 255, 0), 2)  # 原始轮廓,绿色
18. cv2.drawContours(draw_image, [approx], -1, (0, 0, 255), 2)  # 逼近后的多边形,红色
19. # 第七步,显示结果
20. cv2.imshow('Image with contours', draw_image)
21. cv2.waitKey(0)
22. cv2.destroyAllWindows()
```

实验结果如图9-14所示。

5. 凸包算法

(1) 算法介绍

凸包算法在计算几何中是一个基础且重要的概念。凸包是指包含一组点集中所有点的最小凸多边形。换句话说,凸包是这些点的最外围边界,没有点位于凸包的外侧。在图像处理中,凸包算法常被用于形状分析、物体检测等任务。

图9-14 绘制多边形代替图像中的目标

(2) 函数介绍

OpenCV提供了cv2.convexHull()函数来计算一组点的凸包。

函数语法格式:cv2.convexHull(points, hull=None, clockwise=None, returnPoints=None)。

points:输入的点集,通常是一个二维NumPy数组,每一行代表一个二维点。

hull:可选的输出参数,用于存储凸包的顶点索引。如果指定了此参数,则函数会将凸包的顶点索引存储在此数组中。

clockwise:方向标志,指定凸包顶点的顺序。如果为True,则凸包的顶点将按照顺时针方向排序;如果为False,则按照逆时针方向排序。如果未指定此参数,则根据顶点的坐标自动确定方向。

returnPoints:指定函数返回值的类型。如果为True,则函数返回凸包顶点的坐标。如果为False,则函数返回凸包顶点的索引。

(3) 知识运用

绘制点集凸包。代码如下。

```
1. import cv2
2. import numpy as np
3. # 第一步，创建一个二维NumPy数组
4. points = np.array([[50, 50], [200, 50], [50, 200], [200, 200], [100, 100], [150, 150]], dtype=np.int32)
5. # 第二步，计算凸包，默认返回凸包的顶点坐标
6. hull = cv2.convexHull(points)
7. # 第三步，绘制原始点集和凸包
8. image = np.zeros((250, 250, 3), dtype=np.uint8)
9. cv2.drawContours(image, [points], -1, (255, 0, 0), 2)  # 原始点集，蓝色
10. cv2.drawContours(image, [hull], -1, (0, 255, 0), 2)  # 凸包，绿色
11. # 第四步，显示结果图像
12. cv2.imshow('Convex Hull', image)
13. cv2.waitKey(0)
14. cv2.destroyAllWindows()
```

实验结果如图9-15所示。

6. 外接矩形算法

（1）算法介绍

外接矩形算法通常用于确定图像中一组点的最小边界矩形。这个矩形能够完全包含这组点，且其大小（面积）是最小的。在图像处理和计算机视觉中，外接矩形常用于对象检测、形状分析和特征提取等任务。通过计算外接矩形，可以快速地获取到对象的大致位置和大小信息。

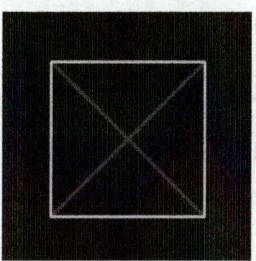

图9-15　绘制点集凸包

（2）函数介绍

OpenCV中用于计算外接矩形的函数是cv2.boundingRect()。这个函数接收一组点作为输入，返回一个包含四个整数的元组，分别表示外接矩形的左上角点的坐标、矩形的宽度和高度。

函数语法格式：cv2.boundingRect(points)。

points：输入的点集，通常是一个二维NumPy数组，其中每一行代表一个二维点的坐标。

（3）知识运用

1）随机绘制一些散点，并生成它们的外接矩形。代码如下。

```
1. import cv2
2. import numpy as np
3. import matplotlib.pyplot as plt
4. # 第一步，创建一些随机点
5. points = np.random.rand(30, 2) * 400
6. points = np.array(points, dtype=np.int32)
7. # 第二步，计算外接矩形
8. x, y, w, h = cv2.boundingRect(points)
9. # 第三步，绘制原始点和外接矩形
10. img = np.zeros((500, 500, 3), dtype=np.uint8)
11. cv2.rectangle(img, (x, y), (x + w, y + h), (255, 0, 0), 2)  # 绘制矩形
12. for pt in points:
```

```
13.    img[pt[1], pt[0]] = [255, 255, 255]  # 绘制点
14. # 第四步，显示结果
15. plt.imshow(cv2.cvtColor(img, cv2.COLOR_BGR2RGB))
16. plt.title('Bounding Rectangle')
17. plt.show()
```

实验结果如图9-16所示。

2）最优直线拟合是一种数学方法，主要用于估计一组数据点的线性趋势。其基本原理是寻找一条直线，使得所有数据点到这条直线的距离之和最小。在最小二乘法中，通过最小化数据点到拟合直线的垂直距离的平方和来确定最佳拟合直线。这种方法能够找出最能代表数据点集线性关系的直线，从而帮助人们更好地理解和分析数据的趋势和特征。最优直线拟合在多个领域都有广泛的应用，包括机器学习、统计分析、科学实验等。

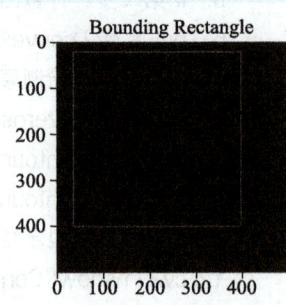

图9-16 散点的外接矩形

在OpenCV中，实现最优直线拟合通常通过调用fitLine()函数来实现。这个函数接受一组二维点作为输入，并基于最小二乘法或其他距离度量（如距离的平方和）来计算一条最优拟合直线。函数的输出是这条直线的参数，可以是斜率、截距，或者更常用的向量形式（表示直线的方向和点上的某个点）。借助这些参数，可以轻松地在图像上绘制出拟合的直线。使用OpenCV进行最优直线拟合，不仅准确度高，而且效率高，非常适用于从图像中提取和分析线性特征的任务。代码如下。

```
1. import cv2
2. import numpy as np
3. # 第一步，读取文件图像数据
4. image = cv2.imread('img_2.png')
5. #第二步，查找图像轮廓
6. # 显示原始图像
7. cv2.imshow("image", image)
8. # 获取灰度图像
9. gray = cv2.cvtColor(image, cv2.COLOR_BGR2GRAY)
10. # 图像二值化处理
11. ret, binary = cv2.threshold(gray, 127, 255, cv2.THRESH_BINARY)
12. # 查找图像轮廓，只检索外部轮廓。压缩水平、垂直和对角线段，只留下端点
13. contours, hierarchy = cv2.findContours(binary, cv2.RETR_EXTERNAL, cv2.CHAIN_APPROX_SIMPLE)
14. #第三步，获取轮廓的数量
15. n = len(contours)
16. #第四步，获取图像大小信息
17. w, h = image.shape[:2]
18. # 第五步，遍历所有轮廓
19. for i in range(n):
20.     # 第六步，获取最优模拟椭圆
21.     [vx, vy, x, y] = cv2.fitLine(contours[i], cv2.DIST_L2, 0, 0.01, 0.01)
22.     y1 = int((-x * vy / vx) + y)
23.     y2 = int(((h - x) * vy / vx) + y)
24.     # 第七步，绘制直线
25.     cv2.line(image, (h - 1, y1), (0, y2), (0, 0, 255), 2)
26.     cv2.imshow("contours[" + str(i) + "]", image)
27. cv2.waitKey(0)
28. cv2.destroyAllWindows()
```

实验结果如图9-17所示。

3）矩形包围框（Bounding Box）是一个能够紧密包围目标对象的最小矩形区域。在图像处理和计算机视觉中，它常用于定位和标记目标物体。通过计算物体的轮廓或特征点，可以确定包围框的左上角和右下角坐标，从而绘制出矩形框。在OpenCV中，绘制矩形包围框可以通过cv2.rectangle()或cv2.drawContours()函数实现。代码如下。

图9-17　图像的最优直线拟合

```
1.  import cv2
2.  import numpy as np
3.  #第一步，读取文件图像数据
4.  image = cv2.imread('img_2.png')
5.  #第二步，查找图像轮廓
6.  # 显示原始图像
7.  cv2.imshow("image", image)
8.  # 获取灰度图像
9.  gray = cv2.cvtColor(image, cv2.COLOR_BGR2GRAY)
10. # 图像二值化处理
11. ret, binary = cv2.threshold(gray, 127, 255, cv2.THRESH_BINARY)
12. # 查找图像轮廓，只检索外部轮廓。压缩水平、垂直和对角线段，只留下端点
13. contours, hierarchy = cv2.findContours(binary, cv2.RETR_EXTERNAL, cv2.CHAIN_APPROX_SIMPLE)
14. # 第三步，获取轮廓的数量
15. n = len(contours)
16. # 第四步，遍历所有轮廓
17. for i in range(n):
18. # 第五步，获取矩形包围框
19.     x, y, w, h = cv2.boundingRect(contours[i])
20.     bt = np.array([[[x, y]], [[x + w, y]], [[x + w, y + h]], [[x, y + h]]])
21. # 第六步，绘制轮廓矩形框
22.     cv2.drawContours(image, [bt], -1, (0, 0, 255), 2)
23.     cv2.imshow("contours" + str(i), image)
24. cv2.waitKey(0)
25. cv2.destroyAllWindows()
```

实验结果如图9-18所示。

4）最小矩形包围框（Minimum Bounding Rectangle）是指能够紧密包围目标对象的最小旋转矩形区域。与常规的矩形包围框不同，最小矩形包围框可以根据目标对象的形状进行旋转，以更精确地贴合目标，减少不必要的空白区域。

图9-18　图像的矩形包围框

在OpenCV中，可以通过cv2.minAreaRect()函数计算轮廓的最小矩形包围框。该函数返回一个包含矩形中心坐标、宽度、高度和旋转角度的Box2D结构。然后，使用cv2.boxPoints()函数根据这些参数计算矩形的四个顶点坐标。最后，通过cv2.drawContours()函数在图像上绘制由这四个顶点构成的矩形轮廓，从而实现最小矩形包围框的绘制。通过最小矩形包围框，可以更准确地定位和描述目标对象的形状和位置。代码如下。

```
1. import cv2
2. import numpy as np
3. # 第一步，读取文件图像数据
4. image = cv2.imread('img_2.png')
5. #第二步，查找图像轮廓
6. # 显示原始图像
7. cv2.imshow("image", image)
8. # 获取灰度图像
9. gray = cv2.cvtColor(image, cv2.COLOR_BGR2GRAY)
10. # 图像二值化处理
11. ret, binary = cv2.threshold(gray, 127, 255, cv2.THRESH_BINARY)
12. # 查找图像轮廓，只检索外部轮廓。压缩水平、垂直和对角线段，只留下端点
13. contours, hierarchy = cv2.findContours(binary, cv2.RETR_EXTERNAL, cv2.CHAIN_APPROX_SIMPLE)
14. #第三步，获取轮廓的数量
15. n = len(contours)
16. #第四步，遍历所有轮廓
17. for i in range(n):
18.     # 第五步，获取最小包围矩形框
19.     rect = cv2.minAreaRect(contours[i])
20.     points = cv2.boxPoints(rect)
21.     points = np.int0(points)
22.     # 第六步，绘制轮廓矩形框
23.     cv2.drawContours(image, [points], 0, (0, 0, 255), 2)
24.     cv2.imshow("contours" + str(i), image)
25. cv2.waitKey(0)
26. cv2.destroyAllWindows()
```

实验结果如图9-19所示。

5）最小圆形包围框（Minimum Enclosing Circle）是指能够紧密包围目标对象的最小圆形区域。它是以目标对象轮廓为基础，通过计算得到一个能够完全覆盖轮廓的最小圆，从而实现对目标对象的精确定位和标记。

图9-19 图像的最小矩形包围框

在OpenCV中，可以使用cv2.minEnclosingCircle()函数来计算给定轮廓的最小圆形包围框。该函数返回圆心的坐标和半径。接着，通过cv2.circle()函数在图像上绘制这个圆形。在绘制时，需要指定圆心的坐标、半径、颜色以及线条的粗细。通过这种方式，可以在图像上清晰地显示出每个轮廓的最小圆形包围框。代码如下：

```
1. import cv2
2. import numpy as np
3. # 第一步，读取文件图像数据
4. image = cv2.imread('img_2.png')
5. cv2.imshow("image", image)
6. #第二步，查找图像轮廓
7. # 获取灰度图像
8. gray = cv2.cvtColor(image, cv2.COLOR_BGR2GRAY)
9. # 图像二值化处理
```

10. ret, binary = cv2.threshold(gray, 127, 255, cv2.THRESH_BINARY)
11. # 查找图像轮廓，只检索外部轮廓。压缩水平、垂直和对角线段，只留下端点
12. contours, hierarchy = cv2.findContours(binary, cv2.RETR_EXTERNAL, cv2.CHAIN_APPROX_SIMPLE)
13. #第三步，获取轮廓的数量
14. n = len(contours)
15. # 第四步，遍历所有轮廓
16. for i in range(n):
17.   # 第五步，获取最小圆形框
18.   (x, y), r = cv2.minEnclosingCircle(contours[i])
19.   center = (int(x), int(y))
20.   r = int(r)
21.   # 第六步，绘制轮廓圆形
22.   cv2.circle(image, center, r, (0, 0, 255), 2)
23.   cv2.imshow("contours" + str(i), image)
24. cv2.waitKey(0)
25. cv2.destroyAllWindows()

实验结果如图9-20所示。

6）最小椭圆包围框（Minimum Bounding Ellipse）是指能够紧密包围目标对象的最小椭圆区域。它基于目标对象的轮廓点集，通过计算得到一个能够最佳拟合这些点的椭圆，从而实现对目标对象的精确描述和定位。在OpenCV中，可以通过cv2.fitEllipse()函数计算给定轮廓的最小椭圆包围框。这个函数会返回一个表示椭圆的RotatedRectangle对象，其中包含椭圆的中心坐标、长轴和短轴的长度以及旋转角度。然后，使用cv2.ellipse()函数，根据RotatedRectangle对象在图像上绘制椭圆。代码如下：

图9-20 图像的最小圆形包围框

1. import cv2
2. # 第一步，读取文件图像数据
3. o = cv2.imread('img_2.png')
4. #第二步，查找图像轮廓
5. # 显示原始图像
6. cv2.imshow("image", o)
7. # 获取灰度图像
8. gray = cv2.cvtColor(o, cv2.COLOR_BGR2GRAY)
9. # 图像二值化处理
10. ret, binary = cv2.threshold(gray, 127, 255, cv2.THRESH_BINARY)
11. # 查找图像轮廓，只检索外部轮廓。压缩水平、垂直和对角线段，只留下端点
12. contours, hierarchy = cv2.findContours(binary, cv2.RETR_EXTERNAL, cv2.CHAIN_APPROX_SIMPLE)
13. # 第三步，获取轮廓的数量
14. n = len(contours)
15. #第四步，遍历所有轮廓
16. for i in range(n):
17.   # 第五步，获取最优模拟椭圆
18.   e = cv2.fitEllipse(contours[i])
19.   # 第六步，绘制椭圆
20.   cv2.ellipse(o, e, (0, 0, 255), 3)

21.   cv2.imshow("contours" + str(i), o)
22. cv2.waitKey(0)
23. cv2.destroyAllWindows()

实验结果如图9-21所示。

图9-21　图像的最小椭圆包围框

任务3　　傅里叶变换

任务导入

傅里叶是法国数学巨匠。他勇攀科研高峰、追求真理的精神，激励人们不畏艰难、敢于创新。作为青年学子，当学习傅里叶的探索精神，将知识用于实践，服务社会，助力科技创新。

在图像处理中，傅里叶变换（Fourier Transform）是一种重要的工具，它可以将图像从空间域转换到频域，从而进行各种频域操作。例如，可以通过观察图像的傅里叶变换结果来分析图像的频率分布，或者在频域应用滤波器进行图像增强或噪声去除。本任务将演示如何使用傅里叶变换对图像进行频域分析，并应用一个简单的低通滤波器来平滑图像，原始图像如图9-22所示。

图9-22　原始图像

扫码观看视频

任务实施

1. 案例代码

1. import cv2
2. import numpy as np
3. import matplotlib.pyplot as plt
4. #第一步，读取图像
5. image = cv2.imread('clothes.png', cv2.IMREAD_GRAYSCALE)
6. #第二步，对图像进行傅里叶变换
7. f = np.fft.fft2(image)

```
8. fshift = np.fft.fftshift(f)
9. #第三步，取绝对值并转换为对数尺度
10. magnitude_spectrum = 20*np.log(np.abs(fshift))
11. #第四步，显示原始图像和频谱图
12. plt.subplot(121), plt.imshow(image, cmap='gray')
13. plt.title('Input Image'), plt.xticks([]), plt.yticks([])
14. plt.subplot(122), plt.imshow(magnitude_spectrum, cmap='gray')
15. plt.title('Magnitude Spectrum'), plt.xticks([]), plt.yticks([])
16. plt.show()
17. # 第五步，创建一个低通滤波器
18. rows, cols = image.shape
19. crow, ccol = rows //2, cols //2
20. fmask = np.zeros((rows, cols), np.uint8)
21. r = 30
22. center = [crow, ccol]
23. x, y = np.ogrid[:rows, :cols]
24. mask = (x − center[0]) ** 2 + (y − center[1]) ** 2 <= r * r
25. fmask[mask] = 1
26. #第六步，应用滤波器到频谱图
27. fshift_mask = fshift * fmask
28. #第七步，逆傅里叶变换
29. f_ishift = np.fft.ifftshift(fshift_mask)
30. img_back = np.fft.ifft2(f_ishift)
31. img_back = np.abs(img_back)
32. # 第八步，显示滤波后的图像
33. plt.imshow(img_back, cmap='gray')
34. plt.title('Image after HPF'), plt.xticks([]), plt.yticks([])
35. plt.show()
```

2．案例结果

案例运行结果如图9-23和图9-24所示。

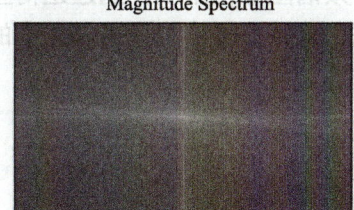

a）原始图像　　　　　　　b）傅里叶变换后的频谱图

图9-23　原始图像与傅里叶变换后的频谱图　　　　图9-24　应用傅里叶变换实现图像滤波

傅里叶变换算法

（1）算法介绍

傅里叶变换是一种在信号处理、图像处理、物理分析等领域广泛应用的算法。它将信号从时间域（或

空间域）转换到频率域，从而揭示信号的频率成分。在图像处理中，傅里叶变换常用于分析图像的频率特性，进行图像滤波、图像压缩等操作。

傅里叶变换的基本思想是将一个复杂的信号（或图像）分解为一系列简单正弦波的叠加。通过傅里叶变换，可以得到每个正弦波的幅度和相位信息，进而分析信号的频率特性。

（2）函数介绍

可以使用NumPy库的numpy.fft.fft2()函数来进行二维傅里叶变换，或者使用OpenCV的cv2.dft()函数对图像进行傅里叶变换。

函数语法格式：

np.fft.fft2(a, s=None, axes=(-2, -1), norm=None)

cv2.dft(src, dst=None, flags=None, nonzeroRows=None)

a：输入数组，通常是二维的。

s：输出数组的形状。如果未给出，则使用输入数组的形状。

axes：沿哪些轴进行傅里叶变换。默认是最后两个轴。

norm：归一化模式。

src：输入数组，必须是单通道且数据类型为float32或float64。

dst：输出数组，与输入数组具有相同的尺寸和类型。

flags：转换标志。例如，cv2.DFT_COMPLEX_OUTPUT表示输出复数矩阵；cv2.DFT_SCALE表示对结果进行缩放，使得逆傅里叶变换时能够还原原始图像；cv2.DFT_REAL_OUTPUT表示输出实数矩阵（对于逆傅里叶变换）。

nonzeroRows：如果图像有非零行，则这个参数用于指定非零行的范围，可以提高计算效率。

（3）知识运用

对图像进行傅里叶变换后，构造一个高通滤波器，在频域中抑制低频信息（如背景、平滑区域），保留高频信息（如边缘）。将高通滤波器与频谱图像相乘后，通过逆傅里叶变换将处理后的频谱转换回空间域，得到边缘增强的图像。通过这种方式，程序能够突出显示图像中的边缘特征，从而实现边缘检测。代码如下：

```
1.  import cv2
2.  import numpy as np
3.  import matplotlib.pyplot as plt
4.  # 第一步，读取图像
5.  origin_img = cv2.imread('clothes.jpg')
6.  img = cv2.cvtColor(origin_img, cv2.COLOR_BGR2GRAY)
7.  dft = cv2.dft(np.float32(img), flags=cv2.DFT_COMPLEX_OUTPUT)
8.  dftShift = np.fft.fftshift(dft)
9.  # 第二步，构造高通滤波器
10. rows,cols = img.shape
11. crow,ccol = int(rows/2), int(cols/2)
12. mask = np.ones((rows, cols, 2), np.uint8)
```

```
13. mask[crow-30:crow+30, ccol-30:ccol+30] = 0.9
14. # 第三步，与频谱图像匹配
15. fshift = dftShift * mask
16. ishift = np.fft.ifftshift(fshift)
17. iimg = cv2.idft(fshift)
18. iimg = cv2.magnitude(iimg[:,:,0], iimg[:,:,1])
19. # 第四步，原图的绘制
20. plt.subplot(121)
21. plt.imshow(origin_img)
22. plt.title('original')
23. plt.axis('off')
24. # 第五步，绘制处理后的图像
25. plt.subplot(122)
26. plt.imshow(iimg, cmap = 'gray')
27. plt.title('result')
28. plt.axis('off')
29. plt.show()
```

实验结果如图9-25所示。

a）原始图像

b）图像边缘检测结果

图9-25 应用傅里叶变换实现图像边缘检测

课后习题

1. 单选题

1）在图像处理中，边缘检测的主要目的是（　　）。

　　A．提取图像中的颜色信息　　　　　　B．提取图像中的纹理信息

　　C．提取图像中的边缘和轮廓　　　　　D．提取图像中的亮度信息

2）（　　）算子不是用于边缘检测的。

　　A．Roberts　　　　B．Sobel　　　　C．Prewitt　　　　D．Gaussian Blur

3）在OpenCV中，用于查找图像轮廓的函数是（　　）。

　　A．cv2.findContours()　　　　　　　B．cv2.contourArea()

　　C．cv2.arcLength()　　　　　　　　　D．cv2.convexHull()

2. 填空题

1）OpenCV中用于进行Sobel边缘检测的函数是_____。

2）在进行傅里叶变换时，通常需要对图像进行_____操作，以将低频分量移动到频谱的中心。

3）在OpenCV中，计算轮廓外接矩形的函数是_____。

3. 判断题

1）Canny边缘检测算法是一种多阶段算法，包括噪声抑制、计算梯度幅值和方向等步骤。（   ）

2）LoG算子在边缘检测中，先对图像进行高斯滤波，然后应用拉普拉斯算子。（   ）

3）在OpenCV中，cv2.findContours()函数返回的是轮廓的层级关系，而不是轮廓本身。（   ）

4. 编程题

使用Python和OpenCV库编写一个程序，该程序能够读取一张包含文字或图案的图像，通过傅里叶变换将其转换到频域，最后找到并标记出频域中能量集中的区域（即高频和低频部分），以此来分析图像中的特征。

模块 10

OCR

模块概述

在这个数字化的时代,将图像中的文本转换为计算机可以处理的格式变得愈发重要。OCR,即光学字符识别,是一种能够识别和读取打印或手写文本的技术。通过结合计算机图像处理和模式识别,OCR技术能够将不同类型的文档(如发票、报纸、身份证等)中的字符转化为机器可读的文本。OpenCV支持丰富的图像处理操作,它还提供了与其他库如Tesseract结合使用的接口,Tesseract是一个先进的OCR引擎,能够识别多种语言的字符。

本模块将介绍OCR环境配置和使用方法,在此基础上实现车牌识别和信用卡号码识别。

学习导航

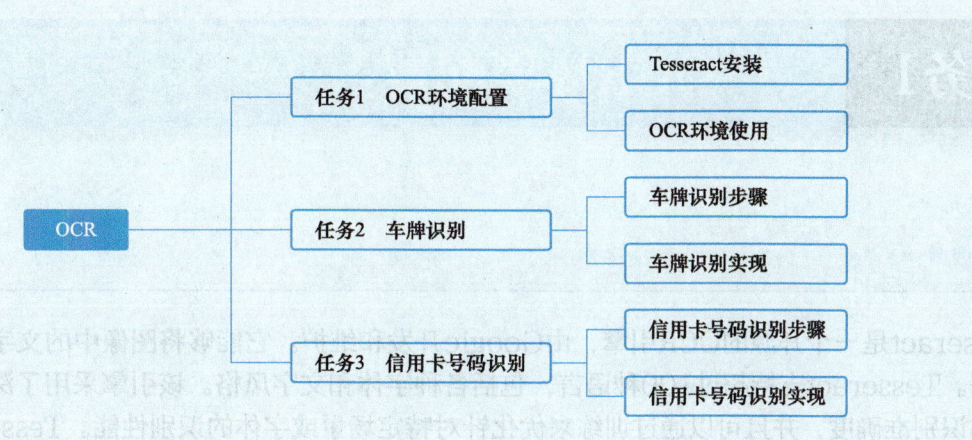

学习目标

知识目标

- 掌握Tesseract的安装方法。
- 掌握OpenCV中Tesseract的使用方法。
- 掌握使用Tesseract进行车牌识别的步骤。
- 掌握使用Tesseract进行信用卡号码识别的步骤。

能力目标

- 能够完成不同平台的Tesseract安装。
- 通过车牌识别、信用卡号码识别的实现,能够将大问题拆解成小问题,并逐步解决问题。
- 能够将所学知识应用于实际项目中,完成具有实际意义的作品。

素质目标

- 培养学生对于知识的融会贯通能力,能够综合运用前置知识对主要问题进行简化。
- 培养学生在编程和调试过程中保持耐心和细心的品质,学会关注细节,确保代码的正确性和稳定性。

任务1　OCR环境配置

任务导入

Tesseract是一个开源的OCR引擎,由Google开发和维护。它能够将图像中的文字转换为可编辑的文本数据。Tesseract支持超过100种语言,包括各种字体和文字风格。该引擎采用了深度学习技术,具有较高的识别准确度,并且可以通过训练来优化针对特定场景或字体的识别性能。Tesseract易于安装和使用,可以与多种编程语言(如Python、C++等)和框架(如OpenCV)进行集成,使其成为OCR应用程序的首选引擎之一。

任务实施

Tesseract的安装可以分成两部分:Tesseract OCR引擎的安装,Python下pytesseract包的安装。pytesseract是Tesseract OCR引擎的Python包装器,它提供了一个简单而直接的方式实现了在Python中使用Tesseract进行OCR。pytesseract允许开发者通过Python代码轻松地调用Tesseract引擎,实现图像中文字的识别。它简化了与Tesseract的交互过程,提供了便捷的API,使得在Python中进行OCR任务更加方便和灵活。通过pytesseract，开发者可以利用Tesseract强大的文字识别功能，结合Python的灵活性和易用性，快速构建OCR应用程序。

1. Tesseract的安装

（1）安装步骤

以下是在不同平台下安装Tesseract OCR引擎的基本步骤。

1）Windows。

第一步，访问Tesseract的官方网站（https://digi.bib.uni-mannheim.de/tesseract/）。第二步，下载适用于Windows的安装程序。第三步，运行安装程序并按照安装向导的指示完成安装。第四步，确保将Tesseract的安装目录添加到系统的环境变量中，以便可以从命令行或其他程序中调用Tesseract。第五步，下载要使用的语言模型文件。以简体中文为例，在Tesseract官方模型网站（https://tesseract-ocr.github.io/tessdoc/Data-Files.html）下载chi_sim.traineddata，将模型文件保存到Tesseract安装目录的tessdata下即可。

2）Mac OS。

第一步，使用Homebrew进行安装，在终端中执行以下命令即可：brew install tesseract。第二步，下载要使用的语言模型文件。使用brew install tesseract获取Tesseract安装目录，在Tesseract官方模型网站（https://tesseract-ocr.github.io/tessdoc/Data-Files.html）下载chi_sim.traineddata，将模型文件保存到Tesseract安装目录的share/tessdata下即可。

3）Linux。

大多数Linux发行版都提供了Tesseract的软件包和语言模型，可以使用包管理器安装。例如，在Ubuntu上，可以执行以下命令：

sudo apt-get install tesseract-ocr

sudo apt-get install tesseract-ocr-chi-sim

（2）安装结果

安装完成后，可以通过命令行测试Tesseract是否成功安装。例如，在终端中执行以下命令来检查Tesseract版本：

tesseract --version

以Mac OS为例，图10-1是Tesseract的版本信息。

```
(base) → ~ tesseract --version
tesseract 5.3.4
 leptonica-1.84.1
  libgif 5.2.1 : libjpeg 8d (libjpeg-turbo 3.0.0) : libpng 1.6.43 : libtiff 4.6.0 : zlib 1.2.11 : libwebp 1.3.2 : libopenjp2 2.5.2
 Found AVX2
 Found AVX
 Found FMA
 Found SSE4.1
 Found libarchive 3.7.2 zlib/1.2.11 liblzma/5.4.4 bz2lib/1.0.8 liblz4/1.9.4 libzstd/1.5.5
 Found libcurl/7.77.0 SecureTransport (LibreSSL/2.8.3) zlib/1.2.11 nghttp2/1.42.0
```

图10-1 Tesseract的版本信息

在Python中可以通过pip包管理器完成安装pytesseract，执行以下命令即可：

pip install pytesseract

2. OCR环境使用

1)案例代码。

```
1.  # 任务1 OCR环境使用案例代码
2.
3.  # 使用 matplotlib 在 Jupyter 下显示图像
4.  %matplotlib inline
5.  import cv2
6.  import pytesseract
7.  from matplotlib import pyplot as plt
8.  image_path = 'opencv.png'
9.  # 读取图像
10. image = cv2.imread(image_path)
11. # 展示图像
12. plt.imshow(image)
13. plt.axis('off')
14. plt.show()
15. # 图像灰度化
16. img_gray = cv2.cvtColor(image, cv2.COLOR_BGR2GRAY)
17. # 字符识别
18. text = pytesseract.image_to_string(img_gray)
19. print("text:\n", text)
```

2)案例结果。

案例运行结果如图10-2所示。

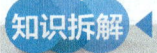

图10-2　OCR案例运行结果

知识拆解

1. OCR识别方法

image_to_string()是pytesseract库中的一个功能强大的函数,用于将图像中的文本提取出来并转换为字符串。该函数的语法格式为:

pytesseract.image_to_string(image, lang=None, config='', nice=0, output_type=Output.STRING)

函数image_to_string()中的参数见表10-1。

表10-1 函数image_to_string()中的参数

参 数 名	类 型	描 述
image	图像	要进行处理的图像，通常是一个PIL图像对象或者是由OpenCV读取的图像数组
lang	字符串	可选参数，指定要识别的语言。默认情况下，pytesseract将使用Tesseract配置中的默认语言。也可以指定单个语言（如'eng'）或多个语言（如'eng+chi_sim'表示英文和中文简体）。若不指定，则使用默认语言
config	字符串	可选参数，用于指定Tesseract引擎的配置。这是一个字符串，其中包含一系列Tesseract命令行参数。例如，可以通过config='--psm 6'来指定Page Segmentation Mode（页面分割模式）
nice	整数	可选参数，用于设置Tesseract进程的优先级。默认为0，表示普通优先级
output_type	字符串	可选参数，用于指定输出类型。默认为Output.STRING，表示将文本输出为字符串。还可以选择Output.BYTES，表示输出字节对象

函数image_to_string()的返回值见表10-2。

表10-2 函数image_to_string()的返回值

返回值类型	描 述
文本字符串	提取的文本字符串或字节对象，取决于output_type参数的设置

2．知识运用

随着我国实力的增强，中文的流行度越来越广，汉字的OCR也变得非常重要。以下案例中使用pytesseract对简体中文进行OCR。代码如下。

```
1.  # 任务1 OCR环境使用知识运用案例代码
2.  # 使用 matplotlib 在 Jupyter 下显示图像
3.  %matplotlib inline
4.  import cv2
5.  import pytesseract
6.  from matplotlib import pyplot as plt
7.  image_path = 'cn.png'
8.  # 读取图像
9.  image = cv2.imread(image_path)
10. # 展示图像
11. plt.imshow(image)
12. plt.axis('off')
13. plt.show()
14. # 图像灰度化
15. img_gray = cv2.cvtColor(image, cv2.COLOR_BGR2GRAY)
16. # 字符识别
17. text = pytesseract.image_to_string(img_gray, lang='chi_sim')
18. print("text:\n", text)
```

实验结果如图10-3所示。

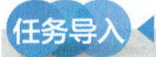

图10-3　简体中文OCR案例运行结果

任务2　车牌识别

任务导入

车牌识别技术已经成为智慧交通系统、安防监控以及智能停车场等领域中不可或缺的重要组成部分。借助OpenCV和pytesseract等强大的工具，可以轻松地实现车牌识别功能，从而提高交通管理的效率和精度。

任务实施

扫码观看视频

1. 车牌识别步骤

车牌识别步骤如图10-4所示。

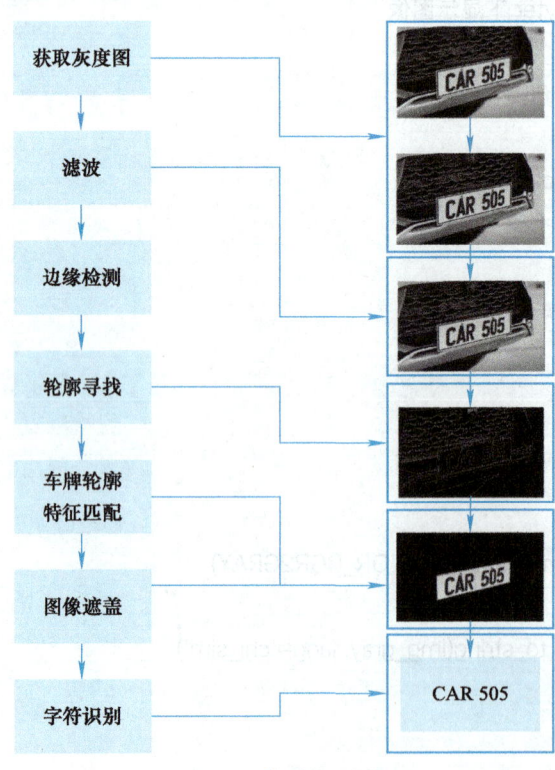

图10-4　车牌识别步骤

2. 车牌识别代码实现

1）案例代码。

```
1.  # 任务2 车牌识别案例代码
2.
3.  import cv2
4.  import imutils
5.  import numpy as np
6.  import pytesseract
7.  # 导入 matplotlib 用于显示图像
8.  from matplotlib import pyplot as plt
9.
10. # 加载车牌图像
11. img = cv2.imread('licensePlate.png')
12. # 转换为灰度图像
13. img_gray = cv2.cvtColor(img, cv2.COLOR_BGR2GRAY)
14. # 双边滤波
15. img_gray_bf = cv2.bilateralFilter(img_gray, 10, 15, 15)
16. # 边缘检测
17. img_edged = cv2.Canny(img_gray_bf, 100, 200)
18. # 获取轮廓
19. cts = cv2.findContours(img_edged, cv2.RETR_TREE, cv2.CHAIN_APPROX_SIMPLE)
20. cts = imutils.grab_contours(cts)
21. # 对轮廓根据区域面积进行排序
22. cts = sorted(cts, key=cv2.contourArea, reverse=True)[:5]
23. # 遍历轮廓
24. rectangle = None
25. for c in cts:
26.     # 多边形近似
27.     peri = cv2.arcLength(c, True)
28.     approx = cv2.approxPolyDP(c, 0.02 * peri, True)
29.     # 根据车牌特征找到边数是 4 的多边形
30.     if len(approx) == 4:
31.         rectangle = approx
32.         break
33. img_tag = img.copy()
34. # 在原始图像上标记车牌
35. if rectangle is not None:
36.     cv2.drawContours(image=img_tag, contours=[rectangle], contourIdx=0, color=(0, 255, 0), thickness=3)
37.
38. # 通过位运算进行非车牌区域的遮盖
39. mask = np.zeros(img_gray.shape, np.uint8)
40. cv2.drawContours(image=mask, contours=[rectangle], contourIdx=0, color=(255, 255, 255), thickness=-1)
41. img_masked = cv2.bitwise_and(img_tag, img_tag, mask=mask)
42.
43. # 车牌OCR
44. text = pytesseract.image_to_string(img_masked, config='--psm 11')
```

```
45. # 对处理过程中的图像进行显示
46. images = {
47.     "img": img,
48.     "gray": img_gray,
49.     "filter": img_gray_bf,
50.     "edged": img_edged,
51.     "tag": img_tag,
52.     "mask": img_masked
53. }
54.
55. fig, axes = plt.subplots(2, 3)
56. plt.suptitle('license plate recognition')
57. # 遍历图像路径并显示图像
58. axes_index = 0
59. for title, i_image in images.items():
60.     if axes_index == 0:
61.         axes[axes_index // 3][axes_index % 3].imshow(i_image)
62.     else:
63.         axes[axes_index // 3][axes_index % 3].imshow(i_image, cmap='gray')
64.     axes[axes_index // 3][axes_index % 3].axis('off')
65.     axes[axes_index // 3][axes_index % 3].set_title('step_{}_{}'.format(axes_index, title))
66.     axes_index += 1
67. plt.tight_layout()
68. plt.show()
69. print("车牌结果：", text)
```

2）案例结果。

车牌识别过程输出结果如图10-5所示。

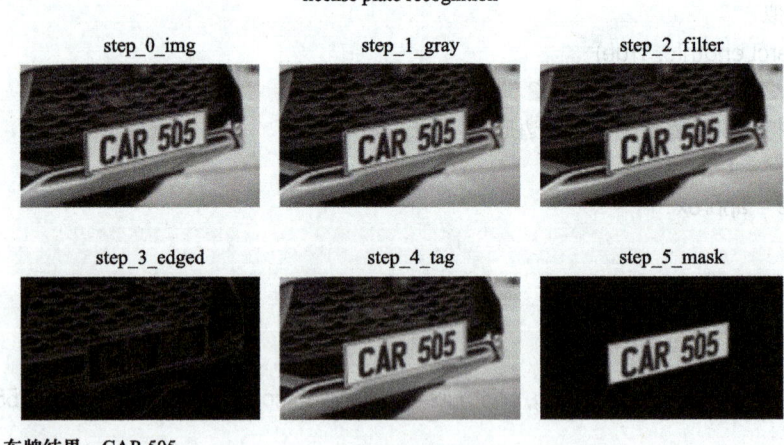

车牌结果：CAR 505

图10-5　车牌识别过程输出结果

知识拆解

任务1中介绍了字符识别函数的使用方法，但是直接对车辆图像使用image_to_string()函数进行字符识别的准确率并不高，因为图像中有太多和字符不相关的元素。直接用image_to_string()函数进行实验。

```
1. import cv2
2. import pytesseract
3. # 加载车牌图像
4. img = cv2.imread('licensePlate.png')
5. # 转换为灰度图像
6. img_gray = cv2.cvtColor(img, cv2.COLOR_BGR2GRAY)
7. # 车牌OCR识别
8. text = pytesseract.image_to_string(img, config='--psm 11')
9. print("车牌结果：", text)
```

结果如图10-6所示。

车牌结果：a –
SS,
a ae
Dt oe
a
JS

图10-6　图像未预处理直接车牌识别结果

可以看到，对完整的车辆图像进行OCR，得到错误的结果。因此需要对原始图像进行预处理，得到车牌图像，再使用image_to_string()函数进行OCR。前面步骤中已经展示了车牌识别的基本步骤。下面逐步解释每一步的作用。

1. 导入必要的库

之前已经介绍过cv2和pytesseract，下面介绍三个新导入的库。

1）imutils：用于图像处理的库，它提供了简化常见图像处理任务的函数和工具。

2）NumPy：用于科学计算的基本库，它提供了对多维数组操作的函数。

3）Matplotlib：用于绘制图形的Python库，可以用来创建各种类型的图形，包括折线图、散点图、直方图、饼图、3D图，以及显示图像等，适用于从简单的数据可视化到复杂的科学绘图等多种应用场景。

2. 加载图像并转化为灰度图像

将彩色图像转换为灰度图像的目的是简化处理并减少计算成本。灰度图像只有一个通道，相比于彩色图像，它们具有更低的内存占用和更快的处理速度，结果如图10-7所示。

```
1. # 任务2 车牌识别知识拆解，图像灰度化
2. import cv2
3. import imutils
4. import numpy as np
5. import pytesseract
6. # 导入matplotlib用于显示图像
7. from matplotlib import pyplot as plt
8.
9. # 加载车牌图片
10. img = cv2.imread('licensePlate.png')
```

```
11. # 转换为灰度图像
12. img_gray = cv2.cvtColor(img, cv2.COLOR_BGR2GRAY)
13. # 对比原始图像和灰度图像
14. fig, axes = plt.subplots(1, 2)
15. axes[0].imshow(img)
16. axes[0].set_title('origin image')
17. axes[0].axis('off')
18. axes[1].imshow(img_gray, cmap='gray')
19. axes[1].set_title('grayed image')
20. axes[1].axis('off')
21. plt.tight_layout()
22. plt.show()
```

a）原始图像　　　　　b）灰度图像

图10-7　车牌图像灰度化

3. 滤波

前面已经介绍了很多滤波方法。针对不同的应用场景，采用的滤波方法可能不同。车牌识别示例中采用了双边滤波，双边滤波是一种非线性滤波技术，它不仅考虑空间邻域内的像素值差异，还考虑像素之间的灰度值差异。这种方法可以保留图像的边缘信息，同时降低噪声。下面针对灰度图像进行双边滤波，结果如图10-8所示。

```
1. # 任务2 车牌识别知识拆解，对灰度图像进行双边滤波
2. # 对灰度图像进行双边滤波
3. img_gray_bf = cv2.bilateralFilter(img_gray, 10, 15, 15)
4. # 对比灰度图像和双边滤波后的图像
5. fig, axes = plt.subplots(1, 2)
6. axes[0].imshow(img_gray, cmap='gray')
7. axes[0].set_title('grayed image')
8. axes[0].axis('off')
9. axes[1].imshow(img_gray_bf, cmap='gray')
10. axes[1].set_title('filtered image')
11. axes[1].axis('off')
12. plt.tight_layout()
13. plt.show()
```

a）灰度图像　　　　　b）双边滤波后的图像

图10-8　车牌图像滤波

4. 边缘检测

边缘检测是为了找到图像中的边界区域，这些区域通常包含了有用的信息。Canny边缘检测算法是一种经典的边缘检测方法，它可以高效地找到图像中的强边缘。下面使用Canny算法对双边滤波后的图像进行边缘检测，结果如图10-9所示。

```
1.  # 任务2 车牌识别知识拆解，边缘检测
2.  img_edged = cv2.Canny(img_gray_bf, 100, 200)
3.  # 可视化双边滤波后的图像和边缘检测结果
4.  fig, axes = plt.subplots(1, 2)
5.  axes[0].imshow(img_gray_bf, cmap='gray')
6.  axes[0].set_title('grayed_filtered image')
7.  axes[0].axis('off')
8.  axes[1].imshow(img_edged, cmap='gray')
9.  axes[1].set_title('edged image')
10. axes[1].axis('off')
11. plt.tight_layout()
12. plt.show()
```

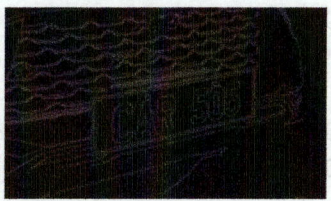

a）双边滤波后的图像　　　b）边缘检测结果

图10-9　车牌图像边缘检测

5. 轮廓查找

轮廓查找是为了识别图像中的对象轮廓，是许多计算机视觉任务的关键步骤之一。在车牌识别中，轮廓查找用于定位可能包含车牌的区域。

```
1. # 任务2 车牌识别知识拆解：轮廓查找
2. # 轮廓查找
3. cts = cv2.findContours(img_edged, cv2.RETR_TREE, cv2.CHAIN_APPROX_SIMPLE)
4. cts = imutils.grab_contours(cts)
5. # 对轮廓根据区域面积进行排序
6. cts = sorted(cts, key=cv2.contourArea, reverse=True)[:5]
```

本案例中，获取轮廓后按照轮廓面积从大到小排序，取排在前5的轮廓进行处理，这样可以加快处理速度，同时去除一些微小轮廓噪声。

6. 根据车牌特征过滤轮廓

过滤轮廓是为了从图像中选择出可能是车牌的区域。根据一些几何特征（如边数）过滤掉不符合条件的轮廓，以提高车牌的识别准确率。案例代码中使用了approxPolyDP()函数对轮廓进行多边形逼近，筛选出近似结果是四边形的轮廓，结果如图10-10所示。

```
1. # 任务2 车牌识别知识拆解，多边形逼近，根据车牌特征获取车牌轮廓
2. # 获取轮廓
3. cts = cv2.findContours(img_edged, cv2.RETR_TREE, cv2.CHAIN_APPROX_SIMPLE)
4. cts = imutils.grab_contours(cts)
```

```
5.  # 对轮廓根据区域面积进行排序
6.  cts = sorted(cts, key=cv2.contourArea, reverse=True)[:5]
7.  # 遍历轮廓
8.  rectangle = None
9.  for c in cts:
10.     # 多边形逼近
11.     peri = cv2.arcLength(c, True)
12.     approx = cv2.approxPolyDP(c, 0.02 * peri, True)
13.     # 根据车牌特征找到边数是4的多边形
14.     if len(approx) == 4:
15.         rectangle = approx
16.         break
17. img_tag = img.copy()
18. # 在原始图像上标记车牌
19. if rectangle is not None:
20.     cv2.drawContours(image=img_tag, contours=[rectangle], contourIdx=0, color=(0, 255, 0), thickness=3)
21. # 对比原始图像和标记车牌后的图像
22. fig, axes = plt.subplots(1, 2)
23. axes[0].imshow(img)
24. axes[0].set_title('origin image')
25. axes[0].axis('off')
26. axes[1].imshow(img_tag, cmap='gray')
27. axes[1].set_title('taged image')
28. axes[1].axis('off')
29. plt.tight_layout()
30. plt.show()
```

a）原始图像　　　　　　　b）标记车牌后的图像

图10-10　车牌图像过滤轮廓

7. 创建掩码对非车牌区域进行遮盖

创建掩码是为了从图像中提取出仅包含车牌的区域。应用掩码可以将车牌区域与其他区域分离，方便进行后续的字符识别，结果如图10-11所示。

```
1.  # 任务2 车牌识别知识拆解，通过位运算进行非车牌区域的遮盖
2.  # 生成mask数组
3.  mask = np.zeros(img_gray.shape, np.uint8)
4.  # 使用mask数组对非车牌区域进行遮盖
5.  cv2.drawContours(image=mask, contours=[rectangle], contourIdx=0, color=(255, 255, 255), thickness=-1)
6.  # 位运算
7.  img_masked = cv2.bitwise_and(img_tag, img_tag, mask=mask)
8.  # 展示遮盖前后的图像
9.  fig, axes = plt.subplots(1, 2)
```

```
10. axes[0].imshow(img_tag)
11. axes[0].set_title('tagged image')
12. axes[0].axis('off')
13. axes[1].imshow(img_masked, cmap='gray')
14. axes[1].set_title('masked image')
15. axes[1].axis('off')
16. plt.tight_layout()
17. plt.show()
```

a）标记车牌后的图像　　　　b）对非车牌区域进行遮盖

图10-11　车牌图像掩码遮盖

8. 字符识别

字符识别是车牌识别系统的核心部分，它负责从遮盖后的图像中提取出具体的字符信息。前文中已经介绍了Tesseract OCR的使用方法，这里直接调用进行车牌识别，结果如图10-12所示。

```
1. # 车牌OCR识别
2. text = pytesseract.image_to_string(img_masked, config='--psm 11')
```

车牌结果：　CAR 505

图10-12　车牌图像字符识别结果

9. 知识运用

就医数据的采集和分析对于医疗优化有着重要的意义，使用OCR对医院单据进行识别是人工智能技术在产业应用中的具体体现。代码如下。

```
1. import cv2
2. import numpy as np
3. import pytesseract
4. from matplotlib import pyplot as plt
5. 
6. # 加载图像
7. img = cv2.imread('xiaopiao.jpeg')
8. h_src, w_src, c_src = img.shape
9. # 灰度化
10. img_gray = cv2.cvtColor(img, cv2.COLOR_BGR2GRAY)
11. # 高斯滤波
12. img_gray_gf = cv2.GaussianBlur(img_gray, (3, 3), 1)
13. # 二值化
```

```
14. _, img_thresh = cv2.threshold(img_gray_gf, 200, 255, cv2.THRESH_BINARY)
15. # 轮廓查找
16. cts, _ = cv2.findContours(img_thresh, cv2.RETR_EXTERNAL, cv2.CHAIN_APPROX_NONE)
17. # 按轮廓面积找最大的轮廓
18. ct_max = sorted(cts, key=cv2.contourArea, reverse=True)[0]
19. # 获取轮廓矩形的宽、高
20. x, y, w, h = cv2.boundingRect(ct_max)
21. img_cnt_tag = img.copy()
22. cv2.drawContours(img_cnt_tag, [ct_max], -1, color=(0, 0, 255), thickness=2)
23. # 多边形逼近,根据单据特征进行匹配
24. arcLength = cv2.arcLength(ct_max, True)
25. rate = 0.01
26. approx = None
27. while approx is None or len(approx) != 4:
28.     approx = cv2.approxPolyDP(ct_max, epsilon=rate * arcLength, closed=True)
29.     if len(approx) == 4:
30.         break
31.     rate += 0.01
32. img_approx_tag = img.copy()
33. # 在原图上画出轮廓
34. cv2.drawContours(img_approx_tag, [approx], -1, color=(0, 255, 0), thickness=2)
35. # 找到矩形的四个顶点
36. def find_rect_four_top(kps):
37.     rect = np.zeros((4, 2), dtype='float32')
38.     s = kps.sum(axis=1)
39.     # 找出左上角和右下角
40.     rect[0] = kps[np.argmin(s)]
41.     rect[2] = kps[np.argmax(s)]
42.     # 找出右上角和左下角
43.     diff = np.diff(kps, axis=1)
44.     rect[1] = kps[np.argmin(diff)]
45.     rect[3] = kps[np.argmax(diff)]
46.     return rect
47. top_left, top_right, bottom_right, bottom_left = find_rect_four_top(approx.reshape(4, 2))
48. # 分别得到原图像和目标图像的左边顶点
49. pts_src = np.array([top_left, top_right, bottom_right, bottom_left], dtype="float32")
50. pts_dst = np.array([(0 + top_left[0], 0 + top_left[1]),
51.                     (w + top_left[0], 0 + top_left[1]),
52.                     (w + top_left[0], h + top_left[1]),
53.                     (0 + top_left[0], h + top_left[1])], dtype="float32")
54. # 计算仿射变换的矩阵
55. matrix = cv2.getPerspectiveTransform(pts_src, pts_dst)
56. pts_dst_w = int(np.max(pts_dst[:, 0]))
57. pts_dst_h = int(np.max(pts_dst[:, 1]))
58. # 进行仿射变换
59. im_perspective = cv2.warpPerspective(img_thresh, matrix,
60.                     (w_src if w_src > pts_dst_w else pts_dst_w + 20,
61.                      h_src if h_src > pts_dst_h else pts_dst_h + 20))
```

```
62.    # OCR
63. text = pytesseract.image_to_string(im_perspective, lang='chi_sim')
64.    # 对处理过程中的图像进行显示
65. images = {
66.     "img": img,
67.     "gray": img_gray,
68.     "filter": img_gray_gf,
69.     "cnt_tag": img_cnt_tag,
70.     "approx_tag": img_approx_tag,
71.     "perspective ": im_perspective
72. }
73.    fig, axes = plt.subplots(2, 3)
74. # 遍历图像路径并显示图像
75.    axes_index = 0
76. for title, i_image in images.items():
77.     if axes_index == 0:
78.         axes[axes_index // 3][axes_index % 3].imshow(i_image)
79.     else:
80.         axes[axes_index // 3][axes_index % 3].imshow(i_image, cmap='gray')
81.     axes[axes_index // 3][axes_index % 3].axis('off')
82.     axes[axes_index // 3][axes_index % 3].set_title('step_{}_{}'.format(axes_index, title))
83.     axes_index += 1
84. plt.tight_layout()
85. plt.show()
86.    print("识别结果:", text)
```

实验结果如图10-13和图10-14所示。

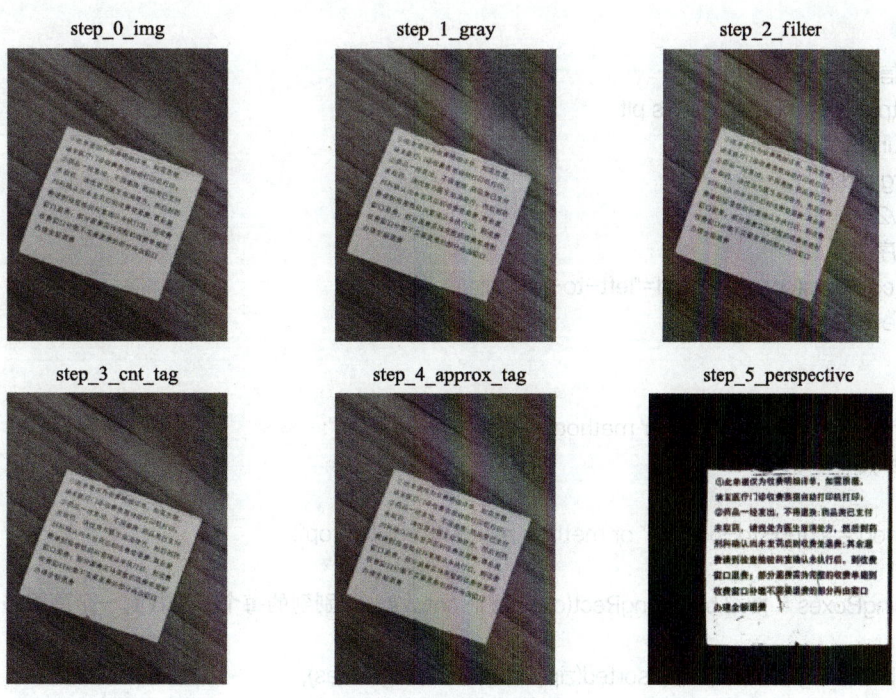

图10-13　医院单据OCR过程

识别结果：@ 此 单 据 他 为 收 羟 明 细 详 单，如 需 票 据，
请 至 医 疗 门 诊 收 费 票 据 自 助 打 印 机 打 印；

@）药 品 一 经 发 出，不 得 退 换；药 品 类 已 支 付
"未 取 药，请 找 处 方 医 生 取 消 处 方，然 后 到 药
剂 科 确 认 尚 未 发 茹 后 到 收 费 处 退 赏；其 余 退

赏 请 到 检 查 检 验 科 室 确 认 未 执 行 后，到 收 费
窗 口 退 资；部 分 退 资 需 持 完 馨 的 收 资 单 据 到
收 费 窗 口 补 缴 不 霁 要 退 费 的 部 分 再 由 窗 口
办 理 全 频 退 费 万 |

图10-14　医院单据OCR结果

车牌识别案例中是否可以使用其他边缘检测和滤波方法？

任务3　信用卡号码识别

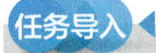

信用卡、身份证、银行卡信息的自动识别解决了人们每次填信息都需要手动输入一大串数字的烦恼。这里不直接使用pytesseract库进行OCR，而是使用一种模板匹配的方法进行信用卡号码的识别。

扫码观看视频

1. 案例代码

```
1.  # 任务3 信用卡号码识别
2.  from matplotlib import pyplot as plt
3.  import numpy as np
4.  import argparse
5.  import cv2
6.  # 轮廓排序函数
7.  def sort_contours(cnts, method="left-to-right"):
8.      reverse = False
9.      i = 0
10. 
11.     if method == "right-to-left" or method == "bottom-to-top":
12.         reverse = True
13. 
14.     if method == "top-to-bottom" or method == "bottom-to-top":
15.         i = 1
16.     boundingBoxes = [cv2.boundingRect(c) for c in cnts] #为识别到的每个轮廓找到一个面积最小的矩形将其包围起来
17.     (cnts, boundingBoxes) = zip(*sorted(zip(cnts, boundingBoxes),
18.                                 key=lambda b: b[1][i], reverse=reverse))
```

```
19.
20.     return cnts, boundingBoxes
21. # 调整图像大小函数
22. def resize(image, width=None, height=None, inter=cv2.INTER_AREA):
23.     dim = None
24.     (h, w) = image.shape[:2]
25.     if width is None and height is None:
26.         return image
27.     if width is None:
28.         r = height / float(h)
29.         dim = (int(w * r), height)
30.     else:
31.         r = width / float(w)
32.         dim = (width, int(h * r))
33.     resized = cv2.resize(image, dim, interpolation=inter)
34.     return resized
35. # 定义信用卡类型
36. FIRST_NUMBER = {
37.     "3": "American Express",
38.     "4": "Visa",
39.     "5": "MasterCard",
40.     "6": "Discover Card"
41. }
42. # 绘制图像函数
43. def cv_show(name,img):
44.     plt.imshow(cv2.cvtColor(img, cv2.COLOR_BGR2RGB))
45.     plt.title(name)
46.     plt.show()
47.     # cv2.waitKey(0)
48.     # cv2.destroyAllWindows()
49.
50. # 读取模板
51. img = cv2.imread("template.png")
52. cv_show('img',img)
53. # 灰度图
54. ref = cv2.cvtColor(img, cv2.COLOR_BGR2GRAY)
55. cv_show('ref',ref)
56. # 二值图像
57. ref = cv2.threshold(ref, 10, 255, cv2.THRESH_BINARY_INV)[1]
58. cv_show('ref',ref)
59. # 计算轮廓
60. refCnts, _ = cv2.findContours(ref.copy(), cv2.RETR_EXTERNAL,cv2.CHAIN_APPROX_SIMPLE)
61. # 绘制轮廓
62. cv2.drawContours(img,refCnts,-1,(0,0,255),3)
63. cv_show('img',img)
64. # 排序，从左到右，从上到下
65. refCnts = sort_contours(refCnts, method="left-to-right")[0]
66. digits = {}
```

```
67. # 遍历轮廓
68. for (i, c) in enumerate(refCnts):
69.     # 计算外接矩形并且整理成合适的大小
70.     (x, y, w, h) = cv2.boundingRect(c)
71.     roi = ref[y:y + h, x:x + w]
72.     roi = cv2.resize(roi, (57, 88))
73.
74.     # 每一个数字对应一个模板
75.     digits[i] = roi
76. # 初始化卷积核
77. rectKernel = cv2.getStructuringElement(cv2.MORPH_RECT, (9, 3))
78. sqKernel = cv2.getStructuringElement(cv2.MORPH_RECT, (5, 5))
79. # 读取输入图像，预处理
80. image = cv2.imread("card.png")
81. cv_show('image',image)
82. # 重置图像大小
83. image = resize(image, width=300)
84. # 图像灰度化
85. gray = cv2.cvtColor(image, cv2.COLOR_BGR2GRAY)
86. cv_show('gray',gray)
87. # 形态学操作
88. tophat = cv2.morphologyEx(gray, cv2.MORPH_TOPHAT, rectKernel)
89. cv_show('tophat',tophat)
90. #ksize=-1相当于用3×3的卷积核
91. gradX = cv2.Sobel(tophat, ddepth=cv2.CV_32F, dx=1, dy=0, ksize=-1)
92. # 顶帽操作，突出更明亮的区域
93. gradX = np.absolute(gradX)
94. (minVal, maxVal) = (np.min(gradX), np.max(gradX))
95. gradX = (255 * ((gradX - minVal) / (maxVal - minVal)))
96. gradX = gradX.astype("uint8")
97.
98. print (np.array(gradX).shape)
99. cv_show('gradX',gradX)
100. # 通过闭操作（先膨胀，再腐蚀）将数字连在一起
101. gradX = cv2.morphologyEx(gradX, cv2.MORPH_CLOSE, rectKernel)
102. cv_show('gradX',gradX)
103. # THRESH_OTSU会自动寻找合适的阈值，需把阈值参数设置为0
104. thresh = cv2.threshold(gradX, 0, 255,
105.     cv2.THRESH_BINARY | cv2.THRESH_OTSU)[1]
106. cv_show('thresh',thresh)
107. #闭操作
108. thresh = cv2.morphologyEx(thresh, cv2.MORPH_CLOSE, sqKernel)
109. cv_show('thresh',thresh)
110. # 计算轮廓
111. threshCnts, _ = cv2.findContours(thresh.copy(), cv2.RETR_EXTERNAL,cv2.CHAIN_APPROX_SIMPLE)
112. cnts = threshCnts
113. cur_img = image.copy()
114. cv2.drawContours(cur_img,cnts,-1,(0,0,255),3)
```

```
115.    cv_show('img',cur_img)
116.    locs = []
117.    # 遍历轮廓
118.    for (i, c) in enumerate(cnts):
119.        # 计算矩形
120.        (x, y, w, h) = cv2.boundingRect(c)
121.        ar = w / float(h)
122.
123.        # 选择合适的区域
124.        if ar > 2.5 and ar < 4.0:
125.
126.            if (w > 40 and w < 55) and (h > 10 and h < 20):
127.                #选择符合条件的轮廓
128.                locs.append((x, y, w, h))
129.    # 将符合条件的轮廓排序
130.    locs = sorted(locs, key=lambda x:x[0])
131.    output = []
132.    for (i, (gX, gY, gW, gH)) in enumerate(locs):
133.        # initialize the list of group digits
134.        groupOutput = []
135.
136.        # 根据坐标提取每一个组
137.        group = gray[gY - 5:gY + gH + 5, gX - 5:gX + gW + 5]
138.        cv_show('group',group)
139.        # 预处理
140.        group = cv2.threshold(group, 0, 255,
141.            cv2.THRESH_BINARY | cv2.THRESH_OTSU)[1]
142.        cv_show('group',group)
143.        # 计算每一组的轮廓
144.        digitCnts,hierarchy = cv2.findContours(group.copy(), cv2.RETR_EXTERNAL,
145.            cv2.CHAIN_APPROX_SIMPLE)
146.        digitCnts = contours.sort_contours(digitCnts,
147.            method="left-to-right")[0]
148.
149.        # 计算每一组中的每一个数值
150.        for c in digitCnts:
151.            # 找到当前数值的轮廓，整理成合适的大小
152.            (x, y, w, h) = cv2.boundingRect(c)
153.            roi = group[y:y + h, x:x + w]
154.            roi = cv2.resize(roi, (57, 88))
155.            cv_show('roi',roi)
156.
157.            # 计算匹配得分
158.            scores = []
159.
160.            # 在模板中计算每一个得分
161.            for (digit, digitROI) in digits.items():
162.                # 模板匹配
```

```
163.        result = cv2.matchTemplate(roi, digitROI,
164.            cv2.TM_CCOEFF)
165.        (_, score, _, _) = cv2.minMaxLoc(result)
166.        scores.append(score)
167.
168.    # 得到最合适的数字
169.    groupOutput.append(str(np.argmax(scores)))
170.    # 可视化
171.    cv2.rectangle(image, (gX – 5, gY – 5),
172.        (gX + gW + 5, gY + gH + 5), (0, 0, 255), 1)
173.    cv2.putText(image, "".join(groupOutput), (gX, gY – 15),
174.        cv2.FONT_HERSHEY_SIMPLEX, 0.65, (0, 0, 255), 2)
175.
176.    # 得到结果
177.    output.extend(groupOutput)
178. print("Credit Card Type: {}".format(FIRST_NUMBER[output[0]]))
179. print("Credit Card #: {}".format("".join(output)))
180. cv_show("Image", image)
```

2. 案例结果

案例结果如图10-15所示。

图10-15　信用卡号码识别结果

知识拆解

1. 模板匹配函数：cv2.matchTemplate()

作用：检测出目标对象的矩形边界框。

语法格式：cv2.matchTemplate(image，template，method)。

image：输入图像，应为灰度图像。

template：在输入图像中搜索的模板图像应为灰度图像，其尺寸应小于或等于输入图像的尺寸。

method：匹配方法。常用的匹配方法如下：

cv2.TM_CCOEFF：相关系数匹配方法。

cv2.TM_CCOEFF_NORMED：归一化的相关系数匹配方法。

cv2.TM_CCORR：相关性匹配方法。

cv2.TM_CCORR_NORMED：归一化的相关性匹配方法。

cv2.TM_SQDIFF：平方差匹配方法。

cv2.TM_SQDIFF_NORMED：归一化的平方差匹配方法。

函数cv2.matchTemplate()返回一个灰度图像，其中的每个像素表示模板与输入图像在该位置的匹配程度。然后可以使用cv2.minMaxLoc()函数来找到匹配结果中的最大值和最小值的位置。

2. 查找数组中最大值和最小值及其位置的函数：cv2.minMaxLoc()

作用：OpenCV中用于查找数组中最大值和最小值及其位置。在模板匹配等情况下，通常用于找到匹配结果中的最大值和最小值的位置。

语法格式：min_val, max_val, min_loc, max_loc = cv2.minMaxLoc(src)

src：输入数组，可以是单通道或多通道、深度为CV_8U、CV_32F或CV_64F的图像。

函数返回四个值：

min_val：数组中的最小值。

max_val：数组中的最大值。

min_loc：数组中最小值的位置（针对单通道数组）或通道索引和像素位置（针对多通道数组）。

max_loc：数组中最大值的位置（针对单通道数组）或通道索引和像素位置（针对多通道数组）。

课后习题

1. 单选题

1）Tesseract由（　　）公司开发维护。

  A. Google　　　　　B. 百度　　　　　C. 阿里　　　　　D. 腾讯

2）通常使用pytesseract中的（　　）进行OCR。

  A. image_to_string()　　　　　　B. namedWindow()

  C. imshow()　　　　　　　　　　D. waitKey()

3）在使用pytesseract进行OCR时，用来设置识别语言的参数是（　　）。

  A. config　　　　　B. lang　　　　　C. nice　　　　　D. output_type

4)车牌识别案例中用了（ ）滤波方法。

　　A．双边滤波　　　　B．nBlur　　　　C．blurmedia　　　　D．高斯滤波

2. 判断题

1）车牌识别滤波过程只能用双边滤波。　　　　　　　　　　　　　　　　（　　）

2）Tesseract只支持Python。　　　　　　　　　　　　　　　　　　　　　（　　）

3）Tesseract只支持中文和英文字符的识别。　　　　　　　　　　　　　　（　　）

4）Tesseract对支持的语言要下载对应的语言模型文件。　　　　　　　　　（　　）

3. 简答题

1）案例中Tesseract的安装包含哪两部分？

2）简要描述车牌识别案例中找到车牌轮廓的方法。

模块 11

人脸检测及人脸识别

模块概述

在数字化时代的浪潮下，人脸检测与识别技术已经成为信息科技领域的热点之一。随着计算机视觉和人工智能的不断进步，人脸检测与识别技术不仅在安防领域发挥着重要作用，还被广泛应用于商业、医疗、教育等各个领域。以安防领域为例，人脸检测与识别技术被广泛应用于监控系统中，帮助警方或企业实现对人员的精准识别和追踪，提升了公共安全和防范能力。在商业领域，人脸识别技术也被用于零售行业的客流统计、会员管理等方面，为企业提供了更便捷和智能的服务手段。在医疗领域，人脸识别技术可以帮助医院提高患者信息管理的效率，减少医疗事故的发生。然而，人脸检测与识别技术也面临着一系列挑战和争议，比如隐私保护、数据安全、算法偏差等问题。因此，了解人脸检测与识别技术的原理、方法以及应用场景，不仅有助于人们深入理解这一新兴技术的发展趋势，还能够更好地应对相关的伦理、法律和社会问题。

本模块将介绍人脸检测及人脸识别的原理以及基本方法。

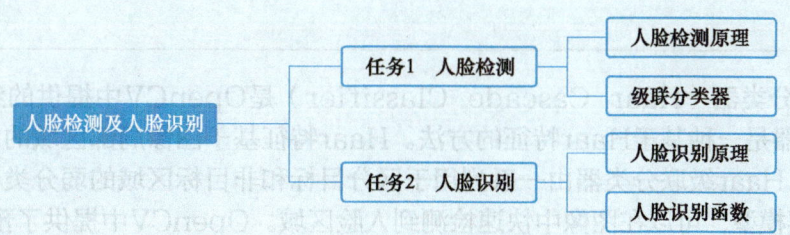

学习目标

知识目标
- 了解人脸检测原理。
- 掌握基于级联分类器的人脸检测方法。
- 了解人脸识别原理。
- 掌握三种OpenCV提供的人脸识别训练和预测方法。

能力目标
- 能够完成人脸检测和识别功能代码的编写,使用人脸检测和识别库函数。
- 能够通过学习人脸识别的完整过程,掌握分类问题通用解决方案,具备数据集准备、训练和预测完整流程开发能力。

素质目标
- 通过算法原理的学习,培养学生对知识的深度学习能力。
- 培养学生通过逻辑分析和推理解决问题的能力。
- 培养学生的团队合作能力。

任务1　人脸检测

任务导入

Haar特征级联分类器(Haar Cascade Classifier)是OpenCV中提供的经典人脸检测方法。Haar特征级联分类器是一种基于Haar特征的方法。Haar特征基于图像局部区域的简单特征,可以帮助识别图像中的目标。Haar级联分类器由一系列用于区分目标和非目标区域的弱分类器组成的。通过使用训练好的级联分类器模型,可以在图像中快速检测到人脸区域。OpenCV中提供了预训练的Haar级联分类器模型,可以直接用于人脸检测。OpenCV也提供了易于使用的API,可以轻松地调用级联分类器来检测图像或者视频中的人脸区域,并且提供了一系列函数来进行人脸区域的标定、绘制和后续处理,能够很方便地构建基于人脸检测的应用程序。

任务实施

1. 案例代码

```
1. import cv2
2. # 用于绘制图像
3. import matplotlib.pyplot as plt
```

```
4.  # 加载级联分类器
5.  face_cascade = cv2.CascadeClassifier('haarcascade_frontalface_default.xml')
6.  # 读取输入图像
7.  img = cv2.imread('lena.png')
8.  # 检测人脸
9.  faces = face_cascade.detectMultiScale(image=img, scaleFactor=1.1, minNeighbors=5)
10. # 在人脸周围绘制边界框
11. for (x, y, w, h) in faces:
12.     cv2.rectangle(img, (x, y), (x+w, y+h), (255, 0, 0), 2)
13. # 显示图像中检测到的人脸数量
14. print(len(faces),"faces detected!")
15. # 绘制检测到的人脸图像
16. finalimg = cv2.cvtColor(img, cv2.COLOR_RGB2BGR)
17. plt.figure(figsize=(12,12))
18. plt.imshow(finalimg)
19. plt.axis("off")
20. plt.show()
```

2. 案例结果

案例结果如图11-1所示。

图11-1 基于Haar特征级联分类器的人脸检测结果

1. Haar特征级联分类器原理

Haar特征级联分类器可以在训练过程中学习如何区分人脸和非人脸，并构建一个高效的级联分类器模型，用于在新的图像上快速检测人脸区域。

Haar特征是一种基于图像局部区域的简单特征，它可以是矩形区域中像素值的差异，例如，一个白色矩形区域减去一个黑色矩形区域的像素值之和。这些矩形区域可以是不同大小、不同位置、不同方向的。Haar 特征可以描述图像中的边缘特征、线性特征、中心环绕特征等，如图11-2所示。

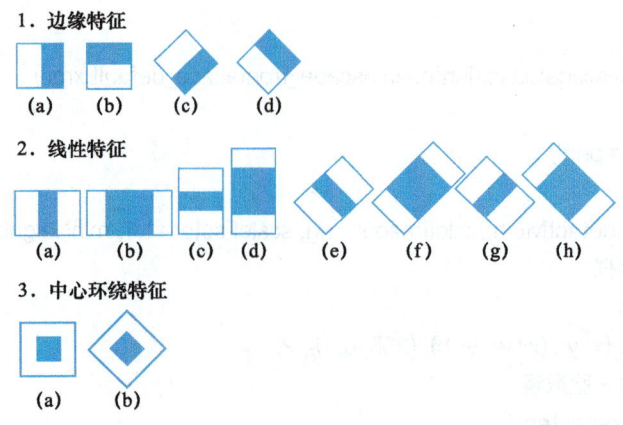

图11-2 Haar特征

使用AdaBoost（Adaptive Boosting）算法，选择一组最佳的特征来区分人脸和非人脸区域，如图11-3所示。AdaBoost会通过多轮迭代，逐步训练一系列弱分类器，每个弱分类器都是基于单个特征的简单分类器。在每一轮迭代中，AdaBoost会调整样本的权重，使得之前被错误分类的样本在下一轮迭代中受到更多的关注。

将多个弱分类器级联组成一个强分类器。级联分类器由多个阶段组成，每个阶段包含多个弱分类器，如图11-4所示。级联分类器中的每个阶段都会按照一定的顺序进行分类，如果某一阶段的弱分类器判定某个区域为非人脸，则直接将该区域排除，不再进行后续的特征计算和分类，从而提高检测速度。

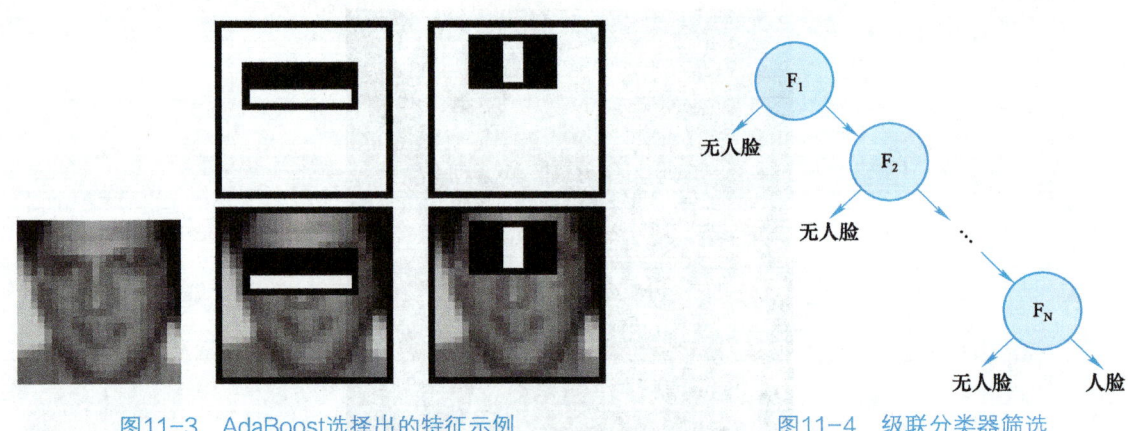

图11-3　AdaBoost选择出的特征示例　　　　图11-4　级联分类器筛选

2. 分类器初始化：cv2.CascadeClassifier()

作用：实现预训练XML级联分类器的初始化。

语法格式：cv2.CascadeClassifier (filename)。

filename：预训练XML文件路径。

OpenCV提供了多种预训练的级联分类器模型，并不限于人脸识别，可以在github官方网站（https://github.com/opencv/opencv/tree/4.x/data/haarcascades）中下载使用。

3. 检测函数：cv2.detectMultiScale()

作用：检测出目标对象的矩形边界框。

语法格式：cv2.detectMultiScale(image, scaleFactor, minNeighbors, minSize=None, maxSize=None，flags=None)。

image：待检测的输入图像，通常为灰度图像。

scaleFactor：每次图像尺寸缩小的比例。默认情况下，该参数为1.1，表示每次缩小图像尺寸的11%。该参数用于在不同尺度上检测对象，允许检测到不同尺寸的对象。

minNeighbors：每个目标应该被检测到多少次才能被认定为有效目标。该参数影响最终的检测结果质量，通常为一个整数值，可以调整以获得更好的结果。

minSize：目标的最小尺寸，即最小允许检测到的对象的尺寸。默认为None，表示没有限制。

maxSize：目标的最大尺寸，即最大允许检测到的对象的尺寸。默认为None，表示没有限制。

flags：有关对象标志的可选参数。flags的取值如下。

cv2.CASCADE_SCALE_IMAGE：使用缩放图像进行检测（默认）。

cv2.CASCADE_FIND_BIGGEST_OBJECT：只检测图像中最大的对象。

cv2.CASCADE_DO_ROUGH_SEARCH：使用粗略的检测算法以加速检测。

函数返回一个由检测到的对象的矩形边界框组成的NumPy数组，每个矩形由(x, y, w, h)表示，其中(x, y)是矩形左上角顶点的坐标，(w, h)是矩形的宽度和高度。

4. 知识运用

使用OpenCV提供的XML格式的级联分类器进行人脸、眼睛以及鼻子的识别。代码如下。

```
1.  import cv2
2.  # 用于绘制图像
3.  import matplotlib.pyplot as plt
4.
5.  # 加载级联模型
6.  target = {
7.      "face": "haarcascade_frontalface_default.xml",
8.      "eye": "haarcascade_eye.xml",
9.      "nose": "haarcascade_mcs_nose.xml",
10. }
11. # 读取输入图像
12. img = cv2.imread('man.jpg')
13.
14. for k, v in target.items():
15.     face_cascade = cv2.CascadeClassifier(v)
16.     # 检测人脸
17.     target_num = face_cascade.detectMultiScale(image=img, scaleFactor=1.1, minNeighbors=5)
18.
19.     # 在人脸周围绘制边界框
20.     for (x, y, w, h) in target_num:
```

```
21.     cv2.rectangle(img, (x, y), (x + w, y + h), (255, 0, 0), 2)
22.
23. # 绘制检测目标的图像
24. final_img = cv2.cvtColor(img, cv2.COLOR_RGB2BGR)
25. plt.figure(figsize=(12, 12))
26. plt.imshow(final_img)
27. plt.axis("off")
28. plt.show()
```

实验结果如图11-5所示。

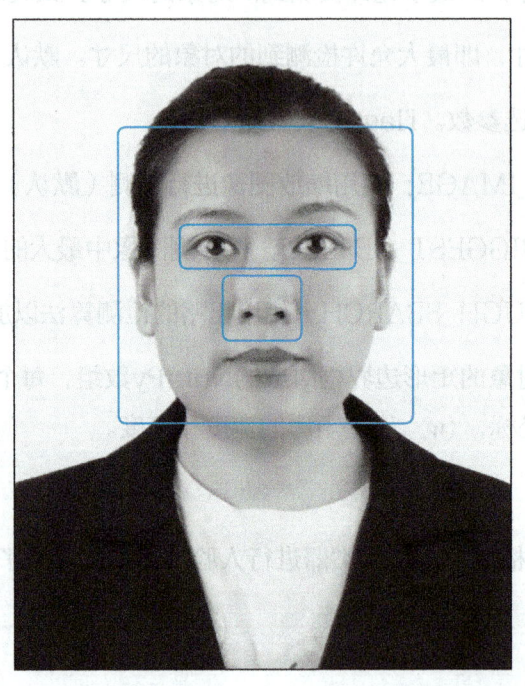

图11-5　基于Haar特征级联分类器的人脸关键信息检测结果

思考

如何在视频流中实现人脸检测？

任务2　人脸识别

任务导入

OpenCV提供了三种人脸识别算法，分别是LBPH、Eigenfaces和Fisherfaces。这三种算法都是通过对比样本的特征最终实现人脸识别。OpenCV为三种识别算法提供了构造函数，对应的构造函数分别是cv2. face. LBPHFaceRecognizer_create()、cv2. face. EigenFaceRecognizer_create()和cv2. face. FisherFaceRecognizer_create()。

任务实施

1. 案例代码

```
1.  import cv2
2.  import numpy as np
3.  images = []
4.  labels = []
5.  # 读取用于训练的图像
6.  images.extend([cv2.imread(f"output_faceRImage/s1/{i + 1}.bmp", cv2.IMREAD_GRAYSCALE) for i in range(9)])
7.  images.extend([cv2.imread(f"output_faceRImage/s2/{i + 1}.bmp", cv2.IMREAD_GRAYSCALE) for i in range(9)])
8.  # 为训练的图像分配标签
9.  labels.extend([0 for i in range(9)])
10. labels.extend([1 for i in range(9)])
11.
12. # 初始化三种人脸识别器
13. recognizers = {
14.     "LBPH": cv2.face.LBPHFaceRecognizer_create(),
15.     "EigenFace": cv2.face.EigenFaceRecognizer_create(),
16.     "FisherFace": cv2.face.FisherFaceRecognizer_create(),
17. }
18. for k, v in recognizers.items():
19.     # 使用图像和标签进行训练
20.     v.train(images, np.array(labels))
21.     # 读取要预测的图像
22.     predict_image_1 = cv2.imread("output_faceRImage/s1/10.bmp", cv2.IMREAD_GRAYSCALE)
23.     predict_image_2 = cv2.imread("output_faceRImage/s2/10.bmp", cv2.IMREAD_GRAYSCALE)
24.     # 使用识别器预测标签
25.     label, confidence = v.predict(predict_image_1)
26.     print(f"recognizer={k}\tlabel={label}\tconfidence={confidence}")
27.     label, confidence = v.predict(predict_image_2)
28.     print(f"recognizer={k}\tlabel={label}\tconfidence={confidence}")
```

2. 案例结果

案例结果如图11-6所示。

```
recognizer=LBPH        label=0 confidence=87.98462404819739
recognizer=LBPH        label=1 confidence=61.85779561147603
recognizer=EigenFace   label=0 confidence=2487.52429843288
recognizer=EigenFace   label=1 confidence=1536.2279794837477
recognizer=FisherFace  label=0 confidence=819.0277204176134
recognizer=FisherFace  label=1 confidence=115.32594746549421
```

图11-6 LBPH、Eigenfaces、Fisherfaces三种算法的人脸识别结果

知识拆解

1. 人脸识别原理

三种人脸识别算法都是基于特征匹配，对训练集中不同类别的数据特征进行学习。在预测阶段，将要预测的图片提取特征与训练集特征进行比较，选择特征相似的分类作为最后的分类结果。三种方法的特征提取方法不尽相同。

局部二值模式（Local Binary Patterns，LBP）是一种用来描述图像局部纹理特征的方法。它将每个像素的邻域与该像素值进行比较，并将领域中比该像素值大的像素置为1，否则置为0，从而得到一个二进制模式。通过这种方式，图像中的纹理信息得到了有效的编码。在图像中，对于每个局部区域提取的LBP特征，可以得到一个LBP直方图，直方图描述了每个LBP在该区域中出现的频率。LBPH人脸识别算法基于对人脸图像中提取的LBP直方图进行建模和比较。对于每张人脸图像，首先将其分成若干个局部区域，然后在每个区域中提取LBP特征，并构建其对应的LBP直方图，将这些局部直方图连接起来形成一个全局直方图。LBPH算法能够有效地捕获图像中的纹理信息。在识别阶段，将待识别的人脸图像提取特征，并与已知的人脸特征进行比较（通常使用欧氏距离或者其他相似度度量方法进行比较）找到最相似的人脸特征。

Eigenfaces是一种基于主成分分析（Principal Component Analysis，PCA）的人脸识别方法。该方法将每个人脸图像视为一个高维向量，将所有图像组成一个大的数据矩阵。对这个数据矩阵进行PCA，以降低数据的维度。PCA会找到数据中的主要方差，并将数据投影到一个新的低维空间中，这些新的维度称为主成分。这些主成分是数据中的特征向量，其对应的特征值表示了在这个方向上的方差大小。在人脸识别任务中，主成分实际上代表了图像中的重要特征，而特征值则表示了这些特征的重要性。主成分对应的特征向量可以被视为"特征脸"，它们代表了人脸数据中的一些重要模式或特征。这些特征脸是通过线性组合原始人脸图像得到的，每个特征脸包含了一种人脸的特定表情或结构信息。在预测时，首先将预测图像投影到主成分空间中，得到相应的特征向量。然后，将这个特征向量与训练集中的特征向量进行比较，根据最相似的训练集样本的标签来确定待识别的人脸属于哪个人。

Fisherfaces是一种改进的、基于Fisher提出的线性判别分析（Linear Discriminant Analysis，LDA）的人脸识别方法。与Eigenfaces方法类似，Fisherfaces也是通过特征提取和分类来实现人脸识别的，但它相比于Eigenfaces方法在一些方面有所改进。与PCA不同，Fisherfaces使用LDA来提取特征。LDA的目标是将数据投影到一个新的低维空间，以最大化不同类别之间的类内散度，同时最小化类间散度。在人脸识别中，这意味着投影后的特征能够更好地区分不同的人脸。与Eigenfaces中的特征脸类似，Fisherfaces也会生成一组特征脸。这些特征脸是在LDA投影的新空间中生成的，它们代表了最能区分不同人脸的特征。Fisherfaces在预测阶段与Eigenfaces基本一致。

2. 识别器创建函数

三种识别器的创建函数分别为cv2.face.LBPHFaceRecognizer_create()，cv2.face.EigenFaceRecognizer_create()，cv2.face.FisherFaceRecognizer_create()。

作用：创建识别器对象，用于后续的训练和预测。

语法格式：recognizer = cv2.face.LBPHFaceRecognizer_create()。其他两种识别器创建函数的语法格式类似。

3. 识别器训练函数：train()

作用：根据训练集训练模型。

语法格式：recognizer.train(images, labels)。

images：一个包含训练图像的列表或数组。每个训练图像是一个NumPy数组或OpenCV的Mat对象。

labels：一个包含与训练图像对应的标签的列表或数组。标签是整数值，用于标识图像的身份或类别，与images一一对应。

需要说明的是，Eigenfaces和Fisherfaces算法要求训练集图像的分辨率一致，而LBPH算法没有这个要求。

4. 识别器预测函数：predict()

作用：预测人脸图像分类结果。

语法格式：recognizer.predict(image)。

image：要进行识别的人脸图像，是一个NumPy数组或OpenCV的Mat对象。

函数返回值：

label：预测的标签，用于标识图像的身份或类别。

confidence：预测的置信度，表示识别器对该预测的信心程度，通常为一个浮点数，值越低表示置信度越高。

课后习题

1. 单选题

1）使用（　　）函数加载级联分类器。

　　A．CascadeClassifier()　　　　　　B．detectMultiScale()

　　C．FisherFaceRecognizer_create()　　D．EigenFaceRecognizer_create()

2）实现人脸检测的函数是（　　）。

　　A．CascadeClassifier()　　　　　　B．detectMultiScale()

　　C．FisherFaceRecognizer_create()　　D．EigenFaceRecognizer_create()

3）人脸检测级联分类器使用（　　）算法训练分类器。

　　A．SVM　　　　　　　　　　　　　B．逻辑斯谛回归

　　C．朴素贝叶斯　　　　　　　　　　D．AdaBoost

4）人脸识别算法LBPH使用（　　　）方法提取特征。

　　A．PCA　　　　　　B．LBP直方图　　　　C．LDA　　　　　　D．卡方检验

2. 判断题

1）OpenCV级联检测器只提供了人脸预训练模型。　　　　　　　　　　　　　　（　　）

2）OpenCV人脸检测使用级联分类器提高了检测速度。　　　　　　　　　　　　（　　）

3）Fisherfaces使用了PCA方法进行特征提取。　　　　　　　　　　　　　　　（　　）

4）Eigenfaces使用了PCA方法进行特征提取。　　　　　　　　　　　　　　　（　　）

3. 简答题

1）简述detectMultiScale()函数参数的意义。

2）请描述Eigenfaces和Fisherfaces人脸识别方法的区别。

模块 12

OpenCV综合应用案例

模块概述

本模块介绍了三大综合性实践案例——答题卡识别、物体实时监测与疲劳监测，旨在全方位、多维度地展现OpenCV库在计算机视觉领域所蕴含的巨大潜能与强大功能。通过一系列贴近实际应用场景的深度剖析，加深学生对计算机视觉处理技术原理的理解和在复杂环境中运用OpenCV解决实际问题的能力，让知识真正转化为推动创新与发展的实践力量。

学习导航

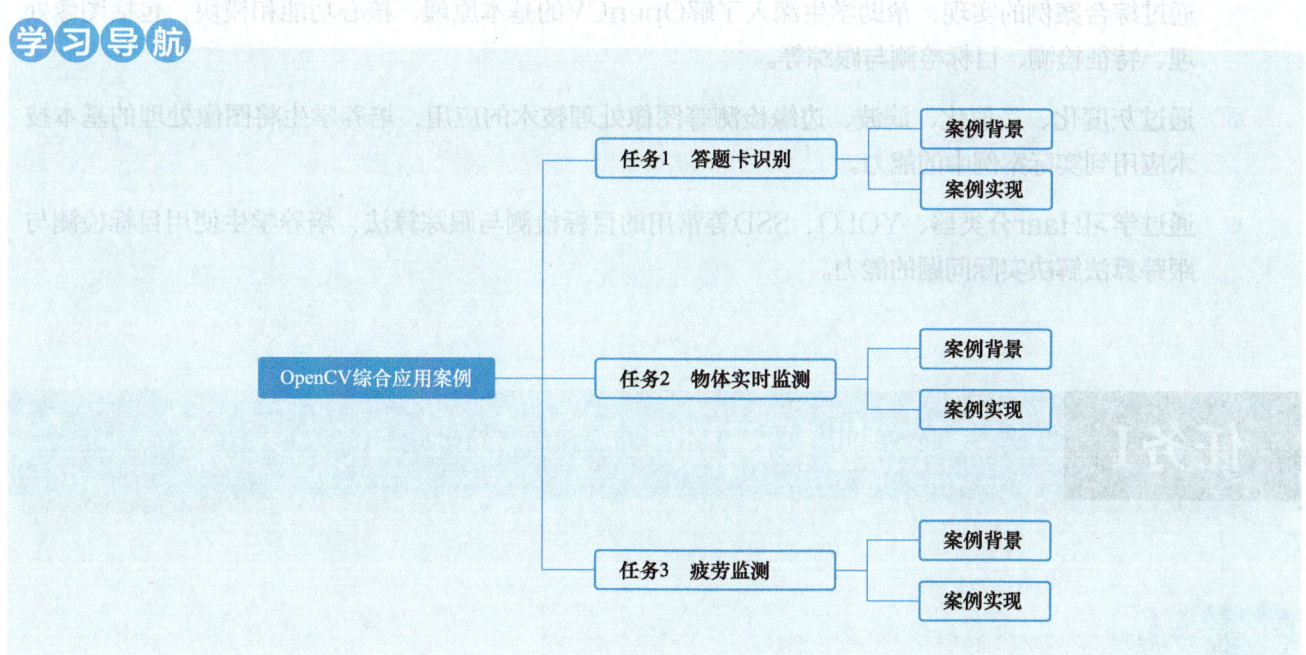

学习目标

知识目标

- 通过OpenCV综合案例的实践，培养学生的实际操作能力和解决问题的能力，使学生能够将理论知识与实际应用相结合。
- 鼓励学生在案例实践中探索新的方法和技术，培养学生的创新思维和创新能力，为未来的研究和工作打下坚实基础。
- 在案例实施过程中，鼓励学生进行团队合作，共同解决问题，培养学生的团队合作精神和沟通能力。

能力目标

- 通过案例学习，提升学生对OpenCV技术的掌握和应用能力，能够运用OpenCV工具解决实际问题。
- 通过案例学习，帮助学生掌握处理复杂图像任务的能力。

素质目标

- 通过综合案例的实现，帮助学生深入了解OpenCV的基本原理、核心功能和模块，包括图像处理、特征检测、目标检测与跟踪等。
- 通过灰度化、二值化、滤波、边缘检测等图像处理技术的应用，培养学生将图像处理的基本技术应用到实际案例中的能力。
- 通过学习Haar分类器、YOLO、SSD等常用的目标检测与跟踪算法，培养学生使用目标检测与跟踪算法解决实际问题的能力。

任务1　答题卡识别

"推进教育数字化"是国家的战略部署。答题卡识别案例可以实现答题卡图像中填涂标记的自动化检测、精准识别和客观评分，对推进教育数字化具有重要意义。答题卡识别是OpenCV在图像处理与分析领域的一个典型应用。通过使用OpenCV的图像处理功能，可以对答题卡进行预处理，如灰度化、二值化、降噪等，以便更好地提取答题卡上的关键信息。随后，利用OpenCV中的轮廓检测、特征匹配等算法，可以准确地识别出答题卡上的选择题答案、填空题内容等。此外，OpenCV还支持机器学习算法的应用，如使用SVM对答题卡进行分类识别，提高识别的准确率和效率，减轻人工阅卷的工作负担，极大地提高了阅卷效率，同时确保了评分的客观性和公正性。

任务实施

1. 实现步骤

答题卡识别案例基于OpenCV强大的图像处理和分析能力,实现对答题卡图片的自动处理,主要包括以下几个步骤。

(1)图像预处理

对答题卡图像进行灰度化、二值化、去噪等预处理操作,以提高图像质量和识别准确率。

(2)答题卡定位

利用OpenCV的图像分割、边缘检测等技术,定位答题卡的位置和区域,确保后续处理的准确性。

(3)填涂标记识别

通过OpenCV的模板匹配、特征提取等方法,识别答题卡上的填涂标记,如选择题选项、填空题答案等。

(4)分数计算

根据识别出的填涂标记,系统自动计算每道题的得分,并累加得到总分。

(5)结果输出与存储

将识别结果和分数以可视化的方式展示给用户。

2. 关键技术与实现难点

(1)图像预处理技术

针对答题卡图像质量不一、存在噪声和干扰等问题,需要采用合适的预处理技术,提高图像质量和识别准确率。

(2)答题卡定位技术

答题卡的位置和角度可能因拍摄方式、纸张变形等因素而发生变化,因此需要采用鲁棒性强的定位算法,确保答题卡区域的准确提取。

(3)填涂标记识别技术

填涂标记的形状、大小、颜色等可能因不同答题卡而异,需要设计灵活的识别算法,以适应各种情况。

(4)分数计算与校验技术

在识别填涂标记后,需要设计合理的分数计算规则,并对结果进行校验,以确保分数的准确性和公正性。

3. 案例代码及相应结果

(1)导入相关工具包

```
1.  import numpy as np
2.  import argparse
3.  import imutils
4.  import cv2
5.  from matplotlib import pyplot as plt
```

（2）定义正确答案

1. ANSWER_KEY = {0: 1, 1: 4, 2: 0, 3: 3, 4: 1}

（3）定义图像范围识别方法order_points()

```
1.  def order_points(pts):
2.      # 一共4个坐标点
3.      rect = np.zeros((4, 2), dtype = "float32")
4.      # 按顺序找到对应坐标0、1、2、3分别是左上、右上、右下、左下
5.      # 计算左上，右下
6.      s = pts.sum(axis = 1)
7.      rect[0] = pts[np.argmin(s)]
8.      rect[2] = pts[np.argmax(s)]
9.      # 计算右上和左下
10.     diff = np.diff(pts, axis = 1)
11.     rect[1] = pts[np.argmin(diff)]
12.     rect[3] = pts[np.argmax(diff)]
13.     return rect
```

（4）定义图像坐标点转换函数four_point_transform()

```
1.  def four_point_transform(image, pts):
2.      # 获取输入坐标点
3.      rect = order_points(pts)
4.      (tl, tr, br, bl) = rect
5.      # 计算输入图像的宽度和高度
6.      widthA = np.sqrt(((br[0] - bl[0]) ** 2) + ((br[1] - bl[1]) ** 2))
7.      widthB = np.sqrt(((tr[0] - tl[0]) ** 2) + ((tr[1] - tl[1]) ** 2))
8.      maxWidth = max(int(widthA), int(widthB))
9.      heightA = np.sqrt(((tr[0] - br[0]) ** 2) + ((tr[1] - br[1]) ** 2))
10.     heightB = np.sqrt(((tl[0] - bl[0]) ** 2) + ((tl[1] - bl[1]) ** 2))
11.     maxHeight = max(int(heightA), int(heightB))
12.     # 转换后对应的坐标位置
13.     dst = np.array([
14.         [0, 0],
15.         [maxWidth - 1, 0],
16.         [maxWidth - 1, maxHeight - 1],
17.         [0, maxHeight - 1]], dtype = "float32")
18.     # 计算转换矩阵
19.     M = cv2.getPerspectiveTransform(rect, dst)
20.     warped = cv2.warpPerspective(image, M, (maxWidth, maxHeight))
21.     # 返回转换后的结果
22.     return warped
```

（5）定义排序进程函数sort_contours()

```
1.  def sort_contours(cnts, method="left-to-right"):
2.      reverse = False
```

```
3.    i = 0
4.    if method == "right-to-left" or method == "bottom-to-top":
5.        reverse = True
6.    if method == "top-to-bottom" or method == "bottom-to-top":
7.        i = 1
8.    boundingBoxes = [cv2.boundingRect(c) for c in cnts]
9.    (cnts, boundingBoxes) = zip(*sorted(zip(cnts, boundingBoxes),
10.                       key=lambda b: b[1][i], reverse=reverse))
11.   return cnts, boundingBoxes
```

（6）定义图像显示函数cv_show()

```
1. def cv_show(name,img):
2.     plt.imshow(cv2.cvtColor(img, cv2.COLOR_BGR2RGB))
3.     plt.title(name)
4.     plt.show()
5.     cv2.waitKey(0)
6.     cv2.destroyAllWindows()
```

（7）图像数据预处理

```
1. image = cv2.imread("test_01.png")
2. contours_img = image.copy()
3. gray = cv2.cvtColor(image, cv2.COLOR_BGR2GRAY)
4. blurred = cv2.GaussianBlur(gray, (5, 5), 0)
5. cv_show('blurred',blurred)
6. edged = cv2.Canny(blurred, 75, 200)
7. ('edged',edged)
```

效果如图12-1所示。

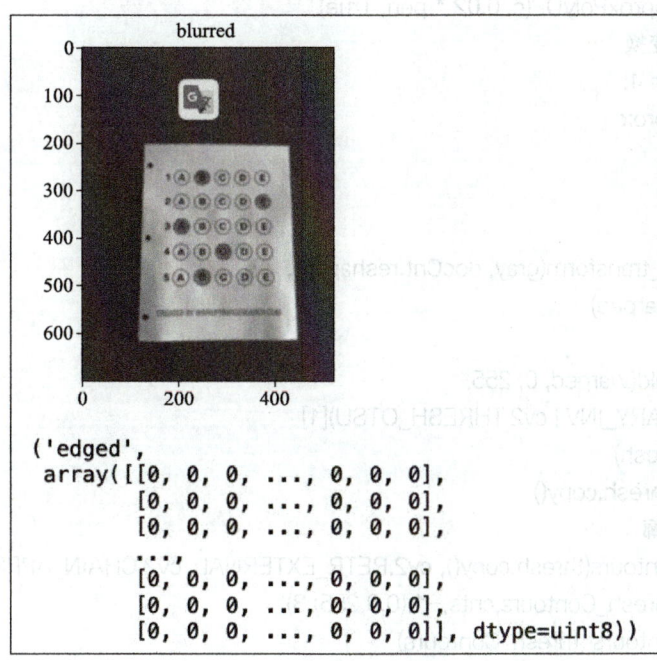

图12-1　图像数据预处理结果

（8）图像轮廓检测

```
1. cnts, _ = cv2.findContours(edged.copy(), cv2.RETR_EXTERNAL,cv2.CHAIN_APPROX_SIMPLE)
2. cv2.drawContours(contours_img,cnts,-1,(0,0,255),3)
3. cv_show('contours_img',contours_img)
4. docCnt = None
```

效果如图12-2所示。

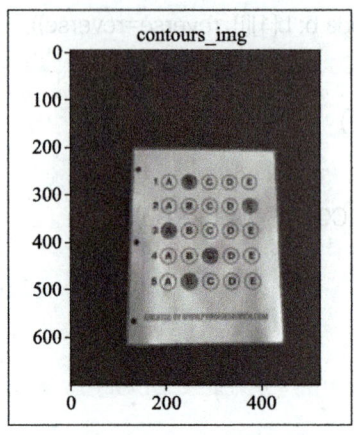

图12-2　图像轮廓检测结果

（9）需要确保检测到答题卡图像

```
1. if len(cnts) > 0:
2.     # 根据轮廓大小进行排序
3.     cnts = sorted(cnts, key=cv2.contourArea, reverse=True)
4.     # 遍历每一个轮廓
5.     for c in cnts:
6.         # 近似
7.         peri = cv2.arcLength(c, True)
8.         approx = cv2.approxPolyDP(c, 0.02 * peri, True)
9.         # 准备作透视变换
10.        if len(approx) == 4:
11.            docCnt = approx
12.            break
```

（10）执行透视变换

```
1. warped = four_point_transform(gray, docCnt.reshape(4, 2))
2. cv_show('warped',warped)
3. # Otsu's 阈值处理
4. thresh = cv2.threshold(warped, 0, 255,
5.     cv2.THRESH_BINARY_INV | cv2.THRESH_OTSU)[1]
6. cv_show('thresh',thresh)
7. thresh_Contours = thresh.copy()
8. # 找到每一个圆圈轮廓
9. cnts, _ = cv2.findContours(thresh.copy(), cv2.RETR_EXTERNAL, cv2.CHAIN_APPROX_SIMPLE)
10. cv2.drawContours(thresh_Contours,cnts,-1,(0,0,255),3)
11. cv_show('thresh_Contours',thresh_Contours)
12. questionCnts = []
```

效果如图12-3所示。

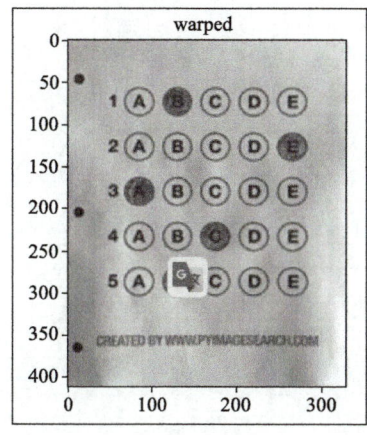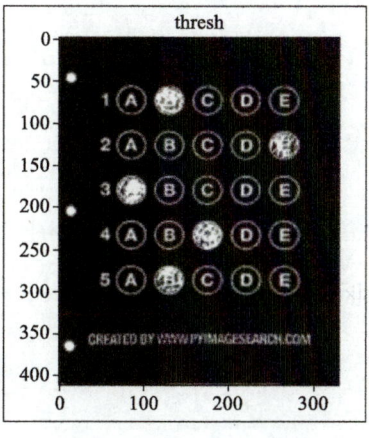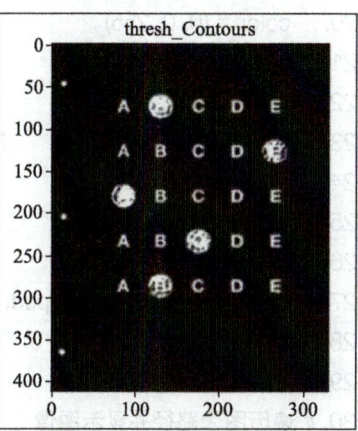

图12-3　透视变换结果

（11）按照图像从上到下的顺序对检测到的轮廓进行排序

```
1.  for c in cnts:
2.      # 计算比例和大小
3.      (x, y, w, h) = cv2.boundingRect(c)
4.      ar = w / float(h)
5.      # 根据实际情况指定标准
6.      if w >= 20 and h >= 20 and ar >= 0.9 and ar <= 1.1:
7.          questionCnts.append(c)
8.  # 排序
9.  questionCnts = sort_contours(questionCnts, method="top-to-bottom")[0]
10. correct = 0
```

（12）遍历答题卡的每个结果

```
1.  masks = []
2.  for (q, i) in enumerate(np.arange(0, len(questionCnts), 5)):
3.      # 排序
4.      cnts = sort_contours(questionCnts[i:i + 5])[0]
5.      bubbled = None
6.      # 遍历每一个结果
7.      for (j, c) in enumerate(cnts):
8.          # 使用mask来判断结果
9.          mask = np.zeros(thresh.shape, dtype="uint8")
10.         cv2.drawContours(mask, [c], -1, 255, -1) #-1表示填充
11.         masks.append(mask)
12.         # cv_show('mask',mask)
13.         # 通过计算非零点数量判断是否选择这个答案
14.         mask = cv2.bitwise_and(thresh, thresh, mask=mask)
15.         total = cv2.countNonZero(mask)
16.         # 通过阈值判断
17.         if bubbled is None or total > bubbled[0]:
```

```
18.         bubbled = (total, j)
19.     # 对比正确答案
20.     color = (0, 0, 255)
21.     k = ANSWER_KEY[q]
22.     # 判断正确
23.     if k == bubbled[1]:
24.         color = (0, 255, 0)
25.         correct += 1
26.     # 绘图
27.     cv2.drawContours(warped, [cnts[k]], –1, color, 3)
28. fig, axes = plt.subplots(5, 5)
29. title = "mask"
30. # 遍历图像路径并显示图像
31. axes_index = 0
32. for i_image in masks:
33.     print(axes_index, axes_index // 5, axes_index % 5)
34.     axes[axes_index // 5][axes_index % 5].imshow(i_image, cmap='gray')
35.     axes[axes_index // 5][axes_index % 5].axis('off')
36.     axes_index += 1
37. plt.show()
```

效果如图12-4所示。

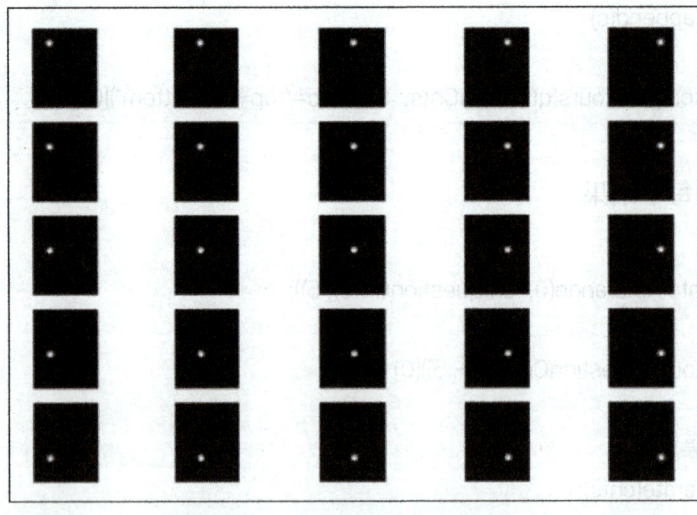

图12-4　遍历结果

（13）进行识别

```
1. score = (correct / 5.0) * 100
2. print("[INFO] score: {:.2f}%".format(score))
3. cv2.putText(warped, "{:.2f}%".format(score), (10, 30),
4.     cv2.FONT_HERSHEY_SIMPLEX, 0.9, (0, 0, 255), 2)
5. cv_show('Original',image)
6. cv_show('Exam',warped)
```

效果如图12-5所示。

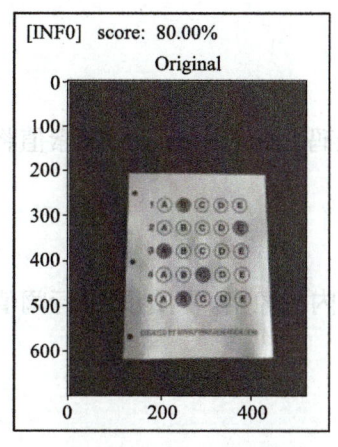
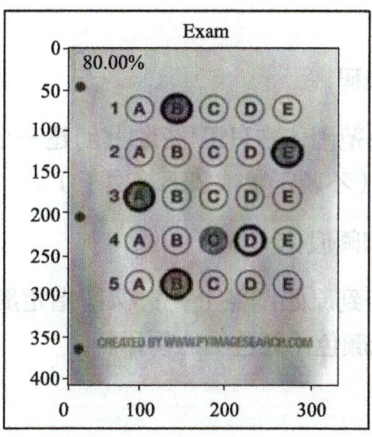

图12-5 答题卡图像与识别结果

任务2　物体实时监测

任务导入

计算机视觉是一门研究如何使机器"看"的科学，具体功能包括图像增强、图像分类和识别、目标检测和跟踪、图像分割、目标识别等。目标跟踪是指在视频监控系统或图像处理中，将特定目标物体从连续变化的场景中进行定位和跟踪的技术。目标跟踪的主要目的是识别、跟踪和通过目标位置预测目标的未来位置，可以根据目标的外观、形状、运动、上下文等特征进行分类和识别，然后通过复杂的算法在连续帧的图像序列中跟踪目标位置的变化。应用OpenCV库在视频处理、图像分析、颜色空间转换、颜色过滤、目标检测和跟踪等方面的技术可以实现对物体的实时监测。实时监测技术在安防监控、智能交通等领域具有广泛的应用前景。

任务实施

扫码观看视频

1. 实现步骤

（1）读取视频或摄像头输入图像

使用OpenCV的VideoCapture类读取视频文件或摄像头输入图像，捕获视频的每一帧进行后续处理。

（2）颜色空间转换

将捕获的每一帧从BGR色彩空间转换至HSV色彩空间，HSV色彩空间更适合颜色识别，因为它将颜色信息分解为色相（Hue）、饱和度（Saturation）和亮度（Value）三个分量。

（3）定义颜色范围

根据红色车辆的颜色，在HSV色彩空间中定义一个合适的颜色范围。这个范围将用于后续的颜色过滤。

（4）创建颜色掩码

使用定义的颜色范围，在HSV图像上创建一个颜色掩码。掩码中的每个像素值将根据是否属于指定颜色范围而设置为0（不属于）或255（属于）。

（5）应用掩码和阈值化

将颜色掩码应用到原始图像上，只保留指定颜色范围内的像素。对结果进行阈值化，得到二值化图像，其中只包含目标颜色（红色）的物体。

（6）目标检测

在二值化图像上使用形态学操作（如腐蚀和膨胀）来清理噪声并分离出独立的物体。使用轮廓检测算法（如findContours）来检测图像中的目标物体（红色车辆）。

（7）目标跟踪

初始化一个或多个OpenCV跟踪器（如KCF、MedianFlow等），用于跟踪检测到的目标。在每一帧中，使用跟踪器更新目标的位置和大小。

（8）结果展示

在原始视频帧上绘制跟踪框，以展示跟踪结果。可以使用OpenCV的imshow()函数实时显示结果，或使用视频写入器将结果保存为新的视频文件。

2. 关键技术与实现难点

在物体实时监测案例中，使用OpenCV库进行物体检测和跟踪时，涉及的关键技术与实现难点主要包括以下几个方面。

（1）关键技术

色彩空间转换：将图像从RGB色彩空间转换到HSV色彩空间，以便更好地进行颜色过滤和识别。

颜色过滤：在HSV色彩空间中定义特定颜色的范围，并使用这个范围来创建一个颜色掩码，只保留目标颜色的像素。颜色过滤的准确性直接影响后续目标检测和跟踪的效果。

目标检测：在二值化图像上使用形态学操作（如腐蚀和膨胀）来清理噪声并分离出独立的物体。然后，使用轮廓检测算法（如findContours）来检测图像中的目标物体。目标检测算法的准确性和效率对于整个系统的性能至关重要。

目标跟踪：使用OpenCV提供的跟踪器（如KCF、MedianFlow等）来跟踪检测到的目标。跟踪器需要能够准确地预测目标在下一帧中的位置，并能够在目标被遮挡或移动时保持稳定的跟踪。

（2）实现难点

颜色范围的确定：在HSV色彩空间中定义目标颜色的范围是一个难点。不同的光照条件、摄像头参数和物体颜色差异都可能影响颜色范围的确定。因此，需要在实际应用中不断调整和优化颜色范围。

噪声和干扰的处理：在实际应用中，图像中可能存在大量的噪声和干扰，如阴影、反光、相似颜色的物体等。这些噪声和干扰会影响目标检测和跟踪的准确性。因此，需要使用形态学操作、阈值化等方法来清理噪声和干扰。

目标遮挡和移动的处理：当目标被其他物体遮挡或移动时，跟踪器可能会失去目标或产生错误的跟踪结果。因此，需要使用多目标跟踪算法、运动模型预测等方法来处理目标遮挡和移动的情况。

实时性和准确性的平衡：在实际应用中，实时性和准确性是相互矛盾的。为了实现实时性，可能需要牺牲一定的准确性；而为了提高准确性，可能会降低系统的实时性。因此，需要在实时性和准确性之间找到一个平衡点，以满足实际需求。

3. 案例代码

```
1.  # -*-coding:utf-8 -*-
2.  # 实时定位
3.  from collections import deque
4.  import argparse
5.  import cv2
6.  # 构建参数解析并解析参数
7.  ap = argparse.ArgumentParser()
8.  ap.add_argument("-v", "--video", help="path to the (optional) video file")
9.  ap.add_argument("-b", "--buffer", type=int, default=64, help="max buffer size")
10. args = vars(ap.parse_args())
11. # 定义对应颜色（黄色）对象的上下边界，然后初始化跟踪点列表
12. colorUpper = (44, 255, 255)
13. colorLower = (24, 100, 100)
14. pts = deque(maxlen=args["buffer"])
15. # 如果没有提供视频路径，则使用本地网络摄像头
16. if not args.get("video", False):
17.     cap = cv2.VideoCapture(0)
18. else:
19.     cap = cv2.VideoCapture(args["video"])
20. # 调整画面大小
21. cap.set(cv2.CAP_PROP_FRAME_WIDTH, 1280) # 调整画面宽度
22. cap.set(cv2.CAP_PROP_FRAME_HEIGHT, 720) # 调整画面高度
23. # 获取画面宽度、高度
24. width = int(cap.get(cv2.CAP_PROP_FRAME_WIDTH))
25. height = int(cap.get(cv2.CAP_PROP_FRAME_HEIGHT))
26. print(width, height)
27. # 持续循环
28. while cap.isOpened():
29.     # 捕捉视频帧画面
30.     ret, frame = cap.read()
31.     # 如果正在观看一段视频，但没有抓取帧，则说明视频已经结束
32.     if args.get("video") and not ret:
33.         break
34.     # 对视频帧进行模糊处理，并转换为HSV格式
35.     blurred = cv2.GaussianBlur(frame, (11, 11), 0)
36.     hsv = cv2.cvtColor(frame, cv2.COLOR_BGR2HSV)
37.     # 构建一个蒙版，即对图像进行二值化处理
38.     mask = cv2.inRange(hsv, colorLower, colorUpper)
```

```
39.    mask = cv2.erode(mask, None, iterations=2)
40.    mask = cv2.dilate(mask, None, iterations=2)
41.    # 查找蒙版中的轮廓
42.    cnts = cv2.findContours(mask.copy(), cv2.RETR_EXTERNAL, cv2.CHAIN_APPROX_SIMPLE)[-2]
43.    # 初始化轮廓的当前中心点
44.    center = None
45.    # 只有在找到至少一个轮廓的情况下才会继续执行
46.    if len(cnts) > 0:
47.        # 找出蒙版中最大的轮廓，然后用它来计算最小包围圆和中心点
48.        c = max(cnts, key=cv2.contourArea)
49.        ((x, y), radius) = cv2.minEnclosingCircle(c)
50.        M = cv2.moments(c)
51.        center = (int(M["m10"] / M["m00"]), int(M["m01"] / M["m00"]))
52.        # 只有当半径达到最小尺寸时才继续执行
53.        if radius > 10:
54.            # 在视频帧上绘制圆和中心点
55.            cv2.circle(frame, (int(x), int(y)), int(radius), (0, 255, 255), 2)
56.            cv2.circle(frame, center, 5, (0, 0, 255), -1)
57.            # 打印中心坐标点
58.            print(f"[INFO] 物体中心是：{(int(x), int(y))}")
59.    # 显示摄像头捕获的图像
60.    cv2.imshow("realtime localization", frame)
61.    # 按<q>键程序结束
62.    if cv2.waitKey(1) & 0xFF == ord('q'):
63.        break
64. # 释放摄像头并关闭窗口
65. cap.release()
66. cv2.destroyAllWindows()
```

4. 案例结果

案例结果如图12-6所示。

图12-6　物体实时监测案例结果

任务3　疲劳监测

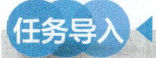

短暂的"微睡眠"现象是由驾驶员的疲劳而产生的，是发生交通事故的重要原因。疲劳监测是OpenCV在人脸识别与行为分析领域的一个创新应用，通过分析人脸的特征（如眼睛闭合程度、头部姿态等），可以判断驾驶员或操作员是否处于疲劳状态，用于在驾驶员处于"微睡眠"状态时及时对驾驶员进行预警，从而预防交通事故的发生，维护社会交通安全秩序，维护每一个家庭的幸福生活。疲劳监测案例中，利用OpenCV库进行图像处理，利用dlib库实现人脸检测、关键点定位等技术，对驾驶员的面部表情和动作进行分析，以判断他们是否处于疲劳状态。疲劳监测技术在自动驾驶、远程操作等领域具有重要的应用价值。

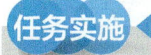

扫码观看视频

1. 实现步骤

（1）图像采集

使用OpenCV的VideoCapture类从摄像头捕获视频流。从视频流中提取出每一帧图像进行后续处理。

（2）人脸检测

使用dlib库中的get_frontal_face_detector()函数检测图像中的人脸。对检测到的人脸进行裁剪和缩放，以便后续处理。

（3）面部关键点定位

使用dlib库中的shape_predictor模型对人脸图像进行关键点定位。通常，这个模型可以定位出人脸的68个关键点，包括眼睛、嘴巴、鼻子等部位的轮廓点。

（4）疲劳特征提取

根据面部关键点，提取与疲劳相关的特征，如眼睛的开合度（眨眼频率）、嘴巴的开合度（打哈欠频率）、头部的姿态（点头、摇头等）。这些特征可以通过计算关键点之间的距离、角度等几何关系来获得。

（5）疲劳状态判断

根据提取的疲劳特征，使用机器学习或深度学习算法来判断驾驶员是否处于疲劳状态。算法可以根据历史数据和经验来设置合适的阈值，以便准确判断疲劳状态。

2. 关键技术与实现难点

实时性和准确性的平衡：疲劳监测系统需要同时满足实时性和准确性的要求。为了实现实时性，系统需要快速处理每一帧图像；而为了准确性，系统需要提取足够的特征并使用有效的算法来判断疲劳状态。

光照和姿态变化的影响：不同光照条件和驾驶员姿态变化可能会对疲劳特征提取和判断造成干扰。因此，系统需要具有一定的鲁棒性来适应这些变化。

个体差异和适应性：不同驾驶员的面部特征和疲劳表现可能存在差异。因此，系统需要具有一定的适应性来识别不同驾驶员的疲劳状态。

3. 案例代码

（1）导入工具包

```
1.  from scipy.spatial import distance as dist
2.  from collections import OrderedDict
3.  import numpy as np
4.  import argparse
5.  import time
6.  import dlib
7.  import cv2
8.  import matplotlib.pyplot as plt
```

（2）输入参数

```
1.  ap = argparse.ArgumentParser()
2.  ap.add_argument("-p", "--shape-predictor", required=True,
3.     help="/home/aitrain/project/shape_predictor_68_face_landmarks.dat")
4.  ap.add_argument("-v", "--video", type=str, default="",
5.     help="/home/aitrain/data/face321AC2/test.mp4")
6.  args = vars(ap.parse_args())
```

（3）定义面部关键点

```
1.  FACIAL_LANDMARKS_68_IDXS = OrderedDict([
2.     ("mouth", (48, 68)),
3.     ("right_eyebrow", (17, 22)),
4.     ("left_eyebrow", (22, 27)),
5.     ("right_eye", (36, 42)),
6.     ("left_eye", (42, 48)),
7.     ("nose", (27, 36)),
8.     ("jaw", (0, 17))
9.  ])
```

（4）设置眼部比率

```
1.  def eye_aspect_ratio(eye):
2.     # 计算距离，竖直的
3.     A = dist.euclidean(eye[1], eye[5])
4.     B = dist.euclidean(eye[2], eye[4])
5.     # 计算距离，水平的
```

```
6.     C = dist.euclidean(eye[0], eye[3])
7.     # ear值
8.     ear = (A + B) / (2.0 * C)
9.     return ear
```

（5）设置判断参数

```
1. EYE_AR_THRESH = 0.3
2. EYE_AR_CONSEC_FRAMES = 3
```

（6）初始化计数器

```
1. COUNTER = 0
2. TOTAL = 0
```

（7）检测与定位工具

```
1. print("[INFO] loading facial landmark predictor...")
2. detector = dlib.get_frontal_face_detector()
3. predictor = dlib.shape_predictor(args["shape_predictor"])
```

（8）分别获取两个眼睛区域

```
1. (lStart, lEnd) = FACIAL_LANDMARKS_68_IDXS["left_eye"]
2. (rStart, rEnd) = FACIAL_LANDMARKS_68_IDXS["right_eye"]
```

（9）读取视频

```
1. print("[INFO] starting video stream thread...")
2. vs = cv2.VideoCapture(args["video"])
3. #vs = FileVideoStream(args["video"]).start()
4. time.sleep(1.0)
```

（10）获取关键点

```
1. def shape_to_np(shape, dtype="int"):
2.     # 创建68×2的全零数组
3.     coords = np.zeros((shape.num_parts, 2), dtype=dtype)
4.     # 遍历每一个关键点
5.     # 得到坐标
6.     for i in range(0, shape.num_parts):
7.         coords[i] = (shape.part(i).x, shape.part(i).y)
8.     return coords
```

（11）遍历帧

```
1. while True:
2.     # 预处理
3.     frame = vs.read()[1]
4.     if frame is None:
5.         break
6.     (h, w) = frame.shape[:2]
7.     width=1200
8.     r = width / float(w)
9.     dim = (width, int(h * r))
```

```
10.    frame = cv2.resize(frame, dim, interpolation=cv2.INTER_AREA)
11.    gray = cv2.cvtColor(frame, cv2.COLOR_BGR2GRAY)
12.    # 检测人脸
13.    rects = detector(gray, 0)
14.    # 遍历每一个检测到的人脸
15.    for rect in rects:
16.        # 获取坐标
17.        shape = predictor(gray, rect)
18.        shape = shape_to_np(shape)
19.        # 分别计算ear值
20.        leftEye = shape[lStart:lEnd]
21.        rightEye = shape[rStart:rEnd]
22.        leftEAR = eye_aspect_ratio(leftEye)
23.        rightEAR = eye_aspect_ratio(rightEye)
24.        # 计算平均值
25.        ear = (leftEAR + rightEAR) / 2.0
26.        # 绘制眼睛区域
27.        leftEyeHull = cv2.convexHull(leftEye)
28.        rightEyeHull = cv2.convexHull(rightEye)
29.        cv2.drawContours(frame, [leftEyeHull], −1, (0, 255, 0), 1)
30.        cv2.drawContours(frame, [rightEyeHull], −1, (0, 255, 0), 1)
31.        # 检查是否满足阈值
32.        if ear < EYE_AR_THRESH:
33.            COUNTER += 1
34.        else:
35.            # 如果连续几帧都是闭眼的,总数算一次
36.            if COUNTER >= EYE_AR_CONSEC_FRAMES:
37.                TOTAL += 1
38.            # 重置
39.            COUNTER = 0
40.        # 显示
41.        cv2.putText(frame, "Blinks: {}".format(TOTAL), (10, 30),
42.            cv2.FONT_HERSHEY_SIMPLEX, 0.7, (0, 0, 255), 2)
43.        cv2.putText(frame, "EAR: {:..2f}".format(ear), (300, 30),
44.            cv2.FONT_HERSHEY_SIMPLEX, 0.7, (0, 0, 255), 2)
45.    plt.imshow(cv2.cvtColor(frame, cv2.COLOR_BGR2RGB))
46.    plt.title('Frame')
47.    plt.show()
48.    key = cv2.waitKey(10) & 0xFF
49.    if key == 27:
50.        break
```

（12）进行监测分析

```
1. vs.release()
```

4. 案例结果

案例结果如图12-7所示。

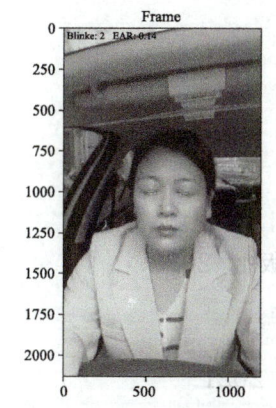

图12-7 疲劳监测案例结果

> **思考**
>
> 在基于OpenCV和dlib的驾驶员疲劳监测系统中，如何优化算法以提高在复杂光照条件（如夜间驾驶、强光反射）下的检测准确率？请从图像预处理、特征提取和模型改进三个角度提出具体解决方案。

课后习题

1. 单选题

1）在答题卡识别案例中，以下哪项不是图像预处理的主要步骤？（　　）

　　A．灰度化　　　　B．二值化　　　　C．边缘检测　　　　D．降噪

2）在物体实时监测案例中，颜色空间转换的主要目的是？（　　）

　　A．提高图像分辨率　　　　　　　B．便于颜色过滤和目标识别

　　C．减少计算量　　　　　　　　　D．增强图像对比度

3）在驾驶员疲劳监测案例中，以下哪项特征与疲劳判断无关？（　　）

　　A．眼睛闭合频率　　B．嘴巴开合度　　C．头部姿态　　D．肤色变化

4）OpenCV中用于轮廓检测的函数是？（　　）

　　A．cv2.cvtColor()　　　　　　　B．cv2.findContours()

　　C．cv2.Canny()　　　　　　　　 D．cv2.threshold()

2. 判断题

1）在答题卡识别案例中，二值化处理的目的是将图像转换为黑白两色，便于填涂标记的识别。（　　）

2）在物体实时监测案例中，颜色掩码的作用是保留指定颜色范围内的像素，其余像素置零。（　　）

3）在疲劳监测案例中，dlib库的68点人脸关键点模型仅能检测眼睛和嘴巴的位置。（　　）

4）在OpenCV的VideoCapture类仅能读取视频文件，不能调用摄像头。（　　）

3. 简答题

简述答题卡识别案例中"填涂标记识别"的关键技术及可能遇到的挑战。

参 考 文 献

[1] 贾睿. OpenCV图像处理实战[M]. 北京：机械工业出版社，2023.

[2] 朱文伟，李建英. OpenCV 4.5计算机视觉开发实战[M]. 北京：清华大学出版社，2022.

[3] 李立宗. OpenCV轻松入门[M]. 北京：电子工业出版社，2019.

[4] 朱斌. OpenCV 4机器学习算法原理与编程实战[M]. 北京：电子工业出版社，2021.

[5] 章毓晋. 计算机视觉教程[M]. 3版. 北京：人民邮电出版社，2021.

[6] 黄杉. 数字图像处理：基于OpenCV-Python[M]. 北京：电子工业出版社，2023.

[7] 张得丰. Python计算机视觉实战[M]. 北京：清华大学出版社，2021.

[8] 凯勒，布拉德斯基. 学习OpenCV 3（中文版）[M]. 阿丘科技，刘昌祥，吴雨培，等译. 北京：清华大学出版社，2018.